U0271075

# 科学育儿圣经

图解你最想知道的育儿宝典

KEXUE YU'ER SHENGJING

李明辉◎主编

吉林出版集团 吉林科学技术出版社

**图书在版编目（CIP）数据**

科学育儿圣经 / 李明辉主编. -- 长春 : 吉林科学技术出版社, 2012.8
ISBN 978-7-5384-6191-6

Ⅰ. ①科… Ⅱ. ①李… Ⅲ. ①婴幼儿－哺育－基本知识 Ⅳ. ①TS976.31

中国版本图书馆CIP数据核字(2012)第186639号

# 科学育儿圣经

主　　编　李明辉
出 版 人　张瑛琳
责任编辑　许晶刚　端金香　冯　越
图册模特　小　宇　车星伯　魏安然　袁安辰　徐心澄　李宗衡　邵巾轩
　　　　　迟轶轩　田昊雨　陈豫璇　姜凯添　图鹏琪　王一童
封面设计　南关区涂图设计工作室
技术插图　南关区涂图设计工作室
开　　本　720mm×1000mm　1/16
字　　数　270千字
印　　张　17
印　　数　20000册
版　　次　2012年10月第1版
印　　次　2012年10月第1次印刷

出版发行　吉林科学技术出版社
实　　名　吉林科学技术出版社
社　　址　长春市人民大街4646号
邮　　编　130021
发行部电话/传真　0431-85677817　85635177　85651759
　　　　　　　　　85651628　85600611　85670016
编辑部电话　0431-85635186
储运部电话　0431-84612872
网　　址　www.jlstp.net
印　　刷　沈阳天择彩色广告印刷有限公司

书　　号　ISBN 978-7-5384-6191-6
定　　价　29.90元
如有印装质量问题　可寄出版社调换
版权所有　翻印必究　举报电话：0431-85635186

# 前 言

养育一个健康聪明的宝宝，是每一位做父母的心愿。因此，许多新手父母，在宝宝出生后，都会想了解一些有关养育婴幼儿的知识。本书就是针对父母们的这一迫切需要，结合作者多年的早期教育的经验和科学育儿知识而编写的。希望父母们能从我们的书中学到科学的育儿知识，真正有效地帮助和照顾宝宝。

看着可爱的小宝宝一天天地成长，各种各样的问题会接踵而至。何时给宝宝添加辅食，如何给宝宝补充各种营养，宝宝生病了又该怎么办？做为新妈妈的你是不是觉得身上的压力突然大了许多？是否感到对于如何照顾这个小生命而不知所措呢？

本书以0～3岁宝宝的同步健康发育为重点，详解婴幼儿日常生活中需要特别注意的照顾要点，包括饮食营养、成长发育、疾病的辨认和防治与安全保护等，根据不同时期的特点，以最简单实用的方法，让新手父母在养育宝宝时，能够针对出现的问题及需要有个基本了解，拥有足够的信心去应对宝宝成长发育过程中的每一个阶段。

# 目录 CONTENTS

是不是有点手忙脚乱，还有点始料不及？他哭泣、喝奶、大小便、不分白昼的睡着......

他的每一个动作，即使非常微小，都像拉响的警报，在我们细心地呵护下，这个软绵绵的小东西什么时候能长大呢？

## 第三节
## 辅食添加：吃什么，怎么吃

## 第四节 学步期宝宝的喂养



## 第五节 让宝宝安全饮食

# 139··· 宝宝日常照顾

送给宝宝最贴心的关爱

## 第一节 如何抱宝宝



## 第二节 如何让宝宝安睡



## 第三节 训练宝宝大小便

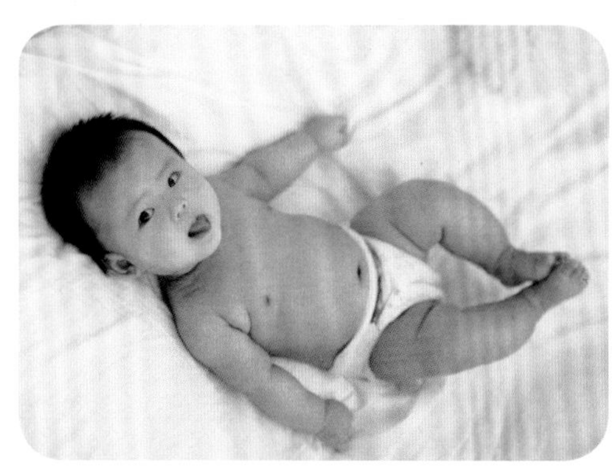



## 第四节 宝宝穿衣服的原则



## 第五节 给宝宝舒适洗澡



## 第六节 护理宝宝的关键部位

## 第七节 宝宝抚触



# 189…… 婴幼儿早期教育

早期教育培养聪明的宝宝

## 第一节 0～6个月：宝宝大变化



## 第二节 6～12个月：迅速发展

## 第三节
## 12～24个月：从婴儿到幼儿



## 第四节
## 2～3岁：个性形成了



## 第五节
## 这些幼儿行为正常吗



# 227····· 让宝宝健康不生病

父母是宝宝最好的医生

## 第一节
## 给宝宝安全的居家环境



## 第二节
## 常见疾病的家庭护理

## 第三节 异常情况的急救与处理

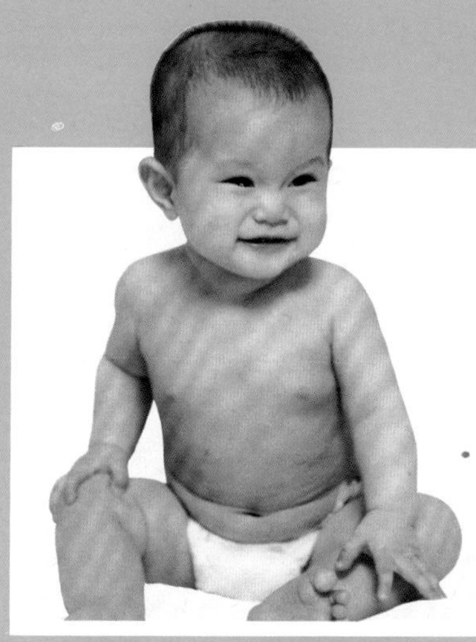

# 宝宝生长发育

## 了解宝宝每个阶段的惊人进步

宝宝总是处在不断地生长发育中，这是一个动态的、连续的过程，每一天的变化都会令你惊喜万分。

# 第一节 0～1岁宝宝成长标准

## 1个月宝宝成长标准

### 养育重点

1. 早开奶，坚持母乳喂养。
2. 保证20个小时的睡眠时间。
3. 精心呵护小肚脐。
4. 注意观察大小便的次数和颜色。
5. 给予宝宝充足的皮肤接触，每天做抚触。
6. 和宝宝对话，给他讲故事和听音乐。
7. 多逗宝宝笑。

### 体格发育监测标准

| 出生时 | | |
|---|---|---|
| | 男宝宝 | 女宝宝 |
| 身长 | 46.8～53.6厘米，平均为50.2厘米 | 46.4～52.8厘米，平均为49.6厘米 |
| 体重 | 2.5～4.0千克，平均为3.2千克 | 2.4～3.8千克，平均为3.1千克 |
| 头围 | 31.8～36.3厘米，平均为34.0厘米 | 30.9～36.1厘米，平均为33.5厘米 |
| 胸围 | 29.3～35.3厘米，平均为32.3厘米 | 29.4～35.0厘米，平均为32.2厘米 |
| 满月时 | | |
| | 男宝宝 | 女宝宝 |
| 身长 | 52.3～61.5厘米，平均为56.9厘米 | 51.7～60.5厘米，平均为56.1厘米 |
| 体重 | 3.8～6.4千克，平均为5.1千克 | 3.6～5.9千克，平均为4.8千克 |
| 头围 | 35.5～40.7厘米，平均为38.1厘米 | 35.0～39.8厘米，平均为37.4厘米 |
| 胸围 | 33.7～40.9厘米，平均为37.3厘米 | 32.9～40.1厘米，平均为36.5厘米 |

### 接种疫苗备忘录

**预防乙型肝炎：**乙肝疫苗第一剂........日

**预防结核病：**卡介苗第一剂........日

### 宝宝生长发育记录

体格发育记录

**出生时**

身长........厘米
体重........千克
头围........厘米
胸围........厘米

**满月时**

身长........厘米
体重........千克
头围........厘米
胸围........厘米

前囟........厘米

智能发育记录

宝宝第一次抬头........天
宝宝第一次微笑........天

## 宝宝智能发育记录

### 大动作发育：手脚运动没有规律

❶宝宝的动作基本是无规则的动作，也很不协调，也不能自己改变身体的姿势。

❷俯卧时，头会转向一侧，膝屈曲在腹下，骨盆会抬得高高的。下颌能短时间地离开床面。如果逗引他抬头，有时宝宝的头部能离开床面一点距离。

❸仰卧时，头会转向一侧，同一侧的上下肢伸直，另一侧的上下肢屈曲。安静时可见到不对称的颈紧张等非条件反射。

❹拉着宝宝的手腕坐起，宝宝的头就会向前倾，如果握住宝宝双手，边逗引边轻拉起，宝宝的头就会向后仰。

❺双手扶住宝宝的腋下，使其站立，宝宝的下肢屈曲后能伸直，并做出迈步的动作，但向前迈步时，一只脚常常会绊住另一只脚。

❻手托起宝宝的胸腹部，使宝宝面向下悬空，宝宝的头和下肢会自然下垂，低于躯干。

### 精细动作：具有抓握反射潜能

❶宝宝的手经常握成小拳头，如果触碰宝宝的手掌，宝宝的手就会紧紧地握成小拳头。

❷宝宝握成拳头的小手，其拇指放在其他手指的外面。

### 视觉发育：注意有效视觉距离

❶半个月以后，宝宝对距离50厘米的光亮可以看到，眼球会追随转动。

❷新生儿的视觉发育较弱，视物不清楚，但对光是有反应的，眼球的转动无目的。

### 听力发育：对声音有定向能力

❶醒着时，近旁10～15厘米处发出响声，可使四肢躯体活动突然停止，好像在注意聆听声音。

❷新生儿喜欢听妈妈的声音，不喜欢听过响的声音和噪声。如果在耳边听到过响的声音或噪声，宝宝的头会转到相反的方向，甚至用哭声来抗议这种干扰。

### 语言能力发育：积极与宝宝说话

❶能自动发出各种细小的喉音。

❷面部没有表情，还没有直接的注意能力。

❸与宝宝说话时，宝宝会注视成人的面孔，停止啼哭，甚至能点头。

❹当宝宝啼哭时，成人过来安慰，宝宝会停。

### 作息时间安排：保证充足的睡眠

❶新生儿应该每晚保证11～12个小时的睡眠时间。每晚当然会因为饥饿而多次醒来，这时需要给他喂奶。

❷专家推荐的让宝宝上床的时间为晚上7～8点之间，这样就能保证宝宝有一个足够长的时间来睡觉。充足的睡眠能保证宝宝第二天有精力吃饱喝足，形成一个良性循环。

### 大小便训练：留心新生儿的尿液

❶新生儿第一天的尿量一般为10～30毫升。出生后36小时之内排尿都属正常现象。随着哺乳、摄入水分的增乳，宝宝的尿量逐渐增加，每天可达10次以上，每天总量可达100～300毫升，满月前后每天可达250～450毫升。

❷新生儿一般在出生后12小时会排便。胎便呈深绿色、黑绿色或黑色黏稠糊状，一般需要3～4天胎便可排尽。吃奶之后，大便逐渐转成黄色。喂牛奶的宝宝大便呈淡黄色或土灰色，且多为成形便，但常有便秘现象。而母乳喂养儿多是金黄色的糊状便，次数多少不一，每天1～4次或5～6次，甚至更多。

### 睡眠原则：不宜单独睡觉

新生儿每天需睡眠约20个小时以上。出生后，宝宝睡眠节律未养成，夜间尽量少打扰，喂奶间隔时间由2～3个小时逐渐延长至4～5个小时，尽量使宝宝晚上多睡白天少睡，尽快和成人生活节律同步。

### 提升免疫力：与生俱来的免疫力

新生儿从母体中获得免疫力，但父母不可因此掉以轻心，因为这些免疫力还有待日后不断完善。

## 玩具推荐 WANJU TUIJIAN

❶绑在婴儿床边的不易破碎的安全镜子。

❷能看又能听的吊挂玩具，要求颜色鲜艳、声音悦耳、造型精美。如彩色气球、颜色鲜艳的充气玩具、拨浪鼓、摇铃。

❸婴儿床上适宜悬挂的玩具。

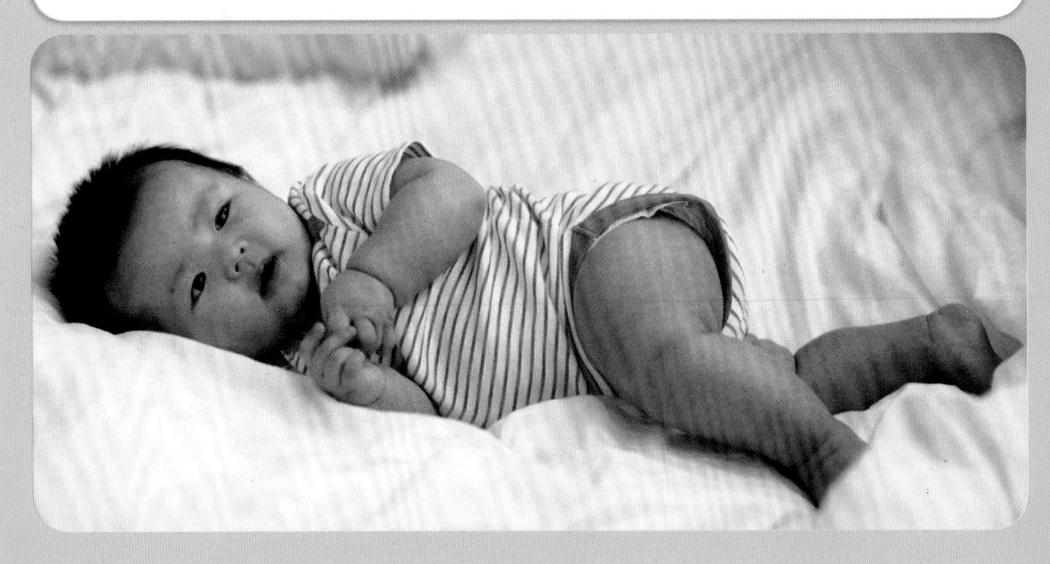

# 2个月宝宝成长标准

## 养育重点

1 可能会出现稀便、大便每天七八次、吐奶、湿疹等情况。
2 保持皮肤的清洁和干燥。脐带脱落前，上、下身分开清洗。
3 开始把大小便。
4 逐步建立起吃、玩、睡的生活规律。
5 坚持户外活动，呼吸新鲜空气，进行日光浴。
6 观察宝宝的哭声。
7 注意防止出现尿布疹。
8 注意观察哭声。
9 练习俯卧抬头。

## 体格发育监测标准

| 2个月时 | | |
|---|---|---|
| | 男宝宝 | 女宝宝 |
| 身长 | 55.3～64.9厘米，平均为60.1厘米 | 54.2～63.4厘米，平均为58.8厘米 |
| 体重 | 4.6～7.5千克，平均为6.0千克 | 4.2～6.9千克，平均为5.5千克 |
| 头围 | 37.0～42.2厘米，平均为39.6厘米 | 36.2～41.0厘米，平均为38.6厘米 |
| 胸围 | 36.2～43.4厘米，平均为39.5厘米 | 约为35.1～42.3厘米，平均为38.7厘米 |

## 接种疫苗备忘录

**预防小儿麻痹：** 脊髓灰质炎混合疫苗(糖丸)........日

**预防乙肝：** 乙肝疫苗第一次的加强针........日

## 宝宝生长发育记录

体格发育记录
2月末时身长........厘米
2月末时体重........千克
2月末时头围........厘米
2月末时胸围........厘米
2月末时前囟........厘米

智能发育记录

| 监测项目 | 出现时间 |
|---|---|
| 俯卧头抬离床面 | 第........月第........天 |
| 能握住玩具 | 第........月第........天 |
| 逗引有反应 | 第........月第........天 |
| 能发出a、o、e等元音 | 第........月第........天 |
| 注视物体或图像 | 第........月第........天 |

## 宝宝智能发育记录

大动作发育：竖抱时能自己直起头

1 宝宝2个月时，俯卧位下巴离开床的角度可达45°，但不能持久。

2 会翻身，如果宝宝仰卧时，父母稍拉其手，头部稍用力，就可以完全后仰了。

### 精细动作：喜欢小手胜过玩具

❶成人将手指或者拨浪鼓柄塞入宝宝手中，宝宝能握住2～3秒钟。

❷把环状的玩具放在宝宝手中，宝宝的小手能短暂离开床面，举起环状玩具。

### 视觉发育：喜欢朝向光亮处

❶因为宝宝的视焦距调节能力差，最佳距离是19厘米。

❷目光可以追随着近处慢慢移动的物体左右移动。

### 听力发育：对音乐产生兴趣

❶宝宝现在的听觉很灵敏，能够准确定位声源，并把头转向声源所在的方向。

❷不仅是对高声，还是低微的声音都有明显的反应。

### 语言能力发育：多让宝宝自然发音

❶此阶段为反射性发音，会发出“a、o、e”3种或3种以上声音。

❷在有人逗时，宝宝会发出声音。如发起脾气来，哭声也会比平常大得多。

❸当听到有人与宝宝讲话或有声响时，他会认真地听，并能发出咕咕的应和声，会用眼睛追随走来走去的人。

### 作息时间安排：固定喂奶时间

❶这个月的宝宝会慢慢熟悉生活的节奏，活动的时间开始增多。

❷在上午11点左右，用一条温水毛巾给宝宝擦脸，让他醒来。吃过奶，就抱他到外面去玩，然后带他回来，同他做运动。到下午3点他就会累了，比较容易入睡，也会提早一个小时醒来，晚上就可以早一个小时入睡。

### 大小便训练：小便的频率减少

满月后宝宝排尿的频率比新生儿期减少了，但是排尿量反而增加了。家人要注意多把尿，尤其在宝宝睡醒后。

### 睡眠原则：醒的时间增长

1～2个月的宝宝每天需睡眠20个小时以上。喂奶间隔时间由2～3个小时逐渐延长至4～5个小时，尽量使宝宝晚上多睡白天少睡，尽快和父母生活节律同步。

### 提升免疫力：母乳喂养提高免疫力

这个月的宝宝成长速度很快，体内仍拥有从母体获得的免疫力。此时母乳是宝宝最理想的食品。

## 玩具推荐 WANJU TUIJIAN

❶容易抓握的，能发出不同响声，具有不同的颜色、不同图案的玩具，如拨浪鼓、小闹钟、八音盒、可捏响的塑料玩具等。

❷可挂在小床旁或墙上的不易碎的镜子，锻炼自我意识。

❸颜色鲜艳的小袜子和小丝巾，套在或轻轻系在宝宝手上。

# 3个月宝宝成长标准

## 养育重点

1 竖抱宝宝，帮助宝宝练习抬头的动作，锻炼宝宝颈椎的支撑力。

2 用玩具逗引宝宝发音。

3 尽早让宝宝品尝各种味道，为以后添加辅食做准备。

4 防止宝宝睡“倒觉”。

5 警惕宝宝入睡后“打鼾”。

6 训练听力，感受声音的远近。

7 保护宝宝的皮肤，要经常洗澡。

8 俯卧时，练习用肘支撑上身。

9 多数宝宝此时应该补钙了。

## 体格发育监测标准

| | 3个月时 | |
|---|---|---|
| | 男宝宝 | 女宝宝 |
| 身长 | 58.4～67.6厘米，平均为63.0厘米 | 57.2～66.0厘米，平均为61.6厘米 |
| 体重 | 5.4～8.5千克，平均为6.9千克 | 5.0～7.8千克，平均为6.4千克 |
| 头围 | 38.4～43.6厘米，平均为41.0厘米 | 37.7～42.5厘米，平均为40.1厘米 |
| 胸围 | 37.4～45.3厘米，平均为41.4厘米 | 36.5～42.7厘米，平均为39.6厘米 |

## 接种疫苗备忘录

**预防小儿麻痹：** 脊髓灰质炎混合疫苗(糖丸)第二丸........日

**预防百日咳、白喉、破伤风：** 百白破混合制剂........日

## 宝宝生长发育记录

体格发育记录

3月末时身长........厘米

3月末时体重........千克

3月末时头围........厘米

3月末时胸围........厘米

3月末时前囟........厘米

智能发育记录

| 监测项目 | 出现时间 |
|---|---|
| 俯卧抬头45° | 第........月第........天 |
| 握住手中玩具30秒钟 | 第........月第........天 |
| 笑出声 | 第........月第........天 |
| 眼跟踪红球180° | 第........月第........天 |
| 见人会笑 | 第........月第........天 |

## 宝宝智能发育记录

大动作发育：侧转身体做90°翻身

1 头能随着自己的意愿转来转去，眼睛随着头的转动而转动。两腿有时弯曲，有时会伸直。

2 成人扶着宝宝的腋下和髋部时，宝宝能坐起，他的头能经常竖起，微微有些摇动，并向前倾。

3 俯卧时，能将大腿伸直在床面上，虽然双膝可能会弯曲，但髋部不外展。

### 精细动作：引导够取抓物

①仰卧时，手臂能左右活动，双手会在胸前接触。

②将手指或能发出声响的、带柄的物体放入宝宝手中，宝宝能握住并举起。

③平躺时，能用手指抓自己的头发和衣服。

④喜欢将手里的东西放进口中。

⑤双手张开，不再握拳。

### 视觉发育：色觉能力发展迅速

宝宝的颜色视觉有了很大的发展，能够对某些不同的颜色作出区分。父母要利用不同的颜色锻炼宝宝的色觉能力。

### 听力发育：区分语言和非语言

①这个月龄的宝宝对声音开始产生兴趣，会拿东西敲打出声响。

②如果听到陌生的声音他会害怕，如果声音很大他会哭起来。

### 语言能力发育：对话时保持眼神交流

①除元音和哭声外，能大声地发出类似元音字母的声音，如“ou”“h”“k”“ai”，有时还会长声尖叫。

②逗宝宝时，他会非常高兴地发出欢快的笑声。

③当看喜欢的物体时，嘴里还会不断地发出“咿呀”的学语声，会出现呼吸加深、全身用劲等兴奋的表情。

### 作息时间安排：建立合理生物钟

这个月龄的宝宝白天醒着的时间越来越多，排便的次数开始减少。

### 大小便训练：大小便训练顺其自然

①这个月龄的宝宝对于大小便训练还没有概念，如果家人强行训练，他会闹情绪。

②这个月龄的宝宝小便次数比较多，宝宝排便的次数与进食多少、进水多少都有关系。

### 睡眠原则：睡眠时间很有规律

①本月宝宝睡眠时间明显减少，睡醒了玩一会儿，上午可以连续醒一两个小时，明显的有规律了。

②一般每天睡18～20个小时，其中约有3个小时睡得很香甜，处在深睡状态。

### 提升免疫力：充分休息提高免疫力

这个月的宝宝喜欢自娱自乐，父母要让他多休息，在休息中提高免疫力。

## 玩具推荐 WANJU TUIJIAN

①颜色鲜艳的摇铃玩具给他玩，并不断在宝宝面前变换位置。

②小布书。 ③可悬挂的彩色玩具，如小气球、小灯笼等。

④彩色正方形、长方形和三角形玩具。

# 4个月宝宝成长标准

## 养育重点

1. 经常和宝宝谈话，逗引宝宝发音。
2. 给宝宝看一些鲜艳的颜色。
3. 及时把便，帮助宝宝形成排便的规律。
4. 给宝宝添加辅食，训练宝宝坐着吃饭。
5. 添加辅食后，注意观察宝宝的排便情况。
6. 从不同的方向发出声音，训练宝宝的听力。
7. 彻底清洁宝宝的玩具。
8. 仰卧时，轻轻拉起宝宝，训练坐位。
9. 及时擦干宝宝流出的口水。

## 体格发育监测标准

| 4个月时 | | |
|---|---|---|
| | 男宝宝 | 女宝宝 |
| 身长 | 59.7～69.5厘米，平均为64.6厘米 | 58.6～63.4厘米，平均为63.4厘米 |
| 体重 | 5.9～9.1千克，平均为7.5千克 | 5.5～8.5千克，平均为7.0千克 |
| 头围 | 39.7～44.5厘米，平均为42.1厘米 | 38.8～43.6厘米，平均为41.2厘米 |
| 胸围 | 38.3～46.3厘米，平均为42.3厘米 | 37.3～44.9厘米，平均为41.1厘米 |

## 接种疫苗备忘录

**预防小儿麻痹：**脊髓灰质炎混合疫苗(糖丸)第三丸........日

**预防百日咳、白喉、破伤风：**百白破疫苗第二剂........日

## 宝宝生长发育记录

**体格发育记录**

4月末时身长........厘米
4月末时体重........千克
4月末时头围........厘米
4月末时胸围........厘米
4月末时前囟........厘米

**智能发育记录**

| 监测项目 | 出现时间 |
|---|---|
| 拉着手腕可以坐起 | 第........月第........天 |
| 俯卧时可抬头90° | 第........月第........天 |
| 能注视拨浪鼓 | 第........月第........天 |
| 听见声音后能找到声源 | 第........月第........天 |
| 认亲人，怕生人 | 第........月第........天 |

## 宝宝智能发育记录

大动作发育：能俯卧用手撑起上身

1. 头能够随自己的意愿转来转去，眼睛随着头的转动而左顾右盼。
2. 扶着宝宝的腋下和髋部时，宝宝能够坐着。让宝宝趴在床上时，他的头已经可以稳稳当当地抬起，前半身可以由两臂支撑起。

### 精细动作：训练准确抓握能力

❶宝宝的两只手能在胸前握在一起，经常把手放在眼前，两只手相互抓，或有滋有味地看自己的手。

❷这个月龄的宝宝会专注地把玩自己感兴趣的玩具，从多方面去观察。摇晃后若能发出声音，会令他更加高兴。

### 视觉发育：颜色视觉接近成人

开始对颜色产生了分辨能力，对黄色最为敏感，其次是红色，见到这两种颜色的玩具很快能产生反应，对其他颜色的反应要慢一些。

### 听力发育：听音乐时有表情反应

发展较快，已具有一定的辨别方向的能力，听到声音后，头能顺着响声转动180°。

### 语言能力发育：及时回应宝宝的哭声

逗他时会非常高兴，并露出欢快的笑脸，甜蜜的微笑，嘴里还会不断地发出“咿呀”的学语声，好像在和妈妈谈心。

### 作息时间安排：睡前洗澡助睡眠

这个月的宝宝手脚活动开始变得频繁，白天的睡眠时间越来越少。

### 大小便训练：生理性腹泻是正常的

❶大小便已很有规律，特别是每次大便时会有比较明确的表示。

❷生理性腹泻要注意与肠炎区别，不要自行使用非处方药，以免破坏肠道内环境。

### 睡眠原则：会经常踢被子

❶不要把被子盖得太厚，宝宝一热，踢被会踢得更凶。

❷在睡眠过程中，宝宝还可能会出现轻微哭吵、躁动等睡眠不宁的现象。

### 提升免疫力：每天坚持日光浴

宝宝经常会不想喝奶，要抱他到户外进行日光浴，呼吸新鲜空气，以帮助提高免疫力。

### 玩具推荐 WANJU TUIJIAN

❶色彩鲜艳的摇铃和有悦耳声音的小玩具。

❷不同质地、不同软硬的小球。 ❸一面小镜子。

# 5个月宝宝成长标准

## 养育重点

1. 添加辅食，由少到多，由稀到稠，由细到粗，让宝宝习惯一种再加一种。
2. 多用玩具逗引宝宝翻身。
3. 对宝宝进行冷适应锻炼，增强鼻腔、皮肤的抗病能力。
4. 多晒太阳，补充维生素D，防止宝宝缺钙。
5. 暖和的季节，每天至少有两个小时的室外活动时间。
6. 扶着宝宝的腋下，帮助宝宝站立起来。
7. 与宝宝面对面，发出“wu-wu”“ma-ma”“ba-ba”等重复音节，逗引宝宝模仿。
8. 经常叫宝宝的名字。

## 体格发育监测标准

| | 5个月时 | |
|---|---|---|
| | 男宝宝 | 女宝宝 |
| **身长** | 62.4～77.6厘米，平均为67.0厘米 | 60.9～70.1厘米，平均为65.5厘米 |
| **体重** | 6.2～9.7千克，平均为8.0千克 | 5.9～9.0千克，平均为7.5千克 |
| **头围** | 40.6～45.4厘米，平均为43.0厘米 | 39.7～44.5厘米，平均为42.1厘米 |
| **胸围** | 39.2～46.8厘米，平均为43.0厘米 | 38.1～45.7厘米，平均为41.9厘米 |

## 接种疫苗备忘录

**预防百日咳、白喉、破伤风：**百白破疫苗第三剂........日

## 宝宝生长发育记录

体格发育记录

5月末时身长........厘米

5月末时体重........千克

5月末时头围........厘米

5月末时胸围........厘米

5月末时前囟........厘米

智能发育记录

| 监测项目 | 出现时间 |
|---|---|
| 头可竖直约5秒钟 | 第........月第........天 |
| 自己单独坐时头身向前倾 | 第........月第........天 |
| 能抓住近处的玩具 | 第........月第........天 |
| 拿住一块积木时会注视另一块积木 | 第........月第........天 |
| 看见食物表现得很兴奋 | 第........月第........天 |

## 宝宝智能发育记录

大动作发育：可一次完成180°翻身

1. 从这个月开始，由于宝宝运动加剧，身长增长速度开始下降，这是正常发展规律。
2. 各种动作较以前熟练了，而且俯卧位时，能把肩胛呈90°角。

### 精细动作：学习双手抱扶奶瓶

❶拿东西时，拇指较以前灵活多了，可以攥住小东西。

❷宝宝喜欢乱抓各种各样的东西，会对玩具做各方面的观察，最后放在嘴里做进一步的“鉴定”。

### 视觉发育：能辨别物体远近

物品在他眼中已逐渐形成有立体感的影像了。只要是放在周围的固定物，宝宝相对比较能确定物品的位置，并伸手去拿。之后宝宝能逐渐盯着某一物看几秒钟，即“定视”的能力。

### 听力发育：会随旋律摇晃身体

这个阶段的宝宝听觉已很发达，对悦耳的声音和嘈杂的刺激已经能作出不同反应。妈妈轻声跟他讲话，会表现出注意倾听的表情。

### 语言能力发育：亲子相互交流发音

❶这个时期的宝宝在语言发育和感情交流上进步很快，会大声笑，声音清脆悦耳。

❷当有人与他讲话时，他能发出“咿呀”的声音，好像在与人对话。

### 作息时间安排：早睡早起身体好

这个月的宝宝会区分昼夜了，睡觉的时候生长激素分泌非常旺盛。

### 大小便训练：添加辅食会影响大便

4个月后开始添加辅食了，宝宝的大便和之前比会出现颜色和形状上的差异，这些都是正常的。

### 睡眠原则：爱睡觉的宝宝不多

这个月龄的宝宝爱睡觉的并不多，因为体能和智能发育都大大提高了，一般一天睡14个小时就算正常。

### 提升免疫力：好心情增强免疫力

这个月的宝宝从母体中获得的免疫力逐渐耗尽，父母尤其要注意提升宝宝的免疫力，让他保持心情愉悦也是重点之一。

### 玩具推荐 WANJU TUIJIAN

❶用松紧带将各种材质的玩具拴在床沿，宝宝清醒时就会伸手抓取这些玩具。

❷容易清洗、无毒、宝宝能捏出响、大小适宜的塑料玩具。

# 6个月宝宝成长标准

## 养育重点

1 养成良好的进餐习惯。

2 注意补充铁剂。

3 训练宝宝翻身。

4 时刻保护宝宝，防止宝宝玩耍坠床。

5 宝宝出牙时会烦躁，要安抚宝宝，缓解宝宝不适。

6 制止宝宝随意吃玩具的习惯。

7 让宝宝自己用手抓饭菜，提高宝宝进食的兴趣。

8 给宝宝做健身操，训练宝宝走路。

9 给宝宝读朗朗上口的儿歌，增强宝宝的语感。

## 体格发育监测标准

| 6个月时 | | |
|---|---|---|
| | 男宝宝 | 女宝宝 |
| 身长 | 64.0～73.2厘米，平均为68.6厘米 | 62.4～77.6厘米，平均为67.0厘米 |
| 体重 | 6.6～10.3千克，平均为8.5千克 | 6.2～9.5千克，平均为7.8千克 |
| 头围 | 41.5～46.7厘米，平均为44.1厘米 | 40.4～45.6厘米，平均为43.0厘米 |
| 胸围 | 39.7～48.1厘米，平均为43.9厘米 | 38.9～46.9厘米，平均为42.9厘米 |

## 接种疫苗备忘录

**乙型肝炎：** 乙肝疫苗第三剂........日

**流行性脑膜炎：** A群流脑疫苗（6～18个月）第一、第二剂........日

## 宝宝生长发育记录

体格发育记录

6月末时身长........厘米

6月末时体重........千克

6月末时头围........厘米

6月末时胸围........厘米

6月末时前囟........厘米

智能发育记录

| 监测项目 | 出现时间 |
|---|---|
| 俯卧翻身 | 第........月第........天 |
| 会撕纸 | 第........月第........天 |
| 两手同时拿住两块积木 | 第........月第........天 |
| 被叫名字会转头 | 第........月第........天 |
| 会找躲猫猫的人的脸 | 第........月第........天 |

## 宝宝智能发育记录

大动作发育：会俯卧打转360°

1 如果让宝宝仰卧在床上，他可以自如地变为俯卧位，坐位时背挺得很直。

2 当扶住宝宝站立时，能直立。

3 在床上处于俯卧位时很想往前爬，但由于腹部还不能抬高，所以爬行受到一定限制。

## 精细动作：学会传递玩具

❶这个月的宝宝喜欢好奇地摆弄自己的身体，用手抓住脚，可以将玩具从一只手换到另一只手。

❷这个月的宝宝还有个特点，就是不厌其烦地重复某一动作，经常故意把手中的东西扔在地上，捡回来又扔，可反复20多次；还常把一件物体抓到身边，推开，再抓回，反复做，这是宝宝在显示他的能力。

## 视觉发育：手眼协调能力增强

这个月龄的宝宝凡是他双手所能触及的物体，他都要用手去摸一摸；凡是他双眼所能见到的物体，他都要仔细地瞧一瞧，但是，这些物体到他身体的距离须在70厘米以内，由此证明宝宝对于双眼见到的任何物体，他都不肯轻易放弃主动摸索的良机。

## 听力发育：能分辨熟人的声音

这个月龄的宝宝对妈妈、爸爸、保姆的声音较熟悉，叫他的名字时开始有反应。

## 语言能力发育：增加生活经验

这个月龄的宝宝，可以和妈妈对话了，两人可以无内容地一应一和地交谈几分钟。他自己独处时，可以大声地发出简单的声音，如“ma”“da”“ba”等。

## 作息时间安排：午睡不超过3个小时

5～6个月的宝宝白天应小睡3～4次，午觉后应再睡一次，在4～5点入睡，午睡不要超过3个小时。

## 大小便训练：及时改善便秘

这个月开始添加米糊类的辅食，容易产生便秘。妈妈可以试着给宝宝做腹部按摩或吃胡萝卜泥，效果不错。

## 睡眠原则：睡眠时间无统一标准

本月宝宝没有统一的睡眠时间标准，只要宝宝各方面情况良好，就没有必要为宝宝睡眠少而着急。

## 提升免疫力：注射疫苗提升免疫力

这个月的宝宝活动明显增多。父母应记得定时给宝宝注射疫苗，完成每一次“任务”。

## 玩具推荐 WANJU TUIJIAN

❶易抓的小球。 ❷能发出响声的玩具。 ❸像小型汽车那样可拖拉的玩具。 ❹当挤压时可以吱吱叫的橡皮玩具。 ❺不易撕坏的布质书。

# 7个月宝宝成长标准

## 养育重点

1. 不要把危险的东西放在宝宝能够得到的地方。
2. 训练宝宝学坐便盆。
3. 帮助宝宝逐渐建立起语言与动作的联系。
4. 鼓励宝宝的模仿行为。
5. 用玩具逗引宝宝翻滚，锻炼宝宝的综合感觉，促进大脑和前庭系统的发育。
6. 预防宝宝贫血。
7. 帮助宝宝适应陌生的人和陌生的环境。

## 体格发育监测标准

| 7个月时 | | |
|---|---|---|
| | 男宝宝 | 女宝宝 |
| 身长 | 58.4～74.7厘米，平均为70.1厘米 | 63.6～73.2厘米，平均为68.4厘米 |
| 体重 | 6.9～10.7千克，平均为8.6千克 | 6.4～10.1千克，平均为8.2千克 |
| 头围 | 42.4～47.6厘米，平均为45.0厘米 | 42.2～46.3厘米，平均为44.2厘米 |
| 胸围 | 40.7～49.1厘米，平均为44.9厘米 | 39.7～47.7厘米，平均为43.7厘米 |

## 接种疫苗备忘录

**乙型肝炎：**乙肝疫苗第三剂........日

**流行性脑膜炎：**A群流脑疫苗（6～18个月）第一、第二剂........日

## 宝宝生长发育记录

**体格发育记录**

7月末时身长........厘米

7月末时体重........千克

7月末时头围........厘米

7月末时胸围........厘米

7月末时前囟........厘米

**智能发育记录**

| 监测项目 | 出现时间 |
|---|---|
| 自己可以坐稳 | 第........月第........天 |
| 自己取一块积木后会再取另外一块 | 第........月第........天 |
| 发出ba-ba、ma-ma的语音 | 第........月第........天 |
| 看到镜子里的人有反应 | 第........月第........天 |

## 宝宝智能发育记录

### 大动作发育：能坐稳并连续翻身

1. 这个月龄的宝宝会翻身，如果扶着他，能够站得很直，并且喜欢在扶立时跳跃。
2. 7个月的宝宝已经开始会坐，但还坐不太好，由于刚刚学会坐姿，腰部力量还不够大，因此不要长时间坐着。

### 精细动作：对击玩具发展感知觉

这个月龄的宝宝抓东西时目的更加明确，可用双手同时抓两个物体。

### 视觉发育：较长时间注视物象

❶远距离知觉开始发展，能注意远处活动的东西，如天上的飞机、小鸟等。这时的视觉和听觉有了一定的细察能力和倾听的性质，这是观察力的最初形态。

❷周围环境中新鲜的和鲜艳明亮的活动物体都能引起宝宝的注意。拿到东西后会翻来覆去地看看、摸摸、摇摇，表现出积极的感知倾向，这是观察的萌芽。

### 听力发育：能区别简单的音调

宝宝过了6个月，听力比以前更加灵敏了，可以连续发出简单的声音，能区别简单的音调。

### 语言能力发育：语言和实物相联系

❶宝宝对于声音虽然有反应，但是他还不明白话语的意思。

❷这个月龄的宝宝认知能力不断加强，可以训练让他建立词语和实物的联系。

### 作息时间安排：规定吃辅食的时间

这个月龄的宝宝一天中多了吃辅食的时间，活动量就应增加一些。

### 大小便训练：饥饿性腹泻别忽略

添加辅食之后，千万别突然停掉，这样会严重影响宝宝的大便质量和身体健康。

### 睡眠原则：白天睡眠减少

从本月起，宝宝的睡眠时间会有明显变化，白天的睡眠减少了，玩的时间延长了，晚上睡觉时间也向后推迟。

### 提升免疫力：母乳与辅食并行

这个月龄的宝宝大都已经添加辅食了，但不应忘记母乳喂养，母乳与辅食并行，从而提高宝宝的免疫力。

## 玩具推荐 WANJU TUIJIAN

❶家中的生活用品，如桌椅、橱柜、冰箱、洗衣机等。

❷推不倒的不倒翁会让宝宝感到很新奇。 ❸经得住摔打的玩具，如木块、积木等。

# 8个月宝宝成长标准

## 养育重点

1. 让宝宝尽情地爬行、玩耍。
2. 让宝宝养成良好的进餐习惯。
3. 多和宝宝交谈，有意识地教宝宝发音。
4. 尽早让宝宝使用杯子喝水。
5. 宝宝的辅食不要加过多的盐。
6. 训练宝宝坐便盆。
7. 预防宝宝感冒。
8. 防止宝宝吮吸手指。
9. 培养宝宝的独立意识，如自己吃饭、自己玩玩具。

## 体格发育监测标准

| 8个月时 | | |
|---|---|---|
| | 男宝宝 | 女宝宝 |
| 身长 | 66.5～76.5厘米，平均为71.5厘米 | 65.4～74.6厘米，平均为70.0厘米 |
| 体重 | 7.1～11.0千克，平均为9.1千克 | 6.7～10.4千克，平均为8.5千克 |
| 头围 | 42.5～47.7厘米，平均为45.1厘米 | 42.3～46.7厘米，平均为44.1厘米 |
| 胸围 | 41.0～49.4厘米，平均为45.2厘米 | 40.1～48.1厘米，平均为44.1厘米 |

## 接种疫苗备忘录

**麻疹：**麻疹疫苗第一剂........日

**流行性乙型脑炎：**乙脑减毒活疫苗第一剂........日

**乙脑灭活疫苗：**第一、第二剂.........日

## 宝宝生长发育记录

体格发育记录

8月末时身长........厘米

8月末时体重........千克

8月末时头围........厘米

8月末时胸围........厘米

8月末时前囟........厘米

智能发育记录

| 监测项目 | 出现时间 |
|---|---|
| 双手扶物可站立 | 第........月第........天 |
| 拇指、无名指可以捏住直径为0.5厘米的小球 | 第........月第........天 |
| 用手追逐玩具，有意识地摇铃 | 第........月第........天 |
| 模仿妈妈的发音 | 第........月第........天 |
| 能看懂妈妈的面部表情 | 第........月第........天 |

## 宝宝智能发育记录

大动作发育：开始学习匍行

1. 开始时需要用手撑扶着坐立，在将满8个月的时候，背部扩展挺直，可以独自坐立并抓着玩具玩耍了，能够独自由坐立的姿势变换成趴着的姿势。

2. 这个月龄的宝宝不会匍行的也有很多，每个宝宝发育的时间都不同。

### 精细动作：训练捏取小物体

①这个月龄的宝宝手指的活动能力进一步增强，会把纸揉成一团，会捏取体积小的物体。

②这时宝宝的手如果攥住什么，则不会轻易放手，妈妈抱着他时，他就攥住妈妈的头发、衣带。

### 视觉发育：能更有目的性地视物

这个月龄的宝宝除睡觉以外，最常出现的行为就是一会儿探望这个物体，一会儿又探望那个物体，简直就像永远探望不尽似的。

### 听力发育：能辨别说话的语气

①这个月龄的宝宝对于话语以及语气非常感兴趣，由于宝宝现在日渐变得通达人情，所以，你会觉得他越来越招人喜欢。

②当宝宝首次了解话语的时候，他在这段时间内的行为会顺从。慢慢地，你叫他的名字他就会反应出来；你要他给你一个飞吻，他会遵照你的要求表演一次飞吻；你叫他不要做某件事情，或把东西拿回去，他都会照你的吩咐去办。

### 语言能力发育：肢体语言同样重要

这个月龄的宝宝能听懂妈妈的简单语言，他能够把语言与物品联系起来，妈妈可以教他认识更多的事物。

### 作息时间安排：父母生活也要有规律

这个月龄的宝宝对周围的环境非常感兴趣，每天和人交流的时间增多。要培养宝宝有规律的生活，父母首先要建立生活的规律。

### 大小便训练：大小便要定时把

宝宝对大小便还没有形成概念，随时会排便，家人要注意定时把便，不要着急，也不要责怪宝宝。

### 睡眠原则：睡眠差异更加明显

宝宝睡眠时间和踏实程度有了更明显的个体差异。大部分宝宝在这个月里，白天只睡两次，每次1～2个小时。

### 提升免疫力：均衡营养提高免疫力

这个月龄的宝宝已经适应了辅食，全面的营养对于提高免疫力至关重要，但同时也不能减少奶量。

## 玩具推荐 WANJU TUIJIAN

①玩具模型：玩具餐具、玩具小动物。

②底部较重但可推倒的充气玩具，如可摇摆着发出声音的充气小丑。

③色彩鲜艳的脸谱，各种五颜六色的塑料玩具。

# 9个月宝宝成长标准

## 养育重点

1. 不要给宝宝吃糖块，避免发生危险。
2. 给宝宝吃新鲜的、软的水果，不必再喝果汁。
3. 每天带宝宝到户外活动3个小时。
4. 训练宝宝自己动手吃饭。
5. 训练宝宝的自控能力，按照家长的指令行事。
6. 训练宝宝用简单的语言回答问题。
7. 训练宝宝认识五官。
8. 多让宝宝听音乐，随音乐有节奏地摇摆。

## 体格发育监测标准

| | 9个月时 | |
|---|---|---|
| | 男宝宝 | 女宝宝 |
| **身长** | 67.9～78.0厘米，平均为72.8厘米 | 66.8～76.9厘米，平均为71.8厘米 |
| **体重** | 7.3～11.2千克，平均为9.3千克 | 6.8～10.3千克，平均为8.7千克 |
| **头围** | 42.8～48.0厘米，平均为45.3厘米 | 42.4～46.9厘米，平均为44.5厘米 |
| **胸围** | 41.4～49.6厘米，平均为45.5厘米 | 40.3～48.2厘米，平均为43.6厘米 |

## 宝宝生长发育记录

体格发育记录

9月末时身长........厘米
9月末时体重........千克
9月末时头围........厘米
9月末时胸围........厘米
9月末时前囟........厘米

智能发育记录

| 监测项目 | 出现时间 |
|---|---|
| 拉着妈妈的手能走两步 | 第........月第........天 |
| 将积木对对碰 | 第........月第........天 |
| 会欢迎、再见的手势 | 第........月第........天 |
| 会表示拒绝 | 第........月第........天 |

## 宝宝智能发育记录

### 大动作发育：学会了扶物横跨

这个月龄的宝宝不仅会独坐，而且能从坐位躺下，扶着床栏杆站立，并能由立位坐下，俯卧时用手和膝趴着挺起身来。

### 精细动作：建立滚动概念

这个月龄的宝宝可以用拇指和示指抓住小物体，有目的地将手中的东西扔向地面。

### 视觉发育：眼疾要早发现

这个时期，父母要注意宝宝看人视物的表现，通过对眼睛的观察及早发现问题。

### 听力发育：能听懂常用指令

这个月龄的宝宝喜欢双手拿东西敲打出声，能听懂日常指令。有的宝宝对陌生人及其声音害怕。

### 语言能力发育：教宝宝身体部位名称

这个月龄的宝宝能模仿父母发出单音节词，有的宝宝发音早，已经能够发出双音节“ma-ma”“ba-ba”了。

### 作息时间安排：保证良好的睡眠环境

这个月龄的宝宝可以开始有规律地做体操，促进他运动能力的发展，更要保证睡眠质量。

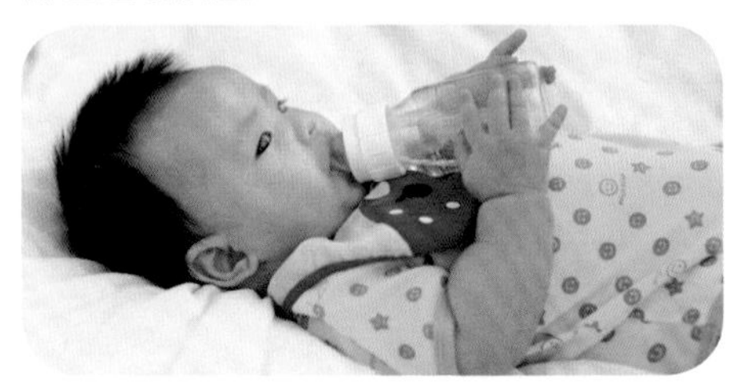

### 大小便训练：秋季腹泻要及时补水

❶基本上宝宝每天都能够按时排大便，形成了一定的规律，每天定时给宝宝把大便，成功的机会也多起来。有的宝宝已经可以不用尿布了。

❷宝宝患秋季腹泻时，妈妈要及时给他补充水和电解质。

❸宝宝此时还不会说话，不能表达自己的需求，还要靠父母多观察，掌握宝宝的规律。比如有的宝宝在排尿前会打个哆嗦。

### 睡眠原则：午前不再睡觉

这个月龄的宝宝每天需要睡14～16个小时，白天可以只睡两次，每次2小时左右，夜间睡10个小时左右。夜间如果尿布湿了，但宝宝睡得很香，可以不马上更换。如果宝宝患上尿布疹或屁股已经淹红了，要随时更换尿布。如果宝宝大便了，也要立即换尿布。

### 提升免疫力：多锻炼增强免疫力

这个月龄的宝宝会到处爬，四处活动。父母应经常带他外出锻炼，以提高免疫力。

### 玩具推荐 WANJU TUIJIAN

❶带轮滑的宝宝圈凳、宝宝坐车。

❷大小各异的皮球。

❸套塔、套碗等套叠玩具，让宝宝将其拆开，再套上去。

# 10个月宝宝成长标准

## 养育重点

①不要过多地干预宝宝活动。
②多给宝宝提供模仿的机会。
③此时宝宝会很淘气，爸爸妈妈要控制自己的情绪，不要随便发脾气。
④不要频繁地对宝宝说“不”。
⑤慢慢纠正宝宝吮吸入睡的习惯。
⑥多向宝宝介绍家中的日常用品。
⑦积极训练宝宝迈步行走，要保证宝宝的安全。
⑧收起家里的小颗粒状物品，如药丸等。

## 体格发育监测标准

| 10个月时 | | |
|---|---|---|
| | 男宝宝 | 女宝宝 |
| 身长 | 68.9～78.9厘米，平均为73.9厘米 | 67.7～77.3厘米，平均为72.5厘米 |
| 体重 | 7.5～11.5千克，平均为9.5千克 | 7.0～10.9千克，平均为8.9千克 |
| 头围 | 43.2～48.4厘米，平均为45.8厘米 | 42.5～47.2厘米，平均为44.8厘米 |
| 胸围 | 41.9～49.9厘米，平均为45.9厘米 | 40.7～48.7厘米，平均为44.7厘米 |

## 宝宝生长发育记录

体格发育记录
10月末时身长........厘米
10月末时体重........千克
10月末时头围........厘米
10月末时胸围........厘米
10月末时前囟........厘米

智能发育记录

| 监测项目 | 出现时间 |
|---|---|
| 扶着栏杆可以走 | 第........月第........天 |
| 拇指、示指动作熟练 | 第........月第........天 |
| 翻找盒子里的东西 | 第........月第........天 |
| 懂得常见物品的名称 | 第........月第........天 |

## 宝宝智能发育记录

### 大动作发育：扶站能蹲下捡物

①宝宝能够坐得很稳，能由卧位坐起而后再躺下，能够灵活地前、后爬行，爬得非常快，能扶着床栏站着并沿床栏行走。

②这段时间的运动能力，宝宝的个体差异很大，有的宝宝稍慢些。

### 精细动作：亲子共玩套环游戏

这个月龄的宝宝会抱娃娃、拍娃娃，模仿能力加强。双手会灵活地敲积木，会把一块积木搭在另一块积木上。

### 视觉发育：手眼配合完成活动

宝宝能手眼配合完成一些活动，如：把玩具放进箱子里，把手指头插到玩具的小孔中，用手拧玩具上的螺丝等。

### 听力发育：对细小声音作出反应

这个月龄的宝宝能对细小的声音作出反应，怕巨响，能听懂一些简单的词语。

### 语言能力发育：教宝宝各种称谓

能模仿发出双音节词，如“爸爸”“妈妈”等。女宝宝比男宝宝说话早些。学说话的能力强弱并不表示宝宝的智力高低，只要宝宝能理解父母说话的意思，就说明他很正常。

### 作息时间安排：勿让节日影响作息

这个月龄的宝宝活动范围进一步增多，如果白天醒着的时间增多，晚上又不想睡觉，就会造成睡眠不足。

### 大小便训练：耐心解决“事故”

有的宝宝即使此时有了坐盆习惯，可是等自我意识有了萌芽之后，有的宝宝可能又不坐了，遇上这种情况，父母不能对宝宝失去耐心，大吵大嚷，因为这样会使得宝宝对自己的身体产生不好的感觉。如果父母能以宽容、耐心的态度面对并解决“事故”，则有助于宝宝形成健康的身体意识。

### 睡眠原则：睡眠习惯逐渐定型

这个月内宝宝的睡眠和上个月差不多。每天需睡14～16个小时，白天睡两次。正常健康的宝宝在睡着之后，应该是嘴和眼睛都闭得很好，睡得很甜。

### 提升免疫力：无菌宝宝免疫力低

这个月龄的宝宝基本上已经行动自如了，父母要明白适当与“细菌”接触也可提高宝宝的免疫力。

## 玩具推荐 WANJUTUIJIAN

❶动物玩具，如小狗、小兔子、小猫等，利用这些玩具教宝宝说话，学习礼貌用语。

❷小推车、拖拉玩具，增加宝宝学步的乐趣。

❸玩具琴，让宝宝随意按键，满足宝宝手部动作的需要。

# 11个月宝宝成长标准

## 养育重点

1 宝宝进入了语言学习阶段，及时发现舌系带是否过短。

2 不要和宝宝长时间分开，以免引起宝宝的分离焦虑。

3 根据宝宝的情绪，训练宝宝排便。

4 不断更换宝宝的用物，避免宝宝依赖安抚物。

5 当宝宝摔倒时，让他自己爬起来，锻炼宝宝克服困难的能力。

6 不要在三餐后喂奶，以免影响正餐的进食。

## 体格发育监测标准

| 11个月时 | | |
|---|---|---|
| | 男宝宝 | 女宝宝 |
| 身长 | 70.1～80.5厘米，平均为75.3厘米 | 68.8～79.2厘米，平均为74.0厘米 |
| 体重 | 7.7～11.9千克，平均为9.8千克 | 7.2～11.2千克，平均为9.2千克 |
| 头围 | 43.7～48.9厘米，平均为46.3厘米 | 42.6～47.8厘米，平均为45.2厘米 |
| 胸围 | 42.2～50.2厘米，平均为46.2厘米 | 41.1～49.1厘米，平均为45.1厘米 |

## 宝宝生长发育记录

体格发育记录

11月末时身长........厘米

11月末时体重........千克

11月末时头围........厘米

11月末时胸围........厘米

11月末时前囟........厘米

智能发育记录

| 监测项目 | 出现时间 |
|---|---|
| 自己独立站立片刻 | 第........月第........天 |
| 能打开包积木的纸 | 第........月第........天 |
| 模仿妈妈推玩具车的动作 | 第........月第........天 |
| 有意识地发出一个字的音 | 第........月第........天 |

## 宝宝智能发育记录

### 大动作发育：能自己由坐位站起来

这个月龄的宝宝能稳稳地坐较长的时间，能自由地爬到想去的地方，能扶着东西站得很稳。

### 精细动作：翻书有益手指灵活

拇指和示指能协调地拿起小的东西。会招手、摆手、翻书等动作。

### 视觉发育：喜欢看图画书了

宝宝看的能力已经很强了，从这个月开始可以让宝宝通过画书上认图、认物，读正确的名称。

### 听力发育：能理解简单语句

这个月龄的宝宝能听懂简单的语句，有的宝宝可以重复别人的声音。

### 语言能力发育：多做口腔运动

❶这个月龄的宝宝能模仿父母说话，说一些简单的词。

❷这个月龄的宝宝已经能够理解常用词语的意思，并会做一些表示词义的动作。

❸喜欢和成人交往，并模仿成人的举动。当他不愉快时他会表现出很不满意的表情。

### 作息时间安排：远行时保证正常作息

这个月龄的宝宝睡眠习惯不会有太大改变，睡眠时间有了显著的个体差异。

### 大小便训练：可以训练大小便了

可以训练宝宝大小便，但不要强迫，如果他一坐上便盆就发脾气那就算了，还需要慢慢来。如果他肯坐，就要给予表扬。

### 睡眠原则：防止睡前吮吸癖

宝宝大了，可能会边睡边吃手指或吮吸其他物品，应慢慢纠正，不能顺其自然，一旦养成吮吸癖是很难改的。

### 提升免疫力：感冒后免疫力低下

这个月的宝宝安全事故的发生率会相对提高，偶尔也会患小感冒。这对于提高宝宝的免疫力有弊无利。

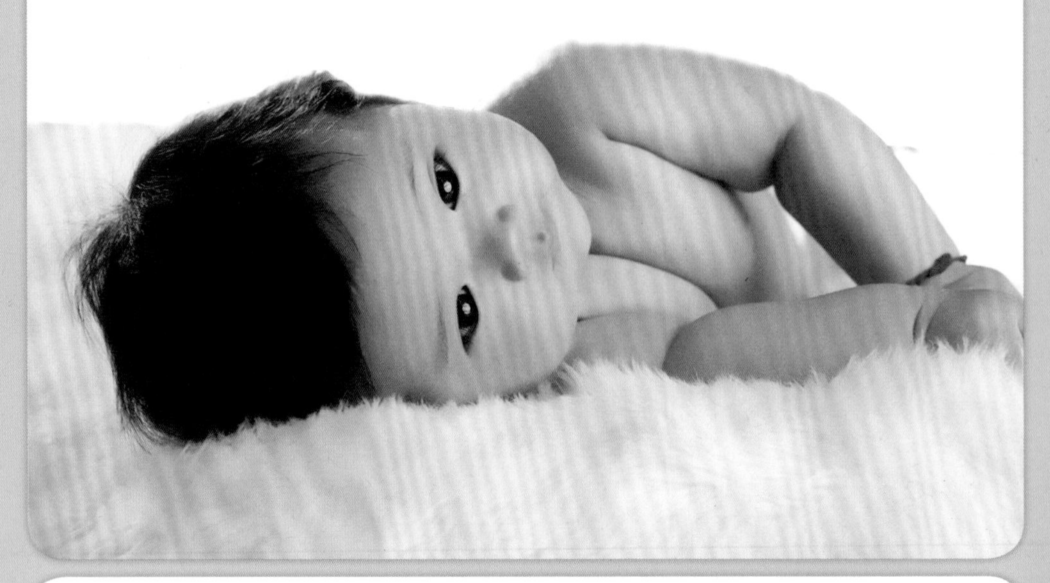

### 玩具推荐 WANJU TUIJIAN

❶用柔软材料制成的玩具，如橡皮泥。 ❷涂抹的颜料。 ❸简单的游戏拼图。
❹塑料或泡沫材料等制成的易抓的各种球类。

# 12个月宝宝成长标准

## 养育重点

1 定期对宝宝的玩具进行消毒，减少病从口入的机会。

2 培养宝宝阅读的好习惯。

3 对宝宝下达简单的指令，使宝宝获得满足感，增强自信心。

4 选择合适的时机断母乳。

5 保证断奶后的营养。

6 营造一个愉快的进餐环境。

7 不要打击宝宝的探索欲望。

8 训练大小便要循序渐进。

## 体格发育监测标准

| 12个月时 | | |
|---|---|---|
| | 男宝宝 | 女宝宝 |
| 身长 | 71.9～82.7厘米，平均为77.3厘米 | 70.3～81.5厘米，平均为75.9厘米 |
| 体重 | 8.0～12.2千克，平均为10.1千克 | 7.4～11.6千克，平均为9.5千克 |
| 头围 | 43.9～49.1厘米，平均为46.5厘米 | 43.0～47.8厘米，平均为45.4厘米 |
| 胸围 | 42.5～50.5厘米，平均为46.5厘米 | 41.4～49.4厘米，平均为45.4厘米 |

## 宝宝生长发育记录

体格发育记录

12月末时身长........厘米

12月末时体重........千克

12月末时头围........厘米

12月末时胸围........厘米

12月末时前囟........厘米

智能发育记录

| 监测项目 | 出现时间 |
|---|---|
| 牵一只手可以走 | 第........月第........天 |
| 用手全掌握笔 | 第........月第........天 |
| 盖瓶盖 | 第........月第........天 |
| 配合妈妈穿衣服 | 第........月第........天 |

## 宝宝智能发育记录

### 大动作发育：会扶物来回走

这个时期的宝宝坐着时能自由地左右转动身体，能独自站立，扶着一只手能走，推着小车能向前走。

### 精细动作：从小学习涂鸦

能用手捏起扣子、花生米等小东西，并会试探地往瓶子里装，能从盒子里拿出东西然后再放回去。双手摆弄玩具很灵活。

### 视觉发育：提高宝宝注意力

要注意培养宝宝的注意力，训练方法是给宝宝看一些他感兴趣的东西，这样他就能很好地集中注意力，达到学习的目的。

### 听力发育：对指令做正确反应

听力进一步增强，会对指令做正确的反应，能准确地说出说“爸爸”“妈妈”“滴滴”等双音节词语。

### 语言能力发育：亲子共读画册

这个时期的宝宝喜欢“嘟嘟叽叽”地说话，听上去像在交谈。能把语言和表情结合起来，他不想要的东西，他会一边摇头一边说“不”。这时宝宝不仅能够理解父母很多话，对父母说话的语调也能理解。宝宝还不能说出他理解的词，常常用他的语音说话。

### 作息时间安排：增加早教时间

这个时期的宝宝喜欢和父母在一起玩游戏、看书画，听父母给他讲故事。喜欢玩藏东西的游戏，喜欢认真仔细地摆弄玩具和观赏实物，因此应增加亲子早教时间。

### 睡眠原则：睡觉程序尽量不变

❶这个月龄的宝宝白天睡两次，每次睡眠时间不超过两个小时。

❷到了1岁，让宝宝平静下来上床睡觉变得越来越难。但是还是要坚持以往的就寝程序，这对培养宝宝良好的睡眠习惯很重要。

### 大小便训练：大小便后要及时清洗

由于尿便中的酶会侵蚀皮肤，引起感染。所以大小便完了之后要及时清洗。

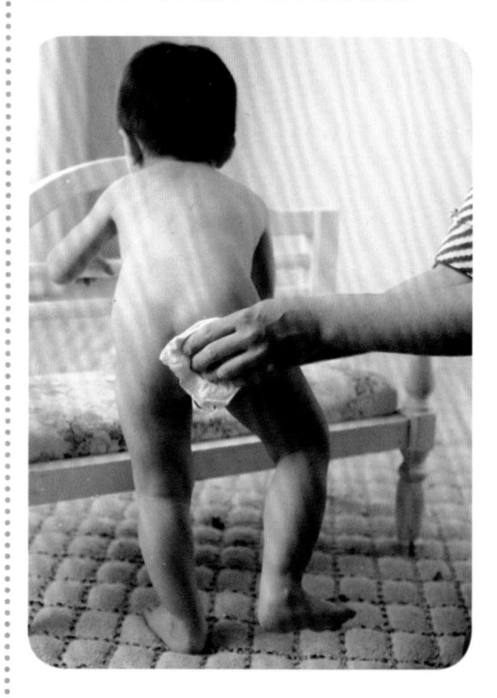

### 提升免疫力：好习惯维护免疫系统

宝宝即将满1岁，此时的行为习惯培养非常关键。要维护宝宝的免疫系统，应从小就让他养成良好的卫生习惯。

### 玩具推荐 WANJU TUIJIAN

❶宝宝喜欢反复地装满、倒空，准备颜色鲜艳的塑料小桶和小铲子。

❷玩具电话，促进宝宝语言能力的发展。

❸各种形状的盒子。

# 第二节 1～3岁宝宝成长标准

## 1～1.5岁宝宝成长标准

### 养育重点

1 给宝宝创造一个安全的学步环境。

2 给宝宝一个匙子，让宝宝学习自己吃饭。

3 同宝宝玩耍，寓教于乐，提高宝宝的语言能力。

4 时刻注意宝宝患病的信号。

5 宝宝长出第一颗乳牙。

6 不要人为加快乳类食物结构向普通食物结构转化的速度，一定要让宝宝慢慢接受固体食物。

7 可以直接给宝宝吃剥了皮的水果。

### 体格发育监测标准

| 1～1.5岁时 | | |
|---|---|---|
| | 男宝宝 | 女宝宝 |
| **身长** | 76.3～88.5厘米，平均为82.4厘米 | 74.8～87.1厘米，平均为80.9厘米 |
| **体重** | 9.1～13.9千克，平均为11.5千克 | 8.5～13.1千克，平均为10.8千克 |
| **头围** | 46.2～49.5厘米，平均为47.4厘米 | 45.9～48.5厘米，平均为46.2厘米 |
| **胸围** | 46.6～47.6厘米，平均为47.0厘米 | 46.2为～47.2厘米，平均为46.8厘米 |

### 接种疫苗备忘录

**麻疹：**麻疹疫苗（18～24个月） 第二剂........日

**流行性乙型脑炎：**乙脑减毒活疫苗（18～24个月） 第二剂........日

乙脑灭活疫苗（18～24个月） 第三剂.........日

**百日咳、白喉、破伤风：**百白破疫苗 第四剂........日

### 宝宝生长发育记录

体格发育记录

1.5岁时身长........厘米

1.5岁时体重........千克

1.5岁时头围........厘米

1.5岁时胸围........厘米

智能发育记录

| 监测项目 | 出现时间 |
|---|---|
| 回忆昨天或前天发生的事 | 第........月第........天 |
| 连词成句 | 第........月第........天 |
| 注意到事物的异同 | 第........月第........天 |
| 对数量有所知晓 | 第........月第........天 |

## 宝宝智能发育记录

### 大动作发育：从爬到站的练习

开始时，他尝试用双手抓住什么来支撑身体，保持平衡；也可能在学站时，宝宝会不放开你的手或者哭着让你帮忙，因为他自己不敢坐下去。先别急着抱他或扶他坐下，此时他需要你来告诉他如何弯曲膝盖，这是学习站立，继而学习走路的一个重要环节。

### 精细动作：用手指做动作

用匙吃东西时需要帮助，会用手掌握笔涂涂点点，会拿蜡笔在纸上乱画，会翻书页(也许是两三页一翻)，能搭起两块方木。手指握杯，但握得不稳有倾斜，常常把杯子里的东西洒出。

### 语言能力发育：用动作表达语言

可以引导挥手表示再见。也可以给他一些简单的指令，如摇手、点头等，让他做出动作。父母可以先做给他看，让他模仿，也可以直接带着他做。

### 大小便训练：巩固训练成果

1岁以后宝宝一天小便约10次。可以从1岁后培养宝宝表示要小便的卫生习惯。妈妈首先应掌握宝宝排尿的规律、表情及相关的动作，如身体晃动、两脚交叉等，发现后让其坐盆，逐渐训练宝宝排尿前会表示，在宝宝每次主动表示以后给予积极的鼓励和表扬。

1岁以后，宝宝的大便次数一般为一天1～2次，有的宝宝两天一次，如果很规律，大便形状也正常，父母不必多虑。

### 睡眠原则：养成自然入睡好习惯

宝宝上床后，晚上要关上灯，宝宝入睡后，成人不必蹑手蹑脚，也不要突然发出大的声响，如“砰”的关门声或金属器皿掉在地上的声音。要培养宝宝上床后不说话、不拍不摇、不搂不抱、躺下很快入睡、醒来后不哭闹的习惯。并且不要安抚性地给宝宝含乳头、咬被角、吮手指，让他靠自己的力量调节入睡状态。更不要用粗暴强制、吓唬的办法让宝宝入睡。

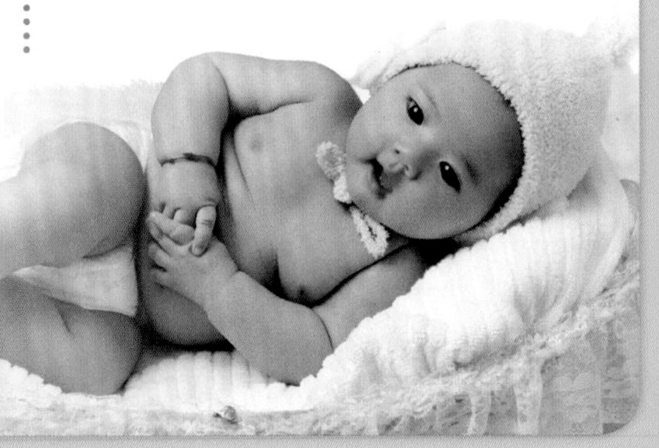

## 玩具推荐 WANJU TUIJIAN

❶运动器具，如滑梯、摇船、攀登架等。
❷娃娃和餐具。宝宝抱娃娃，摆弄锅、碗、勺、盆，认识常见物品及其玩法。
❸沙、水玩具，如铲子、筛子、瓶子，宝宝随意玩耍，从中获得感性经验。

# 1.5～2岁宝宝成长标准

## 养育重点

1. 宝宝已经有了一定的咀嚼能力，应尽快断乳。
2. 给宝宝的主食粗粮、细粮搭配，避免缺乏维生素$B_1$。
3. 饮食不要过于杂乱，否则会影响宝宝的食欲。
4. 预防宝宝急性结膜炎。
5. 提防宝宝啃咬物品中毒。
6. 引导宝宝与人友善交往，避免产生嫉妒心理。
7. 培养宝宝独立生活的能力。
8. 为宝宝布置适度刺激的环境。

## 体格发育监测标准

| 1.5～2岁时 | | |
|---|---|---|
| | 男宝宝 | 女宝宝 |
| 身长 | 80.9～94.9厘米，平均为87.9厘米 | 79.6～93.6厘米，平均为86.6厘米 |
| 体重 | 9.7～14.8千克，平均为12.2千克 | 9.2～14.1千克，平均为11.7千克 |
| 头围 | 45.6～50.8厘米，平均为48.2厘米 | 44.8～49.6厘米，平均为47.2厘米 |
| 胸围 | 45.4～53.4厘米，平均为49.4厘米 | 44.2～52.2厘米，平均为48.2厘米 |

## 宝宝生长发育记录

体格发育记录

2岁时身长........厘米

2岁时体重........千克

2岁时头围........厘米

2岁时胸围........厘米

智能发育记录

| 监测项目 | 出现时间 |
|---|---|
| 敲打两块积木 | 第........月第........天 |
| 靠着墙壁在房间里走动 | 第........月第........天 |
| 自己扶着栏杆上下楼梯 | 第........月第........天 |
| 把花生米装进小口容器 | 第........月第........天 |

## 宝宝智能发育记录

### 大动作发育：能扶着上下楼梯

蹒跚地走几步→两脚跳离地面→玩扔球、捡球、找东西的游戏→独立蹲下捡东西，独立站起，并独立稳定地行走→侧着走和倒着走→牵着手上下楼梯→自己能扶着栏杆上下楼梯。

### 精细动作：喜欢穿插动作

会一页页地翻书→玩多种动手游戏，如搭积木、叠小套桶等→搭积木3～4块→把铅笔插入笔筒内，甚至是插入仅可插一支笔的笔座也可以完成得很好→玩插片游戏，把小的东西装入小口径的容器。

## 语言能力发育：说出简单的词汇

2岁时会背几句5个字的儿歌；能够使用简单词汇说出不完整的句子，如表达需求时说“喝水”“给我”等，会重复句子的最后一两个字，有的宝宝甚至可以说出清楚的常用句子。

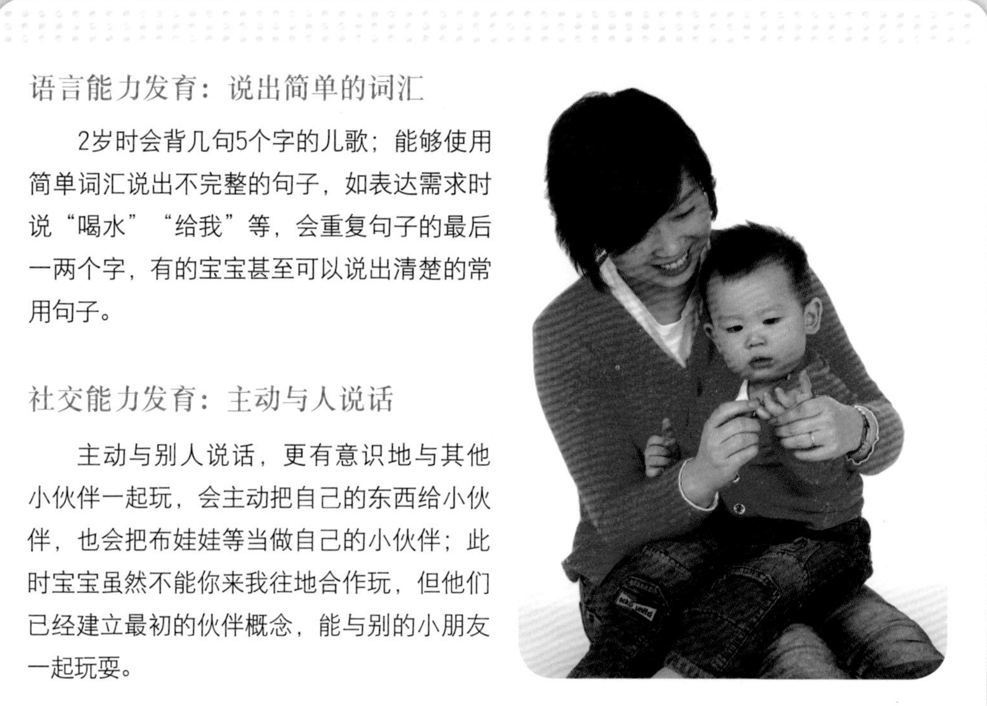

## 社交能力发育：主动与人说话

主动与别人说话，更有意识地与其他小伙伴一起玩，会主动把自己的东西给小伙伴，也会把布娃娃等当做自己的小伙伴；此时宝宝虽然不能你来我往地合作玩，但他们已经建立最初的伙伴概念，能与别的小朋友一起玩耍。

## 宝宝独立能力培养

❶给予充分的活动自由：宝宝的独立自主性是在独立活动中产生和发展的，要培养独立自主的宝宝，爸爸妈妈就要为宝宝提供独立思考和独立解决问题的机会。

❷建立亲密的亲子关系：作为爸爸妈妈，要让宝宝充分感受到你们的爱，与他建立良好的亲子关系，从而使宝宝对你和周围事物都具有信任感。之所以宝宝独立自主性的培养，需要以宝宝的信任感和安全感为基础，是因为只有当宝宝相信，在他遇到困难时一定会得到帮助，宝宝才可能放心大胆地去探索外界和尝试活动。因此，在宝宝活动时，爸爸妈妈应该陪伴在他身边，给他鼓励。

❸循序渐进，不随便批评：独立自主性的培养是一个长期的过程，需要循序渐进地进行，爸爸妈妈切不可急于求成，对宝宝的发展作出过高的、不合理的要求，也不能因为宝宝一时没有达到你的要求，就横加斥责，应先冷静地分析一下宝宝没有达到要求的原因，以科学的准则来衡量，然后再做出相应的调整策略。

## 玩具推荐 WANJU TUIJIAN

❶卡片书：带有对真实物体的解释或图片。

❷歌曲，故事，有节奏的录音。

❸能创作的材料：无毒、可洗的笔，颜料，大纸张。

# 2～3岁宝宝成长标准

## 养育重点

1 要提供给宝宝合理的饮食，多给宝宝吃一些成形的食物，如饼、面包、包子、水果等。

2 父母自身要养成良好的饮食习惯，固定吃饭时间。

3 给宝宝准备一套他喜欢的餐具。

4 培养宝宝的自我保护意识。

5 让宝宝多与小朋友在一起玩，避免产生认生心理。

6 训练宝宝形成时间观念。

7 从心理和情感上关心宝宝。

## 体格发育监测标准

| 2～3岁时 | | |
|---|---|---|
| | 男宝宝 | 女宝宝 |
| 身长 | 87.7～102.5厘米，平均为95.1厘米 | 86.8～101.6厘米，平均为94.2厘米 |
| 体重 | 10.9～17.0千克，平均为14.0千克 | 10.6～16.3千克，平均为13.4千克 |
| 头围 | 46.5～51.7厘米，平均为49.1厘米 | 45.7～50.5厘米，平均为48.1厘米 |
| 胸围 | 46.7～55.1厘米，平均为50.9厘米 | 45.8～53.8厘米，平均为49.8厘米 |

## 接种疫苗备忘录

**流行性脑膜炎：** A群流脑疫苗第三剂........日

## 宝宝生长发育记录

体格发育记录

3岁时身长........厘米

3岁时体重........千克

3岁时头围........厘米

3岁时胸围........厘米

智能发育记录

| 监测项目 | 出现时间 |
|---|---|
| 双脚离地跳跃 | 第........月第........天 |
| 单腿站立几秒钟 | 第........月第........天 |
| 自己穿脱简单的衣服 | 第........月第........天 |
| 熟练把玩具的各部件组装起来 | 第........月第........天 |

## 宝宝智能发育记录

大动作发育：能够自由走动、玩耍

接住反跳起来的球及距离1米抛来的球→单足跳远→自己扶栏双脚交替下楼梯→会踢球入门→立定双足跳远33厘米以上。

精细动作：具体动作很好地完成

1分钟内穿上10个珠子→用餐刀切软食物→会将纸剪开小口或剪成纸条→将方形纸对折成长方形及三角形。

### 语言能力发育：复述短小的故事

利用自己的相册讲述自己的故事→用反义词配对→去新的地方回来后能作简要叙述→学猜符合两种情况下的简单谜语并自编这种谜语→背述电视和收音机成段广告和小段故事。

### 生活自理能力：帮忙做家务

帮助妈妈收拾衣服→学洗手绢→会收拾和洗净茶具→会当助手：剥蒜、剥花生、剥豌豆、递工具等。

### 数学思维能力：宝宝喜欢上数学

要让宝宝喜欢学数学，就要从小培养其欣赏艺术。因为，聆听音乐和涂鸦绘画，会对人类形成一定的信息刺激，这些刺激会在宝宝的头脑中形成稳定的“链接”，而这些“链接”对促进大脑学习数学、思考抽象的逻辑问题产生积极的影响。所以，在宝宝3岁之前，如果爸爸妈妈能经常和他一起听音乐、涂鸦、绘画，就等于在为宝宝日后学习数学做好了充分准备。

这个年龄段是宝宝计数能力发展的关键期，爸爸妈妈在生活中要多对宝宝进行“数量与数字的积累”教育，如和宝宝一边走，一边说：“1步，2步，3步……”也可以让宝宝数生活里一切能数的东西，培养宝宝对数量的理解能力。在教宝宝学数学时，爸爸妈妈还要注意对宝宝逻辑能力的培养，比如让宝宝比较远近，来开发宝宝的思维能力。

## 玩具推荐 WANJU TUIJIAN

❶可通过尺寸、形状、颜色、气味等进行分类的玩具。
❷可以骑的东西（非儿童自行车）。
❸能创造的玩具：大号油画刷、宝宝用的剪刀、白板、笔。

# 宝宝喂养

## 掌握最科学的喂养技巧

愿每位妈妈都能摆脱喂养经验匮乏的苦恼，管理好宝宝的小胃，聪明健康宝宝吃出来。

# 第一节 母乳喂养

## 母乳是最好的食物

新生儿最理想的营养来源莫过于母乳。因为母乳中的营养价值非常高，并且其所含的各种营养素的比例搭配适宜。母乳中含有多种特殊的营养成分，如乳铁蛋白、牛磺酸、钙、磷等。母乳中所含的这些特有物质，对宝宝的生长发育以及增强抵抗力都很有益。

## 尽早哺喂母乳

产妇分娩后，可立即让新生儿吮吸双侧乳头，产后2～6小时内应开奶。母乳喂养一定要尽早开奶，因为初乳营养价值很高，特别是含抗感染的免疫球蛋白，对多种细菌、病毒具有抵抗作用，所以尽早给新生儿开奶，可使新生儿获得大量球蛋白，增强新生儿的抗病能力，大大减少宝宝肺炎、肠炎、腹泻等疾病的发生率。

## 母乳的划分阶段

### 按乳汁形成的阶段划分

**初乳**

产后7天内所分泌的乳汁称为初乳。由于含有β-胡萝卜素故颜色发黄。初乳中含蛋白质量比成熟乳多，并含有很多的抗体和白细胞。初乳中还有生长因子，可以刺激宝宝未成熟肠道的发育，为肠道消化吸收成熟乳做了准备。

**过渡乳**

产后7～14天内所分泌的乳汁称为过渡乳。其中所含蛋白质与矿物质量逐渐减少，而脂肪和乳糖含量逐渐增加，系初乳向成熟乳的过渡。总量有所增多，并且含脂肪丰富。

**成熟乳**

14天后所分泌的乳汁称为成熟乳，但是也要因人而异，实际上一般要到30天左右才趋于稳定。蛋白质含量更低，但每日泌乳总量多达700～1 000毫升。成熟乳看上去比牛奶稀，其实，这种水样的奶是正常的。

**晚乳**

晚乳是指10个月以后的乳汁，其总量和营养成分都有所减少。

### 按宝宝吮吸的时间划分

**前奶**

外观比较清淡的水样液体，内含丰富的蛋白质、乳糖、维生素、无机盐和水。

**后奶**

因含较多的脂肪，故外观较前奶白，脂肪使后奶能量充足，它提供的能量占乳汁总能量的50%以上。

## 无法代替的初乳

妈妈在产下宝宝后一两天分泌出来的乳汁就是初乳，像黄油一样的颜色，比较少，而且相对比较稀薄。有些妈妈看到这些初乳，往往会产生一种错觉，认为这些都是比较脏的，挤出来以后也是当做废品扔掉，其实这种做法恰巧是非常错误的。

和成熟乳比较而言，初乳的数量很少，但是，它的浓度却很高，并且它的组成成分里含有丰富的免疫物质、碳水化合物、蛋白质、多种酶类以及较少的脂肪。

在初乳所含的多种物质中最为重要的是一种名叫分泌型IgA的免疫物质。该种物质主要覆盖在新生儿尚未成熟的呼吸器官和消化器官黏膜的表面上，能增加宝宝机体免疫力和抗病能力，同时它还能防止大肠杆菌、伤寒菌或者其他一些病毒的侵入。在宝宝初生时，这是天然的最好的保护伞。

初乳还具有促进脂类排泄的作用，从而更好地减少宝宝发生黄疸的可能。溶菌酶同样也是初乳中较为重要的成分，它同样具备着阻止病毒和细菌侵袭宝宝的功能。

初乳对于宝宝的一生健康起着非常重要的作用。慧眼识金的妈妈及时给宝宝哺喂初乳，会使宝宝的智商水平和健康水平明显超于同龄未哺喂初乳的宝宝。初乳，就是我们人生第一次天生的免疫机会，不容错过，疼爱宝宝的妈妈更不应该给宝宝错过这人生的第一次，要及时进行初乳喂养。

## 各月龄母乳的哺乳量

### 0～4个月哺乳量

**未满月：分阶段哺乳**

宝宝还不能轻松地喝到妈妈的乳汁，而且妈妈的乳汁也还不是很充足。所以只要宝宝哭闹的时候，就要哺乳，经过反复的哺乳刺激，妈妈的乳汁也会变得充足起来。哺乳的间隔时间，一般来说，在前半月，2～4个小时哺乳一次；后半月改为3个小时哺乳一次，在每次哺乳过程中，应让宝宝将一侧乳房吸足10～15分钟再改吸另一侧。午夜停哺一次。

**1～2个月：2～3个小时哺乳一次**

哺乳的间隔在2～3.5个小时之间，这一时期是宝宝形成饮食规律的时期。既要符合宝宝的需要又要保持两个乳房平均授乳。这一时期宝宝已经能控制自己的需要量，吃饱了自然就不会再吃。

**3～4个月：3～4个小时哺乳一次**

哺乳间隔延长至3～4个小时。睡眠开始逐渐向夜间集中，哺乳的次数也逐渐减少，但是不管是白天还是夜间，只要是宝宝饿了就要哺乳。每边每次哺乳10～15分钟。

**4～6个月哺乳量**

由于生活的节奏逐渐地稳定下来，所以哺乳的间隔也基本固定下来，大约在4个小时。哺乳的次数，包括断乳食物之后的哺乳，一般说来每天在5次左右，但是宝宝如果需要，可以随时哺乳。

**7～8个月哺乳量**

每天哺乳3次，连同2次断乳食物总计5次。每个宝宝每次饭后的奶量存在着较大的个体差异。有些宝宝几乎在饭后不喝奶，也有些宝宝依然喝得很多。

**9～11个月哺乳量**

每天3次的断乳食物使饭量增加，但是每天至少400毫升的母乳或者奶粉依然是必要的，每天至少要再喂2次。即便是刚刚吃过断乳食物，但是如果宝宝有需要妈妈就可以喂母乳。

**1周岁以上哺乳量**

如果宝宝有需要，妈妈还是要哺乳。有些宝宝在睡觉前，嘴里含着妈妈的乳头就会很安心地睡去。也可以饮用奶粉或牛奶。

## 母乳喂养的正确姿势

### 侧躺抱法

让宝宝在妈妈身体一侧，用前臂支撑宝宝的背部，颈和头枕在妈妈的手上。如果妈妈刚刚从剖宫产手术中恢复，那么这样是一个很合适的姿势，因为这样对伤口的压力很小。

优点

易于观察宝宝是否已叼牢乳头，形成有效的哺乳；对于接受剖宫产的母亲而言会比较舒适，因为远离切口抱持宝宝；乳房较大的妈妈会比较舒适，因为宝宝的胸部可协助支持乳房的重量；当乳房胀满时，该姿势有利于调整乳房的形状。

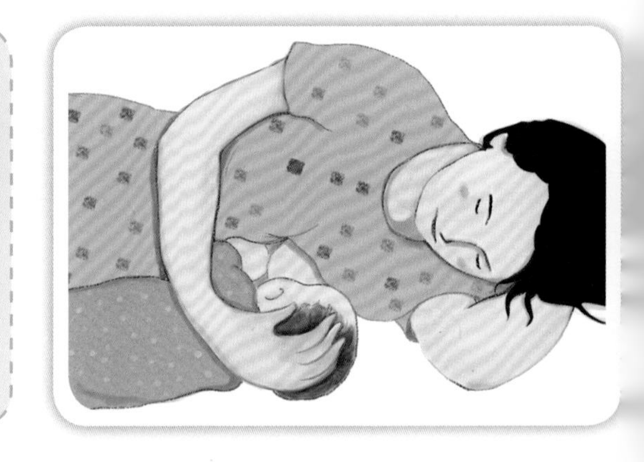

### 摇篮支撑抱法

用妈妈手臂的肘关节内侧支撑住宝宝的头，使他的腹部紧贴住妈妈的身体，用另一只手支撑着妈妈的乳房。因为乳房露出的部分很少，将它托出来哺乳的效果会更好。

优点

通常最简便易学的姿势；是多数妈妈最常用的姿势。

### 交叉摇篮抱法

和使用摇篮支撑法的位置一样，但这一次用对侧的手臂，这样就可以用手来支撑宝宝头部，用前臂支撑身体。这样妈妈可以更好地控制宝宝头部的方向。

优点

使用手支撑宝宝颈背部，较使用前臂会对宝宝头部形成更好的控制；当用来为早产儿或叼牢乳头有困难的宝宝哺乳时尤其有效。

### 橄榄球抱法

橄榄球抱姿适用于那些吃奶有困难的宝宝，同时还可以有利于妈妈观察宝宝，在宝宝吃奶的时候可以调整宝宝的位置。步骤为让宝宝躺在一张较宽的椅子或者沙发上，将他置于妈妈的手臂下，头部靠近妈妈的胸部，用妈妈的手指支撑着他的头部和肩膀。然后在宝宝头部下面垫上一个枕头，让宝宝的嘴能接触到妈妈的乳头。

优点

如果乳头曾受伤，好不容易可以直接授乳时，要将受伤部位朝宝宝嘴角处（上下唇口闭合处）哺乳，这个时候，以上所说的姿势就可发挥功用。

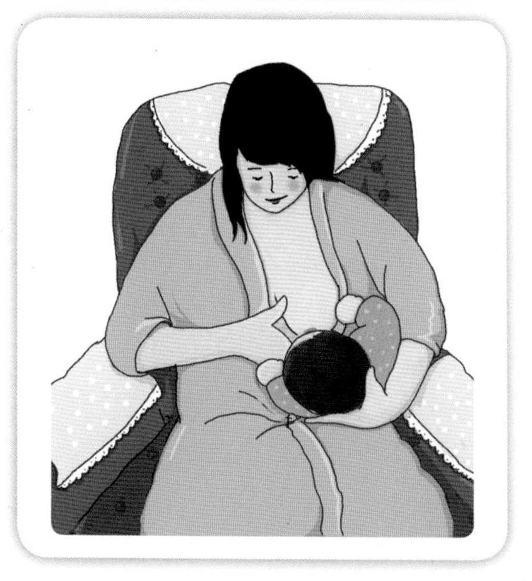

## 母乳的挤取方法

正确的挤奶姿势是将拇指放置在乳晕上方，其余四个手指放在乳晕下方，夹住后再轻轻推揉，推揉一段时间后，再用拇指在上其余四指在下的姿势勒紧乳房向前挤奶。这是人工挤奶方法。如果借助吸奶器进行吸奶，就要注意个人和吸奶器卫生。每次挤奶完毕后不仅要及时进行清洗，还要注意消毒。

### 吸奶器挤乳法

**放松乳房**

在开始吸奶前要对乳房进行适当的按摩和热敷，从而促使乳腺扩张，为乳汁的顺利吸出做好准备。

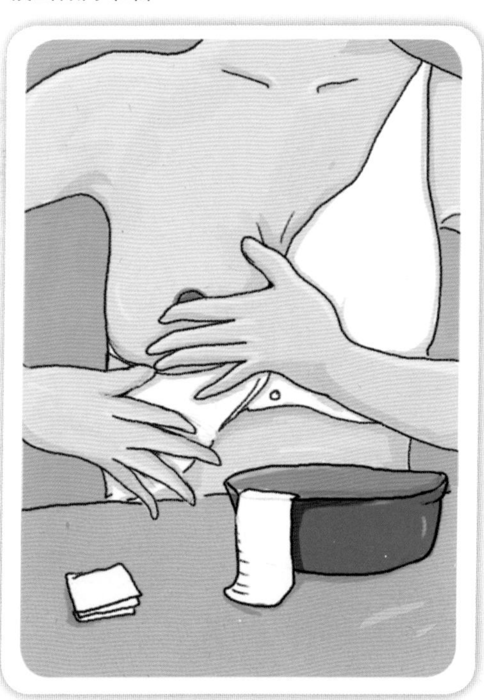

**控制挤奶的节奏**

使用吸奶器时，需要注意控制好节奏。当感觉到乳头疼痛或者吸不出奶的时候，就不要再继续使用吸奶器了。妈妈要按照循序渐进的步骤慢慢手动使用吸奶器，要由慢到快。当吸奶器使用完毕后，必须进行热水浸泡或用微波炉消毒。

**清洁乳房**

洗净手之后再开始吸奶，使用专业的乳头清洁棉进行擦拭；完成吸奶后仍然需要擦拭，并可以配套使用防溢乳垫来保持乳房的清洁与干爽。

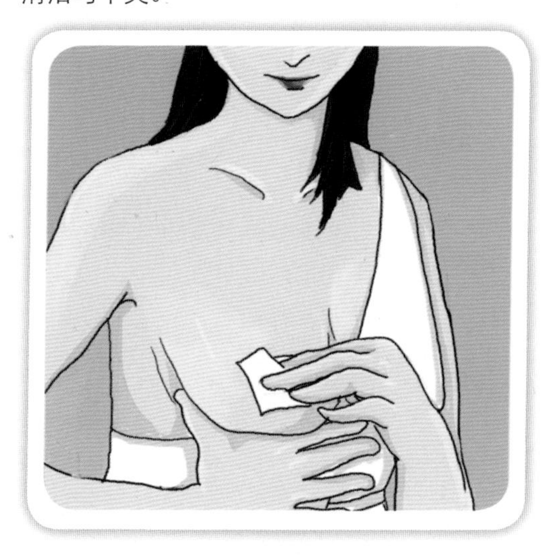

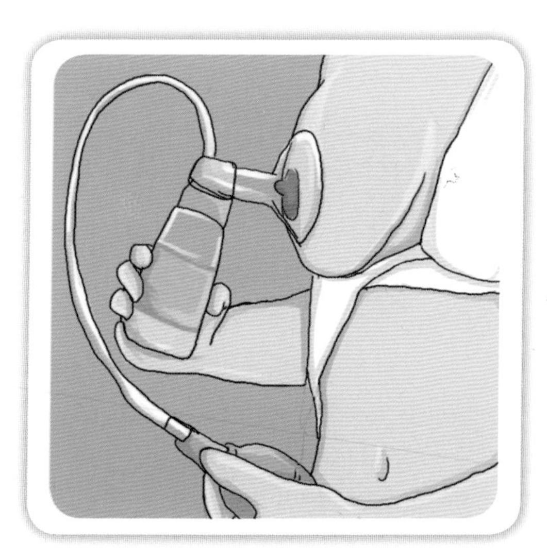

### 手工挤乳法

**准备挤奶**

妈妈坐在椅子上，把盛奶的容器放在靠近乳房的地方。

**挤奶的姿势**

挤奶时，妈妈用整只手握住乳房，把拇指放在乳头、乳晕的上方，其他四指放在乳头、乳晕的下方，托住乳房。

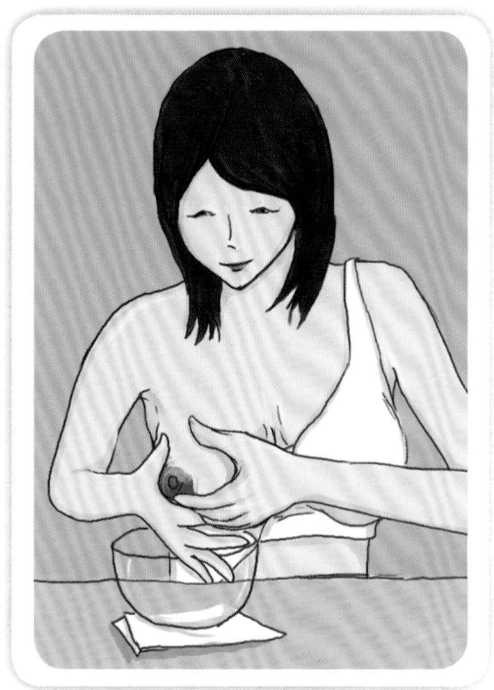

**挤奶的技巧**

妈妈用拇指、示指挤压乳房，挤压时手指一定要固定，握住乳房。最初挤几下可能奶水不下来，多重复几次就好了。每次挤奶的时间以20分钟为宜，两侧乳房轮流进行。一侧乳房先挤5分钟，再挤另一侧乳房，这样交替挤，奶水会多出一些。如果奶水不足，挤奶时间应适当延长。

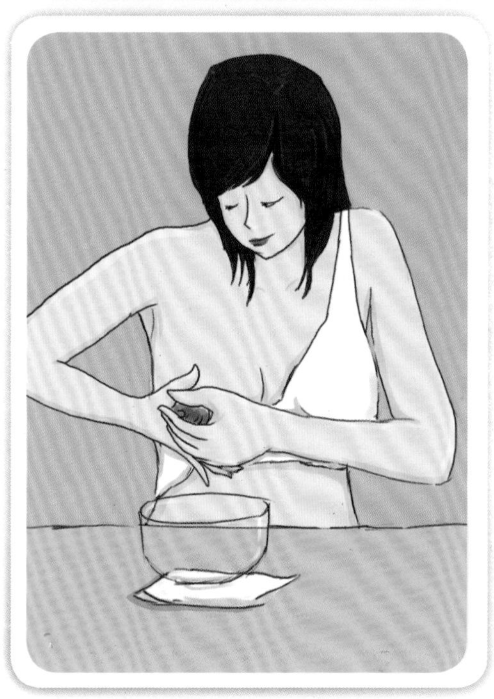

**小贴士**

挤母乳应该没有任何疼痛感。如感觉疼痛，请立即停止，并向医生询问是否挤奶方法有误。

## 母乳喂养的正确步骤

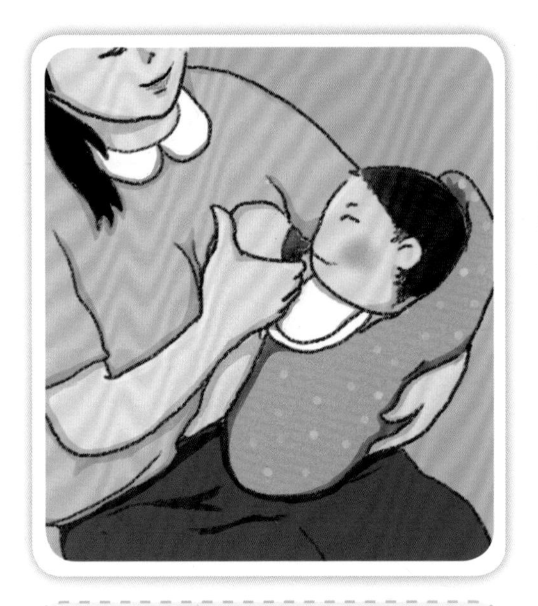

❶碰碰宝宝嘴唇，让嘴张开。

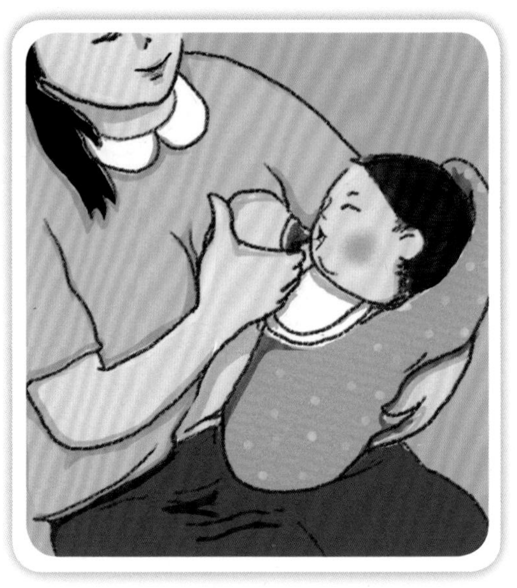

❷嘴张开后，将宝宝抱在胸前使嘴放在乳头和乳晕上，宝宝的腹部正对自己的腹部。

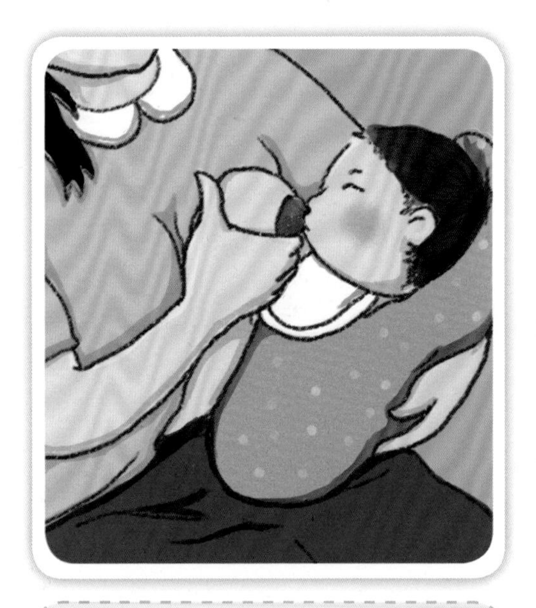

❸如果宝宝吃奶位置正确，其鼻子和面颊应该接触乳房。

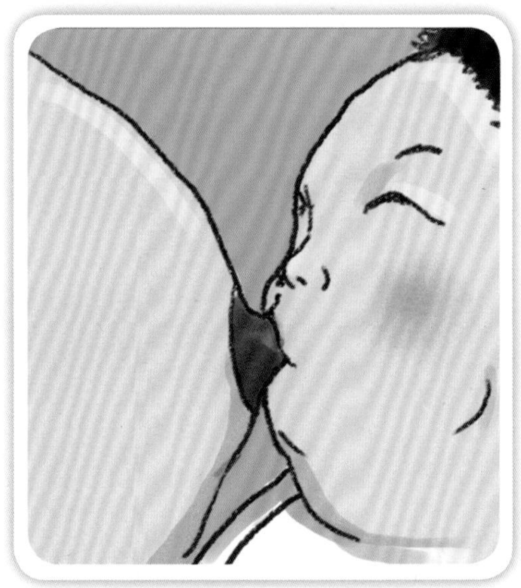

❹待宝宝开始用力吮吸后，应将宝宝的小嘴轻轻往外拉约5毫米，目的是将乳腺管拉直，有利于顺利哺乳。

## 哺乳期妈妈应注意的要点

### 乳房胀痛

有些妈妈的乳汁很难被吸出。如果乳汁在乳房储存过量，就会造成乳房胀痛。最好的解决方式是让宝宝将乳汁都吮吸出来，但如果乳汁量大大超过宝宝所需，可以每次哺乳后少量地挤出部分乳汁。

### 乳塞引起乳腺炎

乳房的疏导管部分堵塞使乳汁不能顺利地流出，造成部分乳汁残留在乳房中，这就叫乳塞。乳塞容易引起炎症，甚至诱发乳腺炎。细菌通过裂伤的乳头进入乳房，引发炎症，也可能引发乳腺炎。哺乳和挤出多余的乳汁可以缓解乳腺炎，但如果疼痛很严重的话，务必要去看医生。

### 哺乳的次数多，妈妈体力消耗大

母乳喂养，对妈妈来说的确是个很大的负担。由于夜间也需要哺乳，很容易造成睡眠不足。爸爸也要尽可能地辅助妈妈做些诸如给宝宝洗澡等事情，来分担妈妈的负担。而当宝宝白天睡觉的时候，妈妈最好也能稍稍地睡一小会儿，以补充睡眠。

### 乳头划伤后的处理

宝宝在吮吸乳头的时候，突然用力会导致咬伤乳头，引发炎症。宝宝在出牙期，咬伤妈妈的情况就更容易发生。如果妈妈的疼痛达到不能忍受的程度时，可以使用乳头保护器来哺乳。之后用有保湿功能的奶油涂抹在乳头周围，也可以每隔5分钟进行一次短期哺乳。

**用冷冻过的纱布包裹乳头缓解疼痛：**

在哺乳之前，用冷冻过的纱布做冷湿布，将乳头围起来，可以缓解疼痛。但如果疼痛很严重，就要借助乳头保护器了。

在乳头上涂抹适量奶油：乳头干燥或者咬伤的情况下，可以在乳头周围涂抹一层具有保湿效果的奶油。

## 解除暂时性缺奶技巧

| | |
|---|---|
| 1 | 妈妈要保证充足的睡眠，减少紧张和焦虑，保持放松和愉悦的心情 |
| 2 | 适当增加哺乳次数，吮吸次数越多，乳汁分泌量就越多 |
| 3 | 每次每侧乳房至少吮吸10分钟以上，两侧乳房均应吮吸并排空，这既利于泌乳，又可让宝宝吸到含较高脂肪的后奶 |
| 4 | 宝宝生病暂时不能吮吸时，应将奶挤出，用杯和汤匙喂宝宝；如果妈妈生病不能哺乳时，应按给宝宝哺乳的频率挤奶，保证病愈后继续哺乳 |
| 5 | 月经期只是暂时性乳汁减少，经期中可每天多喂两次奶，经期过后乳汁量将恢复如前 |

## 解除胀奶的技巧

### 让宝宝尽早吸乳

如果分娩后能让宝宝尽早与妈妈亲密接触，并在宝宝出生后半小时内就开始吮吸母乳，这样不仅有利于宝宝吃到含有丰富营养和免疫球蛋白的初乳，还能刺激母乳分泌的增多。由于宝宝的吮吸能力很强，小嘴巴特别有力，因此可以通过吃奶这种方式来疏通妈妈的乳腺管，使乳汁排得更加顺畅。

### 吸奶器好帮手

如果宝宝因为某些原因无法用吮吸来帮助妈妈泌乳，那就应当选择一款吸奶器来帮忙。在挑选吸奶器的时候，要注意其吸力必须适度，使用时乳头不应有疼痛感。建议选择有调节吸奶强度功能的自动吸奶器，可根据实际情况及时调整吸奶器的压力和速度。

## 哺乳妈妈的饮食与注意事项

| | |
|---|---|
| 1 | 增加蛋白质的摄取，最好有一半以上为动物性蛋白质的食物，如肉、鱼、奶、蛋等 |
| 2 | 增加水果、蔬菜及水分的摄取 |
| 3 | 完全素食者应另增加维生素$B_{12}$的营养补充 |
| 4 | 不乱服成药及其他刺激性食物。食物会借由母乳传送，而影响到宝宝，所以哺乳的妈妈最好避免在哺乳期食用刺激性的食物，像咖啡、茶、烟、酒及麻辣火锅等 |

## 母乳喂养的常见问题

### 母乳喂养还需喂水吗

母乳中大部分是水分，可满足宝宝的需要，刚出生的宝宝肾脏功能不完善，要将体内的代谢产物排出体外，需要摄入比成人更多的水分。妈妈乳汁中的水分、温度适宜，清洁无菌，是宝宝最好的饮料。母乳中的水分可以根据宝宝的需要增减，用母乳喂养宝宝，不用担心宝宝会缺乏水分，只要“按需喂养”就行了。

母乳喂养的宝宝，有时候看上去小嘴有点干，性急的妈妈会给他喂一些白开水。其实大可不必这样做。宝宝口腔看上去有些干，是因为宝宝口腔的唾液分泌较少，这是很正常的现象。就算给宝宝不停地喂水，他的口腔还会是干，所以不必另外喂水。

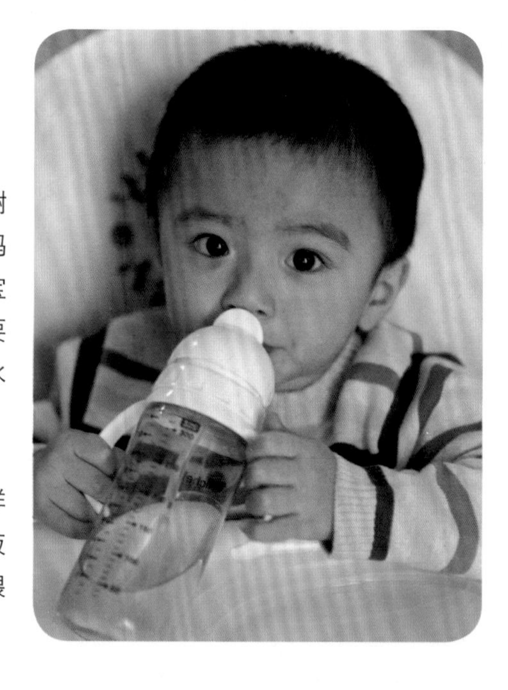

### 宝宝抗拒母乳怎么办

并不是处在断乳期内的宝宝抗拒母乳，称之为“拒奶”或者“罢奶”。一旦宝宝开始拒吃妈妈的奶，就会让妈妈产生严重的挫败感，进而会发展成妈妈开始停止母乳喂养。其实这个问题是可以克服的。

| 拒吃母乳的表现 | |
|---|---|
| 1 | 宝宝只是用嘴含着妈妈的乳头，但是没有吮吸吞咽的动作 |
| 2 | 一旦接触到妈妈的乳房，宝宝就开始哭闹 |
| 3 | 每次吃奶的时间都很短，或者只是吃妈妈一侧乳房 |

| 导致宝宝拒吃母乳的原因有多种，其中主要的几种原因如下 | |
|---|---|
| 1 | 可能宝宝在吮吸乳汁的时候没有正确地叼住乳头，从而影响了他不能正确地吮吸，所以导致了乳汁不能被有效地摄入 |
| 2 | 也有可能是宝宝开始出牙从而导致了他不喜欢吸奶 |
| 3 | 宝宝口腔内有感染，如鹅口疮，这种情况下，宝宝口腔疼痛，当然拒吃母乳 |
| 4 | 宝宝耳部有感染，吃奶时耳朵里产生压力从而疼痛，也会导致他抵触吸奶 |
| 5 | 宝宝如果患有感冒或者鼻塞，也会导致他呼吸困难，从而影响吸奶 |
| 6 | 也有可能宝宝每次吮吸时吸出量过少或者奶量过冲 |
| 7 | 在宝宝吸奶过程中，外部环境不够理想，有吵闹声或者吸引宝宝注意力的声音等 |
| 8 | 错过了喂乳的最佳时机，总是在宝宝饿的时候没有及时哺乳，进而让宝宝开始哭闹起来 |
| 9 | 日常生活当中某些习惯的改变导致了宝宝吃奶的规律被打乱，比如换了吸奶环境或者妈妈开始上班而更改喂奶时间等 |

## 怎样让母乳更有营养

1 哺乳期的饮食应增加各种营养素的供给量，尤其是优质蛋白质、钙、锌、铁、碘和B族维生素，并要注意各营养素之间的合适比例，如蛋白质、脂肪、碳水化合物的供热比应分别为13%～15%、27%、58%～60%。

2 平日偏食，尤其是素食妈妈，如果营养素不够全面，会对宝宝的营养造成负面影响。

3 母乳中的水溶性纤维素，如维生素$B_1$、维生素$B_2$、维生素C等，可因乳母膳食中含量的变化而改变；脂溶性维生素A也是如此。所以乳母膳食中要注意合理补充。

4 近期对中国妈妈乳汁调查显示，除钙含量低，脂肪、锌和DHA含量偏少，应适量增加食用油、坚果、黄油、动物脂肪、海鱼等，促进宝宝脑发育及视网膜的形成，提高免疫力。

5 母乳中钠、氯含量明显偏高，这与产妇摄入食盐过多有关，不利于新生儿的肾脏发育，应避免摄入过多的食盐。

6 注意钙和维生素D的摄入。如果乳母缺钙，为保证乳汁中钙含量的恒定，就要动用乳母本身的骨钙，会造成乳母骨软化、骨质疏松、腰腿疼痛等。

## 如何知道宝宝吃饱了

刚做妈妈的人都不知道该喂宝宝多少奶。宝宝半个小时就要吃一次，吃一会儿就睡着，过不了多久又要吃，不知道是奶水不够还是宝宝有问题。那么，怎样判断宝宝吃没吃饱呢？

**从乳房胀满的情况判断**

哺乳前乳房丰满，哺乳后乳房较柔软。

**从宝宝下咽的声音上判断**

宝宝平均每吮吸2～3次就可以听到咽下一大口的声音，如此连续约15分钟就可以说明宝宝吃饱了。若宝宝只吸不咽或咽得少，说明奶量不足。

**吃奶后有无满足感**

如吃奶后宝宝安静入眠，说明宝宝吃饱了。如果吃奶后还哭，或者咬着乳头不放，或者睡不到两小时就醒，都说明奶量不足。

**注意大小便次数**

宝宝每天小便8～9次，大便4～5次，呈金黄色稠便。（喂配方奶的宝宝其大便是淡黄色稠便，大便3～4次，不带水分）。这些都可以说明奶量够了。如果尿量不多（每天少于6次），大便少，呈绿稀便或尿呈淡黄色，则说明奶量不够。

**看体重增减**

足月宝宝第一个月每天增长25克体重，第一个月增加720～750克，第二个月增加600克以上。喂奶不足或奶水太稀导致营养不足是体重减轻的因素之一。

## 如何应对溢乳

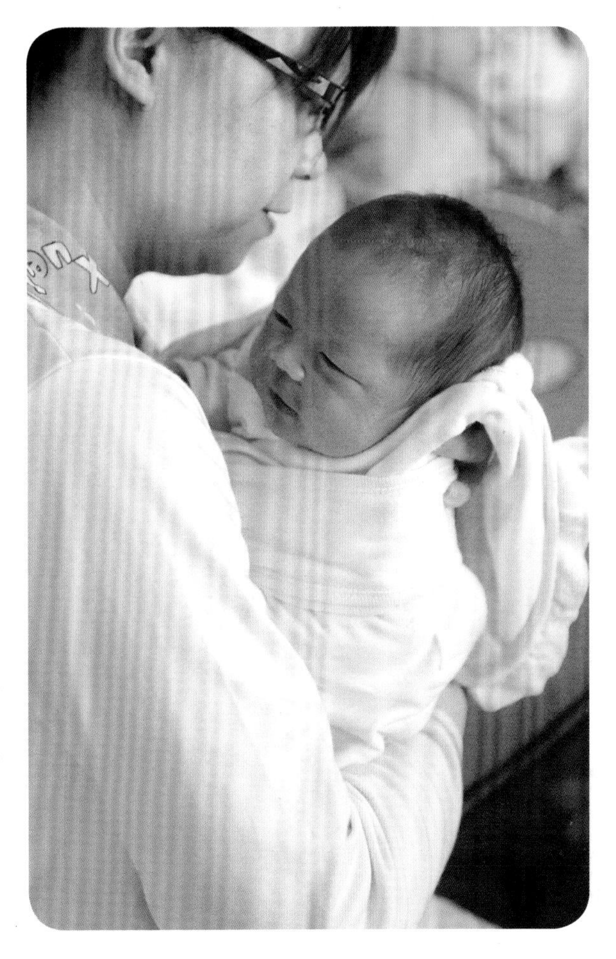

### 什么是溢乳

溢乳是指哺乳结束后很快就有1～2口奶水从宝宝的嘴巴边上溢出，少数情况下是在妈妈给宝宝吸奶后不久换尿布的时候发生的。造成溢乳的主要原因是新生儿的胃呈水平位置，贲门括约肌较为松弛，所以一旦摄入乳汁量稍多，就有可能发生溢乳现象。随着宝宝逐渐长大，胃的位置逐渐变化到垂直，贲门括约肌收缩力量增强，溢乳出现的情形也会逐渐减少，直到宝宝长到七八个月的时候停止。

### 帮助宝宝打嗝是防止溢乳的好办法

当宝宝3～4个月大以后，不仅已经掌握了较好的吮吸技巧，同时贲门收缩功能已然发育成熟了，所以这个时候溢乳的现象也会逐渐减少，而在这之前，每次喂奶过后，妈妈都应该借助让宝宝打嗝来预防溢乳。

### 让宝宝打嗝的几个方法

哺乳结束后，将宝宝竖着抱起来，用妈妈的肩膀托着宝宝的下颌。

| | |
|---|---|
| 1 | 轻柔地拍打宝宝的后背，时间维持在5分钟以上，这是帮助宝宝打嗝的基本方法。如果这样做了之后，宝宝仍未能打嗝，可以继续尝试用手掌轻轻地按摩宝宝的后背 |
| 2 | 托着宝宝的下巴，让宝宝坐起来。搂着宝宝的腰，让宝宝团坐在自己的腿上，这个时候再轻轻地拍打宝宝的后背。这样做是因为当宝宝坐着的时候，他的胃部入口是向上的，因而打嗝也就容易多了 |
| 3 | 变化宝宝的卧姿，让他右侧位躺下，垫上枕头，保持30分钟左右 |

**问** **宝宝已经四个月了，还经常溢乳，溢出来的母乳是凝聚块的，是不是肠胃有问题？**

**答** 宝宝溢乳很正常，每次喂完奶把他抱起来，头靠在你的肩上轻轻拍背5分钟左右再放下来，主要是把宝宝吃进去的空气拍出来，打个嗝就好。每个宝宝溢乳的时间都不一样，一般过了10个月就都好了，无需过度担心，细心照顾就可以。

## 白天母乳喂养怎么进行

❶先用温水洗干净乳头，以免附带的细菌进入宝宝口中引起口腔或咽喉发炎。

❷妈妈在沙发或椅子上坐着，然后在哺乳乳房一侧的脚下放一个小凳子，架起这侧腿，将宝宝的头枕在妈妈的胳膊弯上，胳膊弯舒适地放在架起的腿上。

❸把这侧乳头连乳晕塞入宝宝嘴中，要尽可能让宝宝嘴唇能裹着乳晕，这样可以促使泌乳。

❹一侧乳房吃空后，再以同样姿势把宝宝换到另一侧乳房、胳膊弯和腿上。

❺如果天气好，尽可能让宝宝能在太阳下、空气好又避风的地方吃奶，因为宝宝吸收乳汁中的钙元素需要身体中的维生素D的帮助，而身体中维生素D要靠太阳晒才能产生，另外新鲜空气对宝宝的成长也是十分有利的。

❻宝宝吃饱睡着后要及时抽出乳头，不要让他老含着乳头，因为那样不仅不利于宝宝口腔和乳母乳头的卫生，还易引起宝宝依恋乳头的不良习惯，甚至会引起宝宝呕吐或窒息。

## 夜间母乳哺喂怎么进行

夜晚妈妈的哺喂姿势一般是侧身对着稍侧身的宝宝，妈妈的手臂可以搂着宝宝，但这样做会较累，手臂易酸麻，所以也可只是侧身，手臂不搂宝宝进行哺喂。或者可以让宝宝平躺着，妈妈用一侧手臂支撑自己俯在宝宝上部哺喂，但这样的姿势同样较累，而且如果妈妈不是很清醒时千万不要进行，以免在似睡非睡间压着宝宝，甚至导致宝宝窒息。

晚上哺喂不要让宝宝含着乳头睡觉，因为这不仅不卫生，且容易使乳房压住宝宝鼻孔使其窒息，也容易使宝宝养成过分依恋妈妈乳头的心理。另外，产后妈妈身体会极度疲劳，加上晚上要不时醒来料理宝宝而睡眠严重不足，很容易在神志迷迷糊糊中哺喂宝宝，所以要小心出现不慎。

## 妈妈感冒了怎么哺乳

现在母乳喂养是大多数人所提倡的，所以如果妈妈没有发热，没有细菌感染，可以考虑继续进行母乳喂养。当然母乳喂养的情况下也有一定的注意事项，由于妈妈可能通过呼吸道传染疾病给宝宝，甚至妈妈眼睛的分泌物、鼻腔的分泌物、唾液都有可能蕴含有传染给宝宝的细菌。所以这种情况下，妈妈要戴口罩，勤洗手，勤换衣物，保持自己的清洁，除了哺乳的时候，平时刻意与宝宝保持一定的距离。一旦妈妈有了发热症状，那就不要再喂奶给宝宝了，可以喂一点果汁。那些还不能喝果汁的，可以喝点米汤。如果宝宝出汗比较多的话，可以适当考虑进食一点咸的米汤、果汁。妈妈宝宝也完全没有必要非要给宝宝喂食过多的食物，适当控制喂食就可以了。但是补充水分是一定要做到的。如果短时间的一天两天，宝宝进食不是很多，不会对宝宝身体造成太大影响的，妈妈完全没有必要过分焦虑。如果宝宝长时间不愿进食，那就不能轻视，必须及时入院就诊了。

# 第二节 人工喂养

## 安全选购配方奶

❶看包装上的标签标识是否齐全。按国家标准规定，在外包装上必须标明厂名、厂址、生产日期、保质期、执行标准、商标、净含量、配料表、营养成分表及食用方法等项目。

❷营养成分表中标明的营养成分是否齐全，含量是否合理。一般要标明热量、蛋白质、脂肪、碳水化合物等基本营养成分，维生素类如维生素A、维生素D、维生素C、B族维生素，微量元素如钙、铁、锌、硒、磷等，或者还要标明添加的其他营养物质。

| 营养成分表 | 单位 | 每100克奶粉 | 每1000毫升奶液 |
|---|---|---|---|
| 热量 | 千焦 | 2 015～2 252 | 2 700～3 018 |
| 蛋白质 | 克 | 10.0～18.0 | 13.4～24.1 |
| 其中乳清蛋白 | % | 60 | 60 |
| α-乳清蛋白 | 毫克 | 1 250 | 1 675 |
| 脂肪 | 克 | 23.0 | 30.8 |
| 亚油酸 | 毫克 | 1 800 | 2 412 |
| 亚麻酸 | 毫克 | 120 | 160.8 |
| 碳水化合物 | 克 | 65.0 | 87.1 |
| 钠 | 毫克 | 310 | 415.4 |
| 钙 | 毫克 | 300 | 402 |

## 配方奶粉的哺喂量

### 0～4个月哺喂量

**未满月：逐渐增加量**

基本上是宝宝想要吃的时候就喂他。刚出院时，一般每天大约喂8次，每次60～80毫升。之后可以根据宝宝的饮用情况逐渐地增加量。

**1～2个月：每天700～800毫升**

大体上每天饮用量在700～800毫升，喂给的次数在8次左右。妈妈逐渐可以掌握宝宝的饮用量。当喝饱之后，宝宝会自行拿开奶瓶。

**3～4个月：每天900～1 000毫升**

授乳的次数每天在5次左右。可以自己掌握宝宝的饮用量，甚至可以了解宝宝吃没吃饱。每日的饮用总量大约在900～1 000毫升。

### 4～6个月哺喂量

和母乳一样，在添加断乳食物后，也要给宝宝喂些奶粉。不要考虑宝宝的食量，只要需要就可以放心地喂。随着断乳食物的介入，奶粉的量也开始逐渐减少。

### 7～8个月哺喂量

基本上在饭后妈妈可以根据宝宝的需求喂宝宝奶粉，但是如果超过200毫升，则应考虑增加断乳食物的量。

### 9～11个月哺喂量

在每天3次的断乳食物后还需要喂奶粉，每天至少饮用两次。为了补充断乳食物所不能满足的蛋白质及钙元素，奶粉的补充是很有必要的。

### 1周岁以上哺喂量

不足的营养可以用奶粉或者牛奶来补充。可以选择在断乳食物的间隔时间，每日两次。奶粉与牛奶总计300～400毫升即可。

## 选择奶嘴和奶瓶

### 如何选择奶嘴

奶嘴孔的大小可随宝宝的月龄增长和吮吸能力的变化而定，新生儿吮吸的孔不宜过大，一般在15～20分钟吸完为合适。若太大，乳汁出得太多，容易呛着宝宝，应买孔小一点儿的奶嘴，但也不能太小，以免宝宝吃起来太费劲。

**小孔奶嘴的标准：**

将奶瓶倒过来，1秒钟滴一滴左右为准。此外，橡胶乳头也不能太硬，发现不好时应马上换掉。

随月龄增加，奶嘴孔可以加大一些，宝宝4～5个月时，以每次在10～15分钟吸完奶、不呛奶为宜。

### 如何选用奶瓶

奶瓶的材质分为玻璃和塑料两种。玻璃的奶瓶耐热易清洗，比较实用；塑料的奶瓶轻便，外出携带方便。一定要选择合格的塑料奶瓶，不合格的塑料奶瓶对宝宝有致癌作用。

奶瓶的容积不同，品牌也有所不同。比如用于盛装果汁和白开水的奶瓶就有120毫升的，也有240毫升的，具体可以根据宝宝的饮用量加以选择。

## 如何冲泡配方奶

### 白天冲泡方法

**❶向奶瓶内注水**

将热开水与凉白开混合，使之温度在40℃左右，然后按所需要的量注入奶瓶中。

**❷奶粉正确的定量**

使用奶粉附带的量匙，盛满刮平。由于不同的器具体积不同，所以要注意根据标示取用。

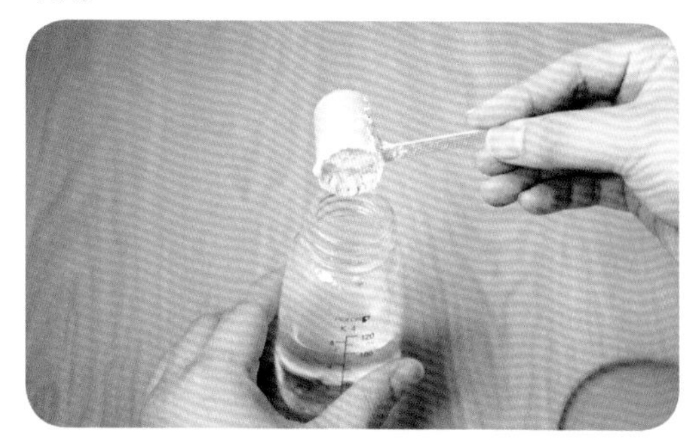

**❸将奶粉加到奶瓶里**

按照配方奶的说明进行添加（一平匙奶粉兑30～60毫升的水，具体要求见奶粉食用说明）。

**❹轻轻摇晃，以免成团**

轻轻地摇晃加入奶粉的奶瓶，使奶粉充分溶解于水中。摇晃时易产生气泡，要多加注意。

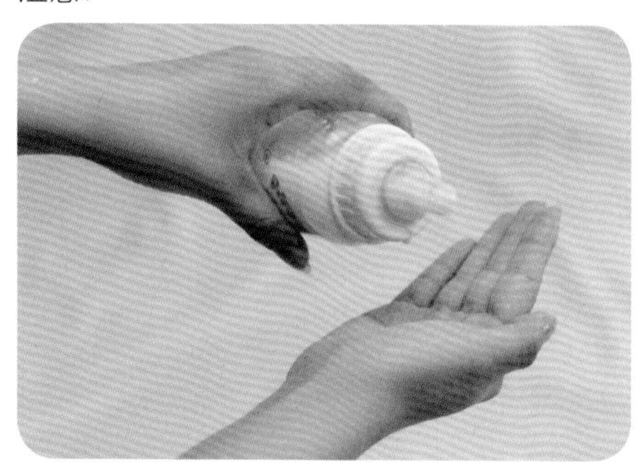

**❺加足开水，进一步溶解**

用40℃左右的开水补足到标准的容量。盖紧奶嘴后，再次轻轻地摇匀。

**❻**用手腕的内侧感觉温度的高低，稍感温热即可。若过热可用流水冲凉。

## 夜间冲泡方法

**❶床边放置调乳的器皿、准备好换用的衣服及尿布等**

为了让宝宝一哭就能马上喝到奶粉，可在床边准备好奶瓶、奶粉、开水等冲奶粉时的必需品。还要准备好换用的尿布及为出汗而准备的衣服等。

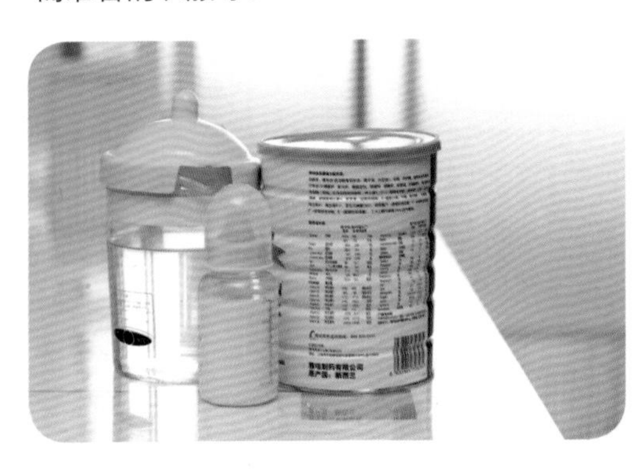

**❷在卧室里准备好一盆凉水**

准备好的开水可以放到盛着凉水的盆中冷却。如果水温在60℃以上，会破坏奶粉中的维生素C。

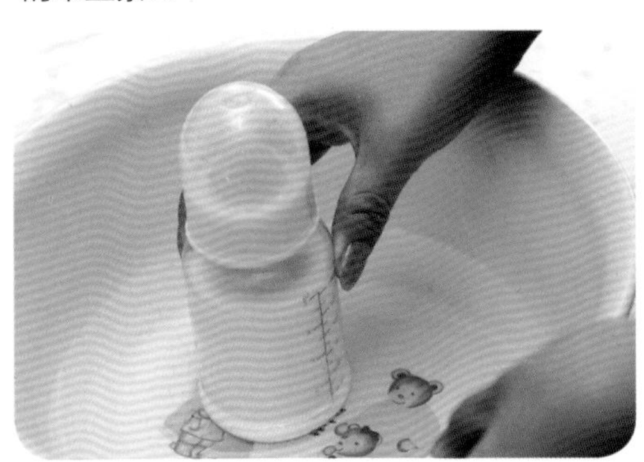

**小贴士**

注意冲泡温度

冲泡奶粉时千万不要在奶瓶中先放奶粉，再加热开水，最后加凉白开。因为如果水温在60℃以上，会破坏配方奶中的维生素C。

**❸在瓶子里储存凉开水放到冰箱里冷却**

将热水倒在奶瓶中在冰箱里冷却，这样就能大大缩短冲泡的时间。

**❹准备两个保温杯，提前准备好适宜温度的水**

提前准备好两个保温杯，一个里面装有热水，一个里面装有凉白开，当要喝奶的时候将这两个保温杯中的水混合再冲奶粉，将会更加快捷。

## 用奶瓶哺喂的技巧

**❶确认奶嘴没有堵塞**

注意查看奶嘴是否堵塞或者流出的速度过慢。如果将奶瓶倒置时呈现“啪嗒啪嗒”的滴奶声就是正确的。

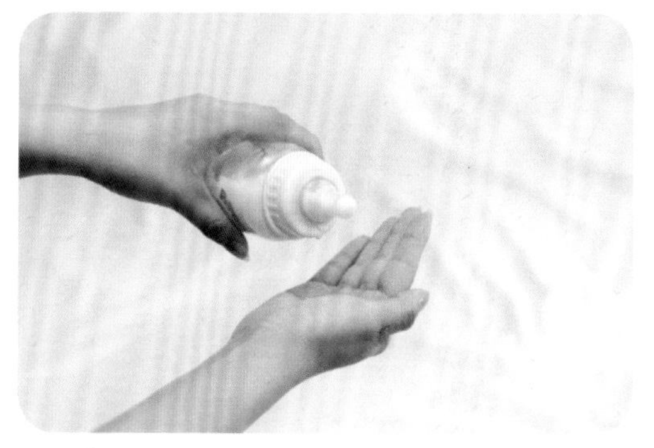

**❷抱着哺乳**

喂奶粉时最常用的姿势就是横着抱。和喂母乳时一样，也要边注视着宝宝，边叫着宝宝的名字喝奶。

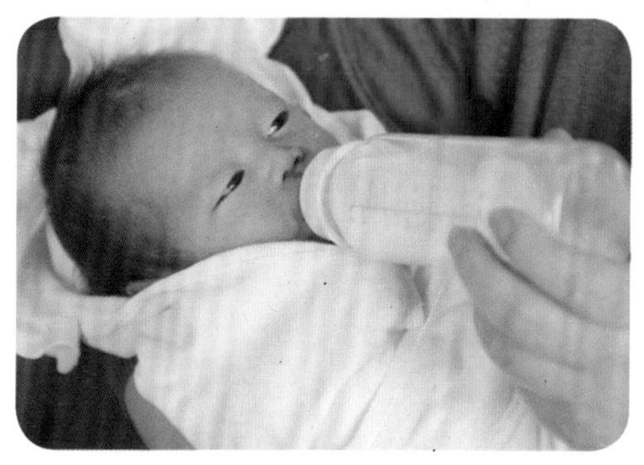

**❸让宝宝含住奶嘴的根部**

在喂母乳时，宝宝要含住妈妈的乳头才能很好地吮吸到乳汁，同样，在喂奶粉时也要让宝宝含住整个奶嘴。

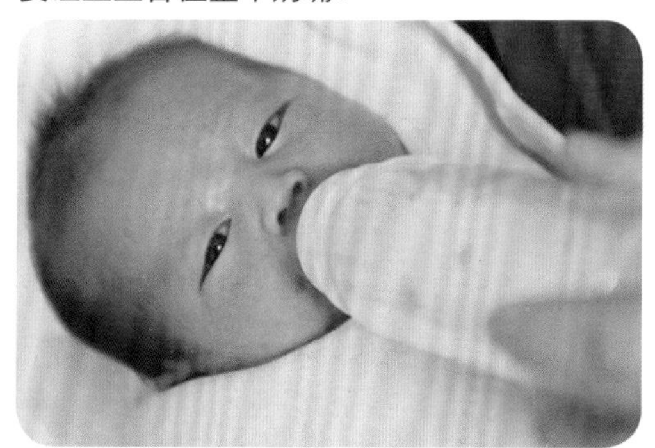

**❹哺乳时倾斜奶瓶**

空气通过奶嘴进入到奶瓶中，会造成宝宝打嗝。所以在喝奶时应该让奶瓶倾斜一定角度，以防空气大量进入。

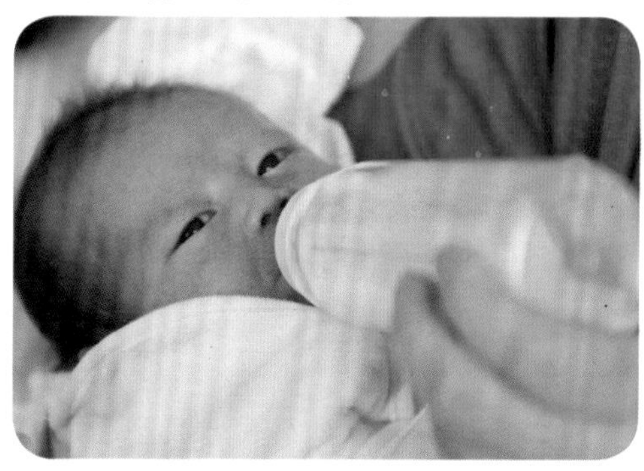

**❺打嗝的处理**

即便是抱着的情况下，宝宝也会打嗝，这时可以轻轻地拍打宝宝的背部，这样就能防止打嗝溢乳。

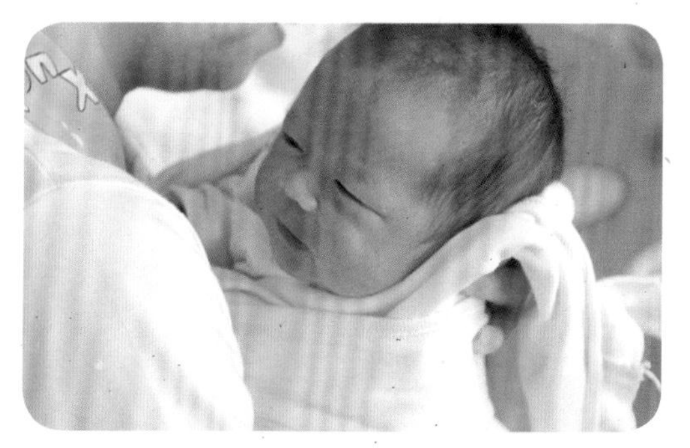

**❻让宝宝倚在肩膀上**

通过压迫其腹部，也可以让症状加以缓解。为了防止弄脏衣物，可以在妈妈的肩膀上放块手绢。

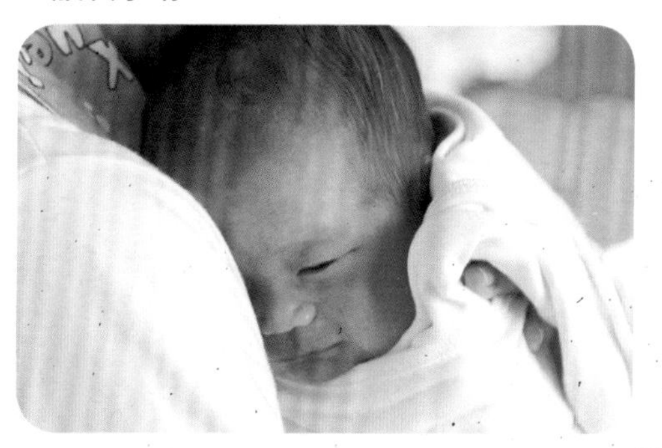

# 奶瓶的清洗与消毒

## 煮热消毒

### ❶清洗奶瓶

可以用专用的奶瓶洗涤剂，也可以使用天然食材制的洗涤剂，用刷子和海绵彻底地清洗干净。

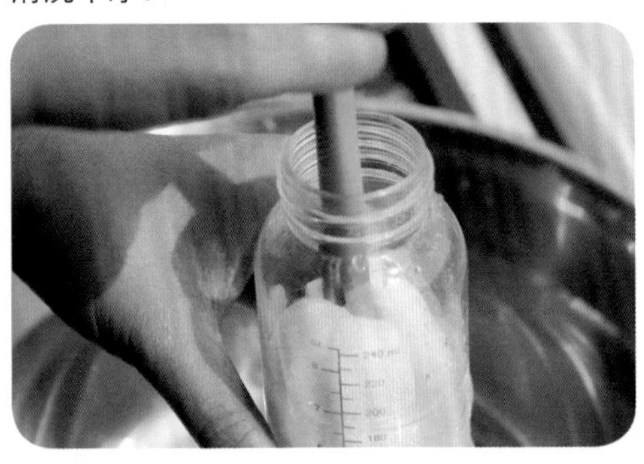

### ❷彻底洗净奶嘴

奶嘴部分很容易残留奶粉，无论是外侧还是内侧都要用海绵和刷子彻底清洗。

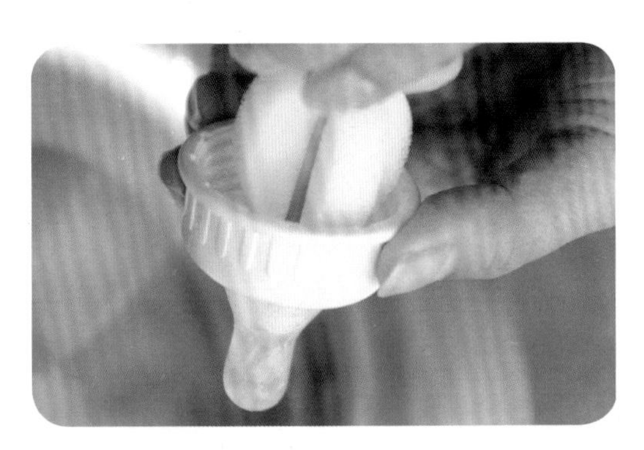

### ❸奶嘴的进一步清洗

为了防止洗涤剂的残留，要将奶嘴用流水冲洗干净，最好能将奶嘴翻转过来清洗内部。

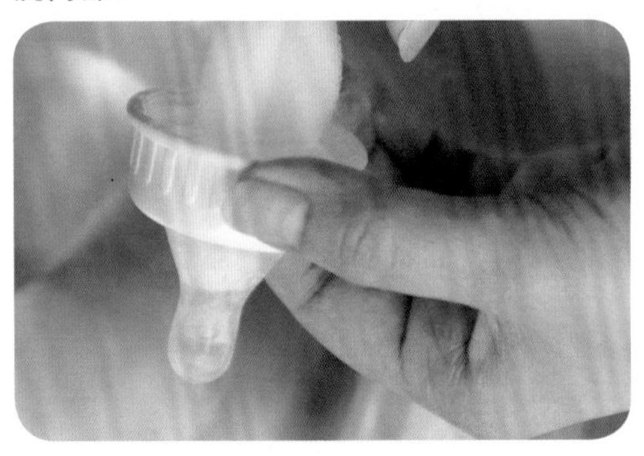

### ❹完全浸没后热水煮沸

锅里的水沸腾以后，就可以清洗干净的奶瓶和奶嘴。奶瓶较轻，容易浮起，将锅内注满水即可沉没。

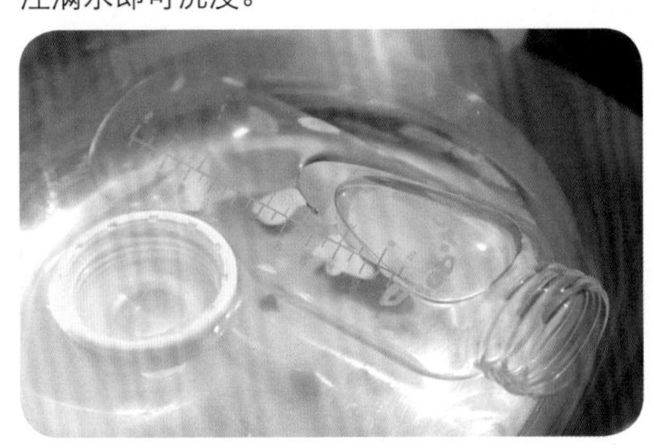

### ❺奶嘴大约煮3分钟，奶瓶大约5分钟

在煮沸3分钟左右就可将奶嘴取出；而奶瓶可以在煮沸5分钟左右的时候取出。

### ❻放到干净的容器里保存

煮沸结束后，可以放在干净的纱布上沥水，之后放在合适的盒子内即可。

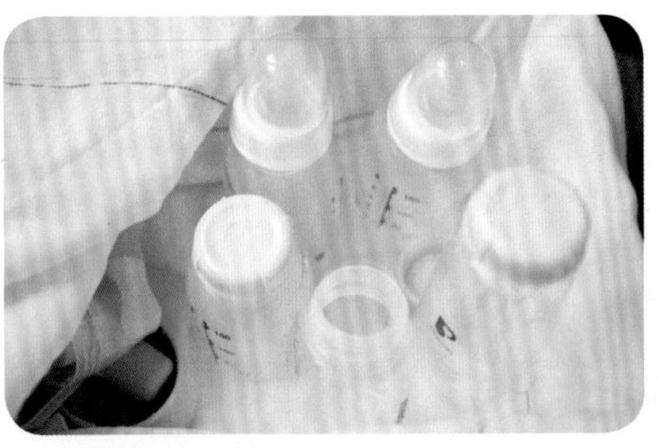

### 夜间清洗

**❶浸泡到盛满水的大碗里面**

夜间洗奶瓶是件很麻烦的事情，可以提前准备好盛满水的大碗，将用后的奶瓶浸泡到碗里，次日早上再洗。

**❷第二天早上一起清洗**

由于夜间睡眠质量不好，所以用过的奶瓶等到第二天早上再清洗。因此需要多准备几个奶瓶，夜间就会轻松很多。

**❸盛满水后放置**

将使用过的奶瓶里灌满干净的水，就不会使奶粉粘到奶瓶壁上，以后再清洗也会很容易。

**小贴士**

如果奶瓶的消毒时间已经超过24小时，建议重新消毒一次，以免滋生细菌。

### 微波炉消毒

用微波炉加热消毒，即便如此，奶瓶和奶嘴也要彻底地清洗干净后消毒。

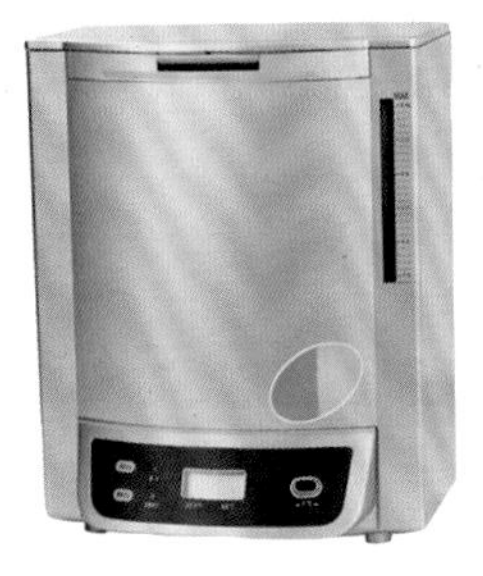

### 消毒液消毒

用稀释后的消毒液浸泡洗净的奶瓶及奶嘴也可以起到消毒的效果。

**小贴士**

用微波炉加热消毒的时候，要把奶嘴和盖子取下来，不要把空玻璃奶瓶放在微波炉里消毒。

**问** 宝宝不会用奶瓶怎么办？想用奶瓶喂水都喂不进去。

**答** 建议使用奶嘴比较柔软一些的，接近乳头的感觉，这样宝宝容易接受一些，另外，还需要妈妈耐心地锻炼宝宝。奶嘴上的洞眼大小也要合适才好，太小的话，宝宝吸不到，太大的话，容易呛到，都会引起宝宝反感。

**问** 21个月的宝宝，可以戒掉奶瓶，用杯子吗？

**答** 一周岁多的宝宝已经可以用杯子喝水、喝奶的了，不必要再用奶瓶，如果宝宝比较习惯用奶瓶，可以有一个过渡，逐渐让宝宝适应用杯子就可以。

## 人工喂养的注意要点

**❶避免漫不经心地喝奶**

当宝宝喂奶时，妈妈一定要避免漫不经心，小心宝宝喝呛了，哺乳的时间要按照妈妈预先设定好的目标执行。

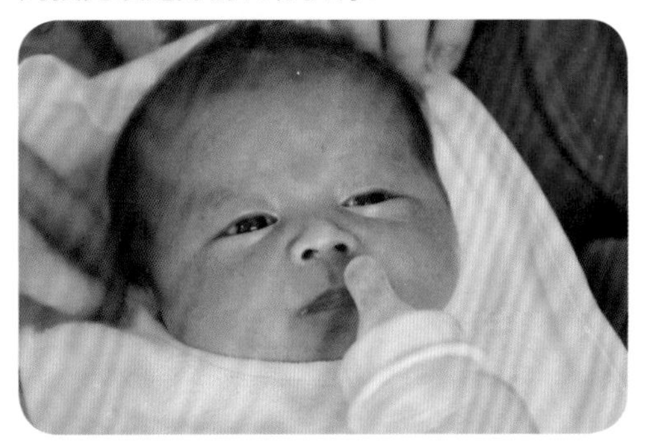

**❷观察每天的食用总量**

偶尔一次没有达到饮用的规定量也没有关系，每天的总量达标就可以。但是最好不要把上一次剩下的再给宝宝喝。

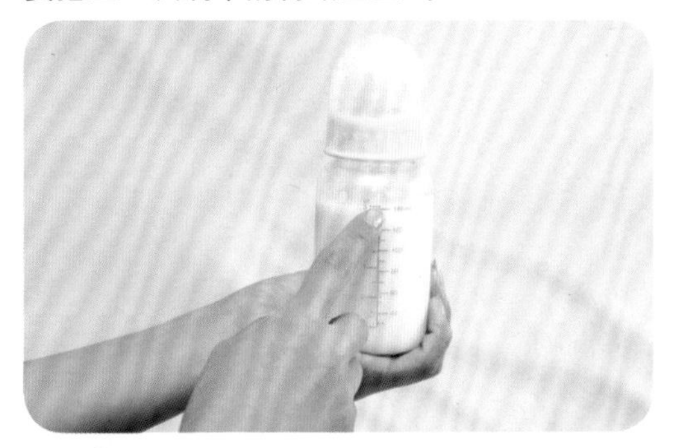

**❸避免拖拖拉拉地喂奶**

严格避免脱脱拉拉地喂宝宝喝奶，这样会影响宝宝的肠胃消化。

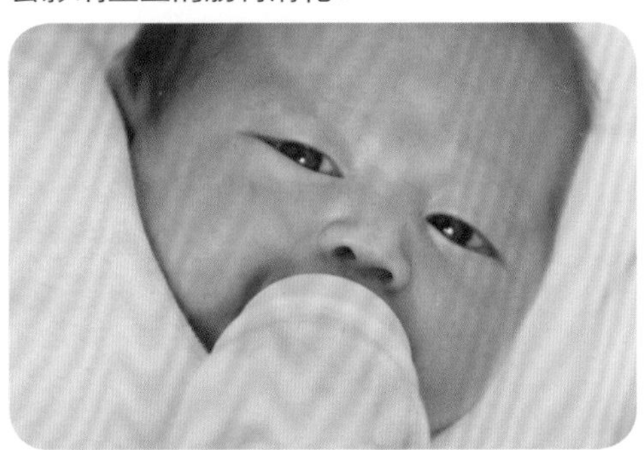

**❹每次的喂奶时间在10～15分钟**

妈妈要掌握好宝宝吃奶的时间和速度。

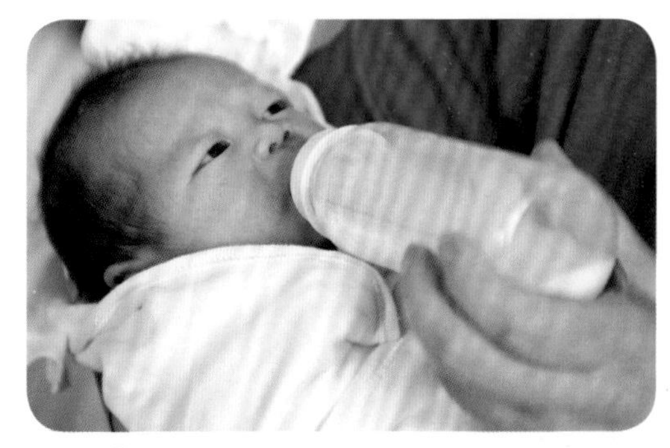

**❺试着变换各种奶嘴**

改变奶嘴的材质、形状及孔的大小，改善宝宝的喝奶情况。

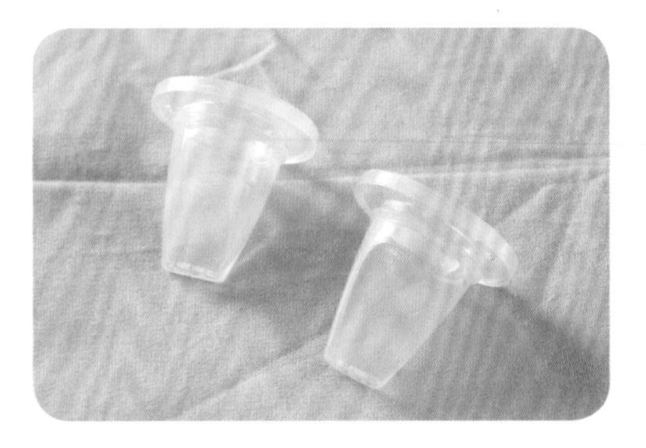

**❻用断乳食物补充营养**

进入断乳期后，要用牛奶来补充钙及蛋白质，并喂其他食物，以提供给宝宝均衡的营养。

## 解决宝宝打嗝问题

喂奶的时候无论怎样小心，宝宝还是会打嗝。这里给妈妈提供可以马上解决宝宝打嗝的方法。

**❶让宝宝伏在妈妈的肩上**

尽量将宝宝的身体抱高一些，这样就容易让饱嗝很快地出来，通常是让宝宝伏在妈妈的肩膀上。

**❷不断地拍打宝宝的后背**

如果竖着抱还是不打嗝，可以轻轻地拍打宝宝的后背，将胃部的气体逐渐地赶出来。

**❸竖着抱可以停止打嗝**

只要竖着抱15分钟以上，自然就会停止打嗝。抱着的时候也可以使用背带。

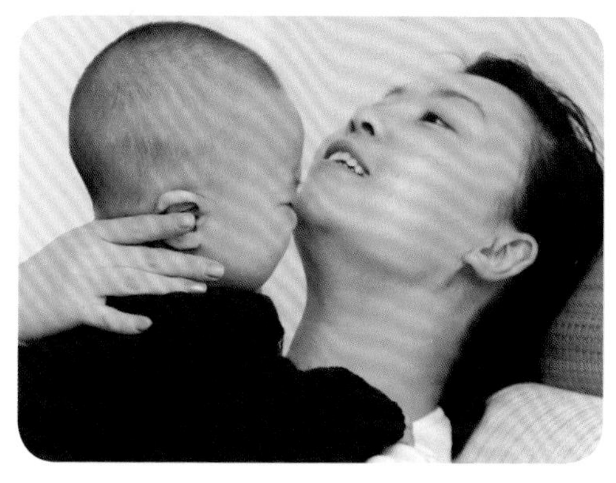

**❹从下到上慢慢地揉搓后背**

当宝宝的饱嗝怎么也打不出来的时候，妈妈可以从宝宝背部胃的位置开始，从下到上慢慢地揉搓。

**❺躺在妈妈的肚子上**

妈妈抱着宝宝身体呈45°左右，使其趴在妈妈的肚子上，因为不需要用腕力来抱着宝宝，所以妈妈不容易感到疲劳。

## 人工喂养的常见问题

### 喝配方奶导致腹泻怎么办

有的宝宝喝了配方奶后会有烦躁不安和腹泻的表现，妈妈为此不得不带宝宝到医院就诊。其实，造成这种进食配方奶后烦躁不安和腹泻等不适反应多半是由于牛奶过敏或者牛奶不耐受造成的。

1 **配方奶过敏**

症状有慢性腹泻、大便发软、半成形、经常伴有黏液和隐匿性出血，少数宝宝会有水泻、反复呕吐和腹痛等症状。宝宝的头部、面部皮肤还会出现红斑、丘疹和内蓄半透明状液体的小疱疹，略有瘙痒感。一旦发现宝宝对配方奶有过敏反应，就应及时停止喂食配方奶以及奶制品，变为使用代乳品。大部分宝宝在停止配方奶喂食24～48个小时之后症状就会明显缓解，而在两岁后，大多数宝宝对配方奶过敏的现象就会自行消失。

2 **对配方奶不耐受**

有些宝宝在喝了配方奶以后会有不同程度的腹胀、腹痛甚至腹泻等症状，原因是宝宝体内缺乏一种分解配方奶的乳糖酶，所以喝了配方奶后才会有这一系列的肠胃不适的症状。对于存在此类配方奶不耐受症状的宝宝，一律要停止进食配方奶。

3 **腹泻不严重**

假如宝宝腹泻的情况不是很严重，一天腹泻5～6次或者7～8次，也就比正常多2～3次，并且没有呕吐现象。那么可以喂食米汤1～2天，以后用稀释过的配方奶或者配方奶、水各一半的浓度，或者制作成配方奶与水的比例是2：1的浓度，总之慢慢来，使肠胃逐步适应。当过一阶段大便变成正常情况后，就可改回原先使用的配方奶浓度。假使宝宝偶然才出现了腹泻现象，而且病情很轻，那就只需要将配方奶降低浓度喂食1～2天即可，然后就恢复正常配方奶喂食。在冲淡配方奶浓度的时候最好使用米汤，因为米汤还有辅助治疗腹泻的作用。

4 **腹泻严重**

如果腹泻情况比较严重的话，一天腹泻次数超过了10次，而且还伴有呕吐现象，应及时停止喂食配方奶，并且保持禁食6～8个小时，但最长不能超过12个小时。禁食期间可以用米汤或者胡萝卜汤来替代，间隔时间以及每次用量应跟平时喂奶配方奶保持一致。腹泻情况一旦好转，就要慢慢改用米汤、冲淡的脱脂配方奶、稀释的配方奶，这样的步骤逐渐恢复到原先的饮食。

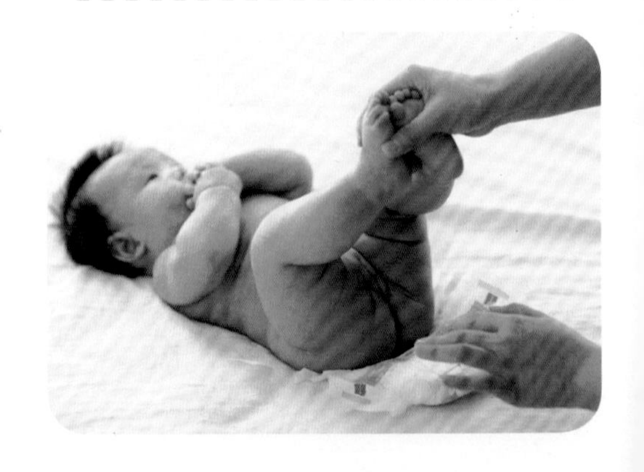

### 宝宝不吃配方奶怎么办

很少有天生就拒喝配方奶的宝宝，一般都很喜欢喝配方奶，但是如果宝宝突然在某一天不爱喝了，妈妈就会非常着急，但是越着急宝宝就越不喝。此时，妈妈应该做到以下几点：

❶尝试换奶粉，或者把配方奶浓度调稀，如果还不行，就将橡皮奶嘴换一换。

❷不要在喂完母乳后喂配方奶，要单独添加配方奶，因为母乳和配方奶味道不同，喝惯母乳的宝宝就会拒喝配方奶。

❸对于因为不喜欢奶瓶而不喝配方奶的宝宝，这种情况下不要将奶嘴强行塞入宝宝嘴中，这样只会起反作用。妈妈应该多试几种奶嘴，或者在宝宝似睡非睡状态下偷偷将奶嘴放入宝宝口中，让宝宝不知不觉地喝下配方奶。

对于无论如何都不喝配方奶的宝宝来说，可以喂一些果汁、凉开水等辅食，并尽快过渡到泥糊状食物。要注意的是，不要把厌食配方奶的宝宝看做病人，有的时候宝宝厌食配方奶是为了防止肥胖症而采取的自卫行为，在这样的情况下，妈妈就应该给宝宝补充果汁和水，不能 继续喂配方奶，以减轻宝宝肠胃的负担。

### 过敏体质的宝宝喝什么奶粉

特别敏感的宝宝可以选择低敏奶粉，一般情况下可以给宝宝先尝试少量的普通奶粉来看其饮用后的效果，如果宝宝对普通的奶粉不产生过敏现象，可以直接给宝宝喝普通的奶粉，既经济又营养全面。因为奶粉品牌也多，不是每个大众品牌都适合每个宝宝，如果多款试下来都不好，就可以尝试低敏奶粉。

### 宝宝不用奶瓶怎么办

这是吃母乳宝宝的普遍问题，很少有吃惯母乳还会喜欢使用奶瓶的情况。10个月的宝宝可以不用奶嘴，尝试着用吸管杯，也可以直接用小碗喝水了。如果还是想让宝宝用奶嘴，就只能耐心地慢慢来，需要一段时间。建议选择软一些的奶嘴，选择那种黄色乳胶的效果会好一些。

# 第三节 辅食添加：吃什么，怎么吃

## 为什么要喂辅食

宝宝到了4个月以后，母乳所含的营养已经满足不了宝宝的需求，而且宝宝来自母体中的铁元素也已经耗尽。另外，宝宝的消化系统逐步提高，可以消化除乳制品以外的食物。

能否添加辅食要看以下几种情况：

| | |
|---|---|
| 1 | 要观察宝宝是否自己能支撑住头，如果宝宝自己能挺住脖子不倒并能够稍做转动，就可以添加辅食了。如果连脖子都挺不直，更不可能吃饭了 |
| 2 | 宝宝如果对食物感兴趣，看着食物就出现垂涎欲滴的样子，那就是添加辅食的最好机会了 |
| 3 | 宝宝4～6个月时体重多超过6～7千克，说明宝宝的消化系统发育已较成熟，如酶的发育、咀嚼与吞咽能力的发育、牙的萌出等 |
| 4 | 能将自己的小手伸到嘴里 |
| 5 | 24小时的喝奶量到达1 000毫升 |

## 辅食添加的原则

### 不要过早给宝宝添加辅食

有些妈妈为了让宝宝更健康，便提早为宝宝添加辅食，其实这样做是不科学的。宝宝在出生后4～6个月内，从母乳和配方奶中摄取的营养已完全能够满足宝宝的生长需要了。

### 出生后4～6个月开始添加辅食最好

4个月前的宝宝由于肠胃还未发育成熟，所以很难消化吸收除母乳和奶粉以外的食物。而且宝宝的免疫系统也不完善，过早添加辅食，有可能会引起过敏反应。所以对于健康成长的宝宝来说，按一般的标准，出生后4～6个月开始添加辅食就可以了。因为宝宝只有过了4个月，舌头排斥食物的反射作用才会消失，随着唾液分泌的增多，消化酶的活性也会增强。因此，这个时候开始添加辅食是最合适不过了。

### 慢慢来，一次只喂一种

最开始制作辅食时只使用一种原料，喂过一次后，如果担心有过敏反应的话，可以先隔7天，至少也要隔2～3天，观察一下宝宝的反应，如果适应再继续喂食。照此进行，对谷类适应了以后，再掺入蔬菜。先掺入一种蔬菜，等适应后，再换另一种蔬菜。适应以后，可以同时掺入多种常见的蔬菜。之所以这么做，是因为如果一开始就掺入多种蔬菜，如果宝宝出现过敏反应时，就无法确定到底是哪种食物引起的了。

**辅食材料的流程添加是这样的：**谷类、蔬菜、水果、肉类、鲜鱼、豆腐和鸡蛋。基本方法就是根据不同时期改变食物种类和形态，一样一样慢慢地增加。

### 对市面上卖的辅食要谨慎挑选

辅食添加可以给宝宝提供新的味道和触觉，还能促进舌头和下颌的运动，从而进行咀嚼的练习。由于吮吸的不是流体而是含有小颗粒的柔软的食物，所以给宝宝一个利用舌头、牙床、牙齿进行咀嚼吞咽的机会是很重要的。这种多样的经验对宝宝的大脑发育和味觉发育都大有帮助。但是如果过分依靠市面上销售的粉状辅食食物，宝宝就无法体验到这些了。由妈妈亲手制作的辅食才是最美味而又有营养的。

### 根据宝宝特点调整添加辅食的时间

每个宝宝的生长发育都是有差异的，所以添加辅食的时间不可能一模一样。与其只盯着数字标准，不如观察宝宝的反应会更准确一些。

出生4个月后，如果宝宝开始对食物感兴趣，嘴角还会流出很多口水，看着家人在吃饭时小嘴儿也会跟着嚅动等现象都说明添加辅食的时期到了。即使宝宝开始食用辅食的时间有点晚也不要担心，根据宝宝的发育情况选择添加的时间，才能让辅食添加顺利进行。特别是只吃母乳的宝宝或患有遗传性过敏症的宝宝，如果喂了一两次辅食后出现过敏症状，应尽可能将开始时间推迟到出生后6个月比较好，但这并不是说越晚越好。如果出生后7个月还不开始添加辅食的话，宝宝可能会对固体食物产生反感而不愿接受，从而使辅食喂养变得非常困难，还容易使宝宝缺少必需营养元素，所以最晚也应在6个月时从安全常见的食物缓慢开始添加。

### 1周岁前不要添加任何调料

要让宝宝熟悉食物本身的味道，想让宝宝觉得更好吃而加入调料是多余的。因为宝宝没有经验，所以不会觉得味道淡。在宝宝一周岁以前，盐和糖就不用说了，最好连番茄酱、沙拉酱、奶油等都不要用。

### 最初从纯米粉或稀粥开始喂起

有一些妈妈会先喂宝宝果汁，这并不是科学的方法。如果宝宝习惯了果汁的甜味，再吃其他的东西就会变得比较困难，而且水果中的果酸也可能会刺激宝宝的肠胃，所以最初的辅食还是纯米粉或稀粥最好。

米清淡又有利于消化，而且不易引起过敏反应，是辅食制作初期的最好材料，将没有添加任何东西的米熬成很软的米粥再给宝宝食用。

### 使用蒸或煮的方法制作辅食

如果宝宝从辅食喂养阶段起就对油油的口味有了熟悉的感觉，那么幼儿期及长大后就有可能只喜欢油腻的食物了。

因此，建议在辅食喂养中尽量不要使用油，与其使用炒、炸、煎等方法，不如使用蒸、煮的烹调方法会更好一些。如果一定要用炒的方法，则可以使用少许水代替油来炒。

### 不要勉强宝宝进食

为了能让宝宝对陌生的食物不产生恐惧感而顺利接受，最好在宝宝身心状况都比较好的时候喂食。虽然宝宝吐出来以后可以再喂回去，但是如果试了两三次后还是这样的话，就不要勉强，先暂停一下再试。

即使这样，如果宝宝仍然一脸不情愿地拒绝，就先不要喂了，用平和的心态先停止一两天再试也不迟。

因为如果强迫宝宝食用的话，反而会使宝宝对辅食产生排斥感，而且有些食物是宝宝特别讨厌的，所以，为了饮食均衡而使辅食喂养带有强制性的话反而会适得其反。出现这种情况时，应及时用其他类似的食物补充营养。

### 固定时间，有规律地喂食

在固定的时间、固定的地点喂食才能养成良好的饮食习惯。刚开始的时候是一日一次，在上午10点；到了中期是一日两次，分别是上午10点和下午2点或6点；后期是一日三次，上午10点，下午2点和6点。在辅食喂养结束期过后，如果一日三餐只吃辅食就可以满足宝宝的需要时，就可以尽量跟着家人吃饭的时间来喂食。开始时将宝宝放在膝盖上喂食，然后渐渐转到椅子上，最后坐到饭桌旁与家人一起进餐就可以了。

### 吃流质或泥状食物的时间不宜过长

不能长时间给宝宝吃流质或泥状的食物，这样会使宝宝错过发展咀嚼能力的关键期，可能导致宝宝在咀嚼食物方面产生障碍。

### 将宝宝食用过的食物记录下来

最好能养成每天记录宝宝当天食用过的辅食的习惯。记录食品名称、所使用的材料和食用的量就可以了。还要在每次喂食新食物时多加注意宝宝食用后的反应，一旦发现身上出现红点、疹子或有腹泻、呕吐等过敏反应时，就要马上停止喂食那种食物，这样，辅食添加记录表就成了查找过敏食物的依据。

## 怎样添加辅食

√ 正确：以奶为主

保持奶量800～900毫升，这时添加辅食的量是较少的，应该以奶为主。

× 错误：以辅食为主

如果给宝宝以吃辅食为主，如粥、米糊、汤汁等，宝宝会虚胖，长得不结实。若是辅食的品种数量不太合适，里面的营养素还不能满足宝宝成长发育的需要，如缺铁、缺锌就会造成宝宝贫血、食欲不好。随着宝宝的逐渐长大，从母体带来的抵抗力也会逐渐减少，自身抗体的形成不多，抵抗力就会变差，所以容易生病。

**添加辅食是个循序渐进的过程**

换乳前可以先少量喂食果汁，慢慢地让宝宝习惯母乳、奶粉以外的味道。为了补充水分，给宝宝喝一些用凉白开稀释的果汁或者汤都可以，但是要注意不要给得太多。

**问答**

**宝宝3个月了，这个时间段可以给宝宝添加辅食吗，该如何添加呢?**

进行少量、试探性的辅食添加，一定要把果汁或蔬菜汁冲淡，并且在两次喂奶中间添加，适应后才能少加量及更换辅食的种类。

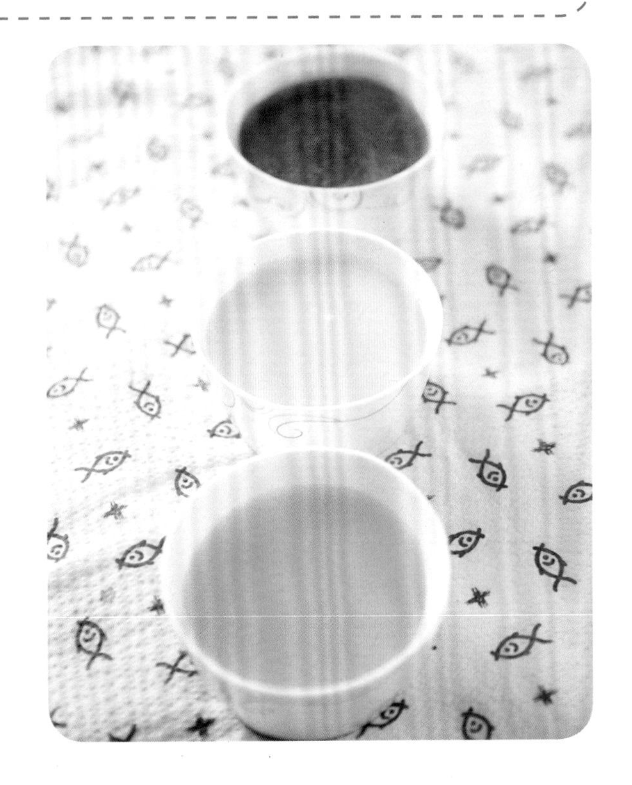

## 辅食添加的四个阶段

<table>
<tr><th colspan="2">阶段</th><th>牙齿和舌头的发育</th><th>食物状态</th><th>喝吃比例</th><th>说明</th></tr>
<tr><td rowspan="2">第一阶段<br>4～6个月</td><td>5个月</td><td rowspan="2">可以用汤匙喂果汁或菜汁，让宝宝练习从汤匙中吸取泥糊状食物</td><td>营养米粉<br>蛋黄<br>菜泥<br>果泥</td><td rowspan="2">9：1</td><td rowspan="2">每天吃一次，每天增加1匙，母乳或配方奶宝宝想喝多少就喝多少</td></tr>
<tr><td>6个月</td><td>鱼泥<br>肝泥<br>稀粥<br>面条</td></tr>
<tr><td rowspan="2">第二阶段<br>7～8个月</td><td>7个月</td><td rowspan="2">这时的宝宝开始真正吃泥糊状食物了</td><td rowspan="2">肉泥<br>蒸蛋<br>豆腐<br>手指饼<br>烤馒头片<br>胡萝卜条</td><td>4：1</td><td rowspan="2">如果宝宝在吃泥糊状食物时，还想吃母乳，可以给宝宝以汤代之</td></tr>
<tr><td>8个月</td><td>3：2</td></tr>
<tr><td colspan="2">第三阶段9～11个月</td><td>这时的宝宝，对泥糊状食物和奶的选择似乎比较随意</td><td>稠粥<br>带馅食品<br>粗菜泥<br>豆制品</td><td>3：7</td><td>对食物比较敏感，爱吃的就吃很多，不爱吃的几乎一口也不吃</td></tr>
<tr><td colspan="2">第四阶段1～1.5岁</td><td>宝宝几乎可以吃所有种类的食物了，每天的奶量可减少到300毫升</td><td>稠粥<br>带馅食品<br>粗菜泥<br>豆制品</td><td>1：3</td><td>在两餐之间给宝宝吃点喜欢吃的零食</td></tr>
</table>

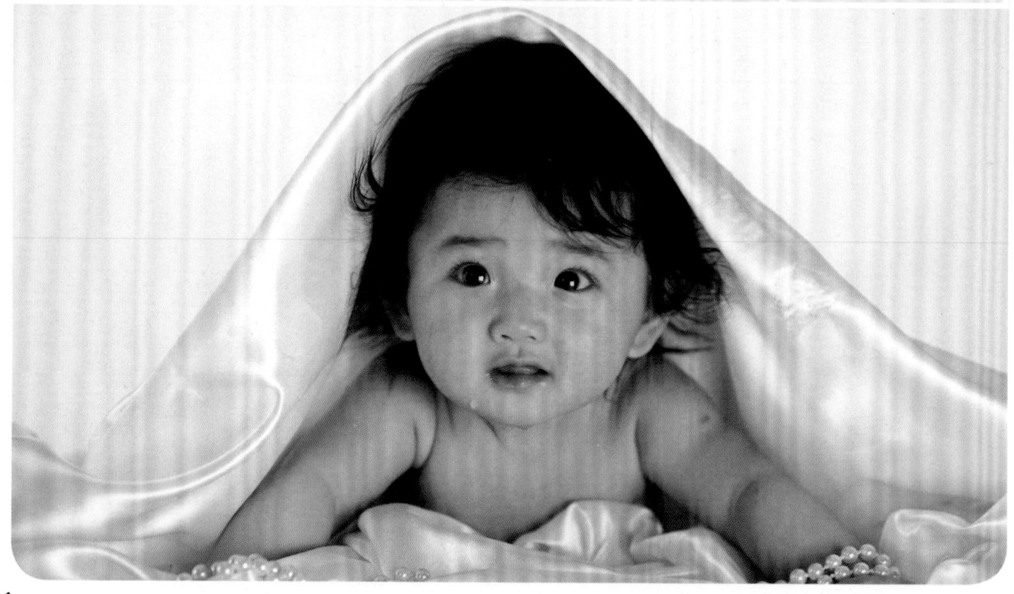

## 各阶段辅食食材的种类参考

宝宝换乳之前，消化系统尚未完全发育成熟，因此要根据换乳的各个阶段给宝宝提供合适的食物。

○ 可以喂给宝宝吃　　▲ 根据具体情况喂给宝宝吃　　● 暂不适宜喂给宝宝吃

### 谷类

谷类是辅食重要的来源，其主要的成分是碳水化合物、维生素。

#### 大米

辅食第一阶段 ○
辅食第二阶段 ○
辅食第三阶段 ○
辅食第四阶段 ○

**主要的营养物质**

**◆碳水化合物、B族维生素、食物纤维、钙**

食用方法：用大米熬粥是制作辅食最基本的方法，根据时间和咀嚼的能力的不同，需注意米粒的大小、水量，来熬制适合宝宝食用的粥。

#### 面包

辅食第一阶段 ●
辅食第二阶段 ●
辅食第三阶段 ▲
辅食第四阶段 ▲

**主要的营养物质**

**◆碳水化合物、维生素$B_1$、钙**

食用方法：从第一阶段到第二阶段用粥送食，第三阶段可以做成棒状的让宝宝自己拿着吃，但面包热量较高，注意不要让宝宝对这类食物产生依赖感。

#### 面条

辅食第一阶段 ▲
辅食第二阶段 ▲
辅食第三阶段 ●
辅食第四阶段 ●

**主要的营养物质**

**◆碳水化合物**

食用方法：由于挂面中揉有盐，要充分煮制，把盐溶解出来，换乳初期可选用乌冬面（盐分少），磨碎后给宝宝吃，中期开始选用挂面。

#### 通心粉

辅食第一阶段 ●
辅食第二阶段 ●
辅食第三阶段 ▲
辅食第四阶段 ○

**主要的营养物质**

**◆碳水化合物、维生素$B_1$、铁、钙等**

食用方法：是不错的辅食，但韧性大，不宜在第一阶段给宝宝食用。一定要切碎、煮软，以免堵塞宝宝的呼吸道。

#### 荞麦面

辅食第一阶段 ●
辅食第二阶段 ●
辅食第三阶段 ▲
辅食第四阶段 ○

**主要的营养物质**

**◆碳水化合物、蛋白质**

食用方法：由于引起过敏的可能性较高，不宜在第一阶段给宝宝食用。第四阶段视情况给宝宝少量吃，用水仔细清洗，去掉麦粉再食用。

#### 糕点

辅食第一阶段 ●
辅食第二阶段 ●
辅食第三阶段 ●
辅食第四阶段 ▲

**主要的营养物质**

**◆碳水化合物、维生素$B_1$**

食用方法：易发生堵塞宝宝呼吸道的危险，在辅食前三阶段不建议食用。

**燕麦片**

辅食第一阶段 ○
辅食第二阶段 ○
辅食第三阶段 ○
辅食第四阶段 ○

**主要的营养物质**

◆铁、钙

食用方法：燕麦易消化吸收，可以在第一阶段就给宝宝食用，是不错的辅食。

**玉米片**

辅食第一阶段 ○
辅食第二阶段 ○
辅食第三阶段 ○
辅食第四阶段 ○

**主要的营养物质**

◆碳水化合物、铁、钙、钾

食用方法：辅食第一阶段就可以食用，可以与母乳或奶粉一起拌匀后做成糊糊。注意要挑选不含糖的玉米片。

薯类

与谷类相同，也是非常重要的能量来源，也可以将土豆制成土豆泥，地瓜制成点心。由于富含食物纤维，很多妈妈为防止宝宝便秘而积极将其做为辅食而使用。

**地瓜**

辅食第一阶段 ○
辅食第二阶段 ○
辅食第三阶段 ○
辅食第四阶段 ○

**主要的营养物质**

◆碳水化合物、食物纤维

食用方法：地瓜在第一阶段就可以开始食用了，可搭配蔬菜或谷类将其捣烂成泥，让宝宝食用。

**山药**

辅食第一阶段 ●
辅食第二阶段 ▲
辅食第三阶段 ▲
辅食第四阶段 ▲

**主要的营养物质**

◆碳水化合物、钾、磷

食用方法：并不是非吃不可的食物，视情况再喂食。山药泥建议从1岁半以后再开始喂食。

**土豆**

辅食第一阶段 ▲
辅食第二阶段 ▲
辅食第三阶段 ○
辅食第四阶段 ○

**主要的营养物质**

◆碳水化合物、维生素$B_1$

食用方法：土豆煮熟后口感软糯，是使用较多的换乳食材，土豆芽中含有有毒物质，所以不要使用已经长芽的土豆。

**芋头**

辅食第一阶段 ○
辅食第二阶段 ○
辅食第三阶段 ○
辅食第四阶段 ○

**主要的营养物质**

◆维生素$B_1$、食物纤维、钾

食用方法：芋头口感细软，绵甜香糯，营养价值近似于土豆，又不含龙葵素，易于消化而不会引起中毒，是一种很好的辅食食材。

## 蔬菜类

大部分蔬菜从第一阶段开始就可以喂食。富含维生素和矿物质，可以强健宝宝肌肤及黏膜，促进眼睛发育，提高免疫力。在婴儿辅食中应用最多的蔬菜有南瓜、胡萝卜、油菜、番茄、黄瓜、青椒、菠菜、白菜、西蓝花等。使用这些蔬菜时一定要仔细清洗，最重要的是将残留的农药清洗干净。

### 黄瓜

主要的营养物质

◆维生素C、膳食纤维、胡萝卜素

辅食第一阶段 ○
辅食第二阶段 ○
辅食第三阶段 ○
辅食第四阶段 ○

食用方法：黄瓜也是不错的辅食食材之一，选择浓绿、带刺、有光泽的黄瓜。可搭配其他蔬菜，剁得细一些，熬的时间长一些，弄碎后用勺子喂食。

### 南瓜

主要的营养物质

◆胡萝卜素、维生素C

辅食第一阶段 ○
辅食第二阶段 ○
辅食第三阶段 ○
辅食第四阶段 ○

食用方法：南瓜可与大部分的食材搭配食用，是理想的换乳食材。颜色越黄的南瓜，胡萝卜素含量越丰富，营养价值越高。

### 油菜

主要的营养物质

◆钙、维生素C、胡萝卜素、铁

辅食第一阶段 ○
辅食第二阶段 ○
辅食第三阶段 ○
辅食第四阶段 ○

食用方法：用油菜给宝宝做辅食时，要将油菜周围的坚硬部分挖去，这样才能将宝宝辅食做得软嫩，易于宝宝食用和消化。

### 卷心菜

主要的营养物质

◆维生素C、食物纤维、氨基酸

辅食第一阶段 ○
辅食第二阶段 ○
辅食第三阶段 ○
辅食第四阶段 ○

食用方法：用于辅食时，不要选择硬菜心，而要用菜叶叶端柔软的部分，切卷心菜时要与叶脉呈直角方向切。

### 胡萝卜

主要的营养物质

◆钙、胡萝卜素、钾、膳食纤维

辅食第一阶段 ○
辅食第二阶段 ○
辅食第三阶段 ○
辅食第四阶段 ○

食用方法：胡萝卜表皮营养十分丰富，去皮时尽量刮得薄一点，以防止营养损失过多。胡萝卜过油后能大大提高吸收率，因此辅食第四阶段要多使用油炒的方法。

### 黄花菜

主要的营养物质

◆胡萝卜素、钙、维生素C

辅食第一阶段 ○
辅食第二阶段 ○
辅食第三阶段 ○
辅食第四阶段 ○

食用方法：选择鲜绿、有光泽的黄花菜。注意生的黄花菜含有秋水碱，一定要完全煮熟后再食用。

## 青椒

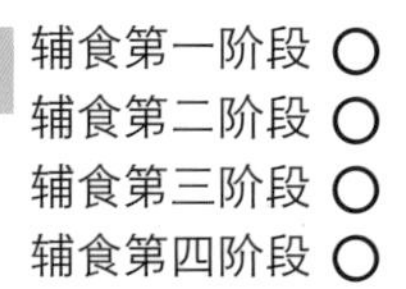

辅食第一阶段 ○
辅食第二阶段 ○
辅食第三阶段 ○
辅食第四阶段 ○

**主要的营养物质**

**◆胡萝卜素、维生素C、维生素E、钾**

食用方法：青椒能增加体力，提高体内白细胞含量。要选择色浓，皮厚的青椒。

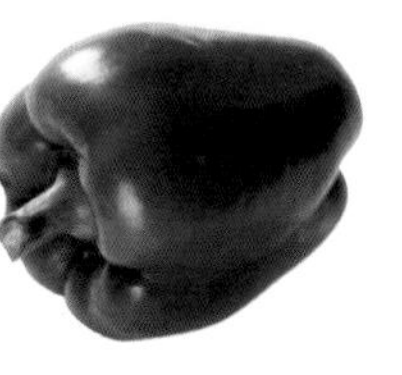

## 白菜

辅食第一阶段 ○
辅食第二阶段 ○
辅食第三阶段 ○
辅食第四阶段 ○

**主要的营养物质**

**◆维生素C、膳食纤维、钾、钙**

食用方法：选择大菜心的白菜为佳。在切白菜时要尽量将纤维切碎。

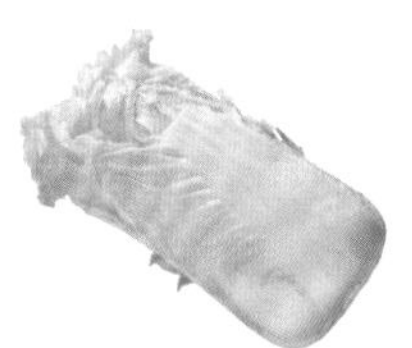

## 洋葱

辅食第一阶段 ○
辅食第二阶段 ○
辅食第三阶段 ○
辅食第四阶段 ○

**主要的营养物质**

**◆维生素C、钾、磷**

食用方法：洋葱是一种营养极为丰富的蔬菜，富含多种维生素、矿物质等各种微量元素。

## 番茄

辅食第一阶段 ○
辅食第二阶段 ○
辅食第三阶段 ○
辅食第四阶段 ○

**主要的营养物质**

**◆钾、维生素C、番茄红素**

食用方法：番茄是不错的辅食食材之一，虽然营养大部分都集中在皮上，但是由于皮不易被消化，而且残留农药，所以还是去掉比较好。

## 菜花

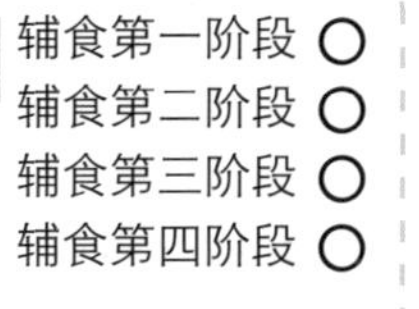

辅食第一阶段 ○
辅食第二阶段 ○
辅食第三阶段 ○
辅食第四阶段 ○

**主要的营养物质**

**◆维生素C、维生素$B_1$、维生素$B_2$**

食用方法：为了易于消化，适于制成汤类，要选择形状规则的菜花。在第一阶段可将菜花烫熟后碾成泥，第二阶段以后可将煮熟后的菜花直接放入粥中。

## 菠菜

辅食第一阶段 ▲
辅食第二阶段 ○
辅食第三阶段 ○
辅食第四阶段 ○

**主要的营养物质**

**◆胡萝卜素、B族维生素、铁**

食用方法：菠菜是辅食食材的佳品。菠菜茎和根部纤维含量较多，宝宝难以消化，所以在第一阶段只给宝宝食用菠菜叶端部分。

## 豆、蛋、乳制品

大豆、豆制品，也富含促进成长的维生素、矿物质，易于消化，适合用来做辅食，只是对大豆过敏的宝宝需要多加注意。酸奶、奶酪等乳制品中富含优质蛋白质。将酸奶和蔬菜、薯类混合的话会变得口感滑溜，能促进宝宝的食欲。但由于奶酪盐分多，应少给宝宝吃。

### 大豆

主要的营养物质

◆蛋白质、B族维生素、维生素E

辅食第一阶段 ▲
辅食第二阶段 ○
辅食第三阶段 ○
辅食第四阶段 ○

食用方法：大豆富含优质的植物蛋白质，是制作辅食不错的材料。用开水浸泡大豆并除去外皮，捣烂后再喂食。由于担心过敏，也可在第二阶段以后再给宝宝吃。

### 豆腐

主要的营养物质

◆蛋白质、B族维生素、钙、铁

辅食第一阶段 ▲
辅食第二阶段 ○
辅食第三阶段 ○
辅食第四阶段 ○

食用方法：豆腐含有丰富的植物蛋白，可从第一阶段就开始使用，但一定要将豆腐完全煮熟后再喂给宝宝吃。

### 鸡蛋

主要的营养物质

◆钙、蛋白质

辅食第一阶段 ▲
辅食第二阶段 ▲
辅食第三阶段 ○
辅食第四阶段 ○

食用方法：鸡蛋黄在第一阶段就可以给宝宝食用，蛋白要等到辅食第三、第四阶段再开始让宝宝食用（宝宝太小难以消化蛋白）。

### 奶酪

主要的营养物质

◆蛋白质、钙、维生素A

辅食第一阶段 ▲
辅食第二阶段 ○
辅食第三阶段 ○
辅食第四阶段 ○

食用方法：奶酪中蛋白质的含量丰富，但盐和脂肪的含量也较多，食用时应多加注意。第一阶段可根据具体需要使用少量的奶酪。

### 牛奶

主要的营养物质

◆钙、蛋白质、维生素A

辅食第一阶段 ▲
辅食第二阶段 ▲
辅食第三阶段 ▲
辅食第四阶段 ○

食用方法：牛奶可在宝宝第一阶段用于辅食的调味，不要直接饮用。由于担心过敏，最好等宝宝3岁后再直接饮用。

### 酸奶

主要的营养物质

◆蛋白质、B族维生素、钙

辅食第一阶段 ○
辅食第二阶段 ○
辅食第三阶段 ○
辅食第四阶段 ○

食用方法：如果是无糖的普通酸奶的话，从第一阶段开始就可以食用，和水果蔬菜一起搅拌，咽食时的感觉很好，在辅食中使用广泛。

水产类

水产类脂肪成分较少，可补充优质蛋白质，鱼油所含的成分DHA、EPA具有促进大脑活性化的作用而备受关注，鱼肉必须经过加热烹调，生鱼片则不要给宝宝吃。

**鳕鱼**

辅食第一阶段 ○
辅食第二阶段 ○
辅食第三阶段 ○
辅食第四阶段 ○

主要的营养物质

◆蛋白质、B族维生素、维生素D

食用方法：鳕鱼脂肪含量少，从第一阶段开始就可以给宝宝吃，将皮和小骨刺去除，加热烹调后捣成泥给宝宝吃。

**大麻哈鱼**

辅食第一阶段 ▲
辅食第二阶段 ○
辅食第三阶段 ○
辅食第四阶段 ○

主要的营养物质

◆蛋白质、DHA、维生素D

食用方法：大麻哈鱼含优质蛋白质，肉质细嫩，在第一阶段可让宝宝食用，但也有可能会导致过敏现象，所以妈妈要根据具体情况喂给宝宝吃。

**鱿鱼**

辅食第一阶段 ●
辅食第二阶段 ●
辅食第三阶段 ▲
辅食第四阶段 ○

主要的营养物质

◆蛋白质、氨基酸、锌

食用方法：由于煮的话会变硬，不易咀嚼，作为辅食来使用时，一定要磨碎。也有出现过敏症状的宝宝，所以要从少量开始。

**扇贝**

辅食第一阶段 ●
辅食第二阶段 ●
辅食第三阶段 ▲
辅食第四阶段 ○

主要的营养物质

◆蛋白质、氨基酸、锌

食用方法：营养价值虽高，但肉身硬，加热烹调的话会变得更硬，建议后期再给宝宝吃。贝类罐头或干货虽然使用方便，但含有较多的盐分，不宜让宝宝过多食用。

**虾**

辅食第一阶段 ●
辅食第二阶段 ●
辅食第三阶段 ▲
辅食第四阶段 ○

主要的营养物质

◆钙、蛋白质

食用方法：为了防止宝宝食用后出现过敏现象，建议在辅食第三、第四阶段再开始使用，要视宝宝的消化情况，再渐渐增加其用量。

**小银鱼**

辅食第一阶段 ▲
辅食第二阶段 ○
辅食第三阶段 ○
辅食第四阶段 ○

主要的营养物质

◆蛋白质、钙

食用方法：在辅食第一阶段就可以给宝宝食用。但由于小银鱼的盐分含量较高，一定要用开水汆烫，去除盐分后再食用。

水果类

水果中不仅含有大量的维生素C和B族维生素，而且含有丰富的钙、钾、铁和植物纤维。其中所含的葡萄糖是促进宝宝大脑发育的重要能量来源，可以榨汁制成饮料和酸奶混合，是不错的辅食。

### 草莓

主要的营养物质

◆维生素C、钾、果胶

辅食第一阶段 ▲
辅食第二阶段 ○
辅食第三阶段 ○
辅食第四阶段 ○

食用方法：草莓富含维生素C，在初期就可以给宝宝食用。要选择个头大、形状规则的应季草莓。

### 香蕉

主要的营养物质

◆糖、钾、果胶、B族维生素

辅食第一阶段 ○
辅食第二阶段 ○
辅食第三阶段 ○
辅食第四阶段 ○

食用方法：香蕉不仅容易消化，还含有果胶，能调整肠胃的功能，可以改善便秘。在初期就可以给宝宝食用，食用时要将根部切掉，是不错的辅食。

### 橘子

主要的营养物质

◆维生素C、维生素A、食物纤维

辅食第一阶段 ▲
辅食第二阶段 ○
辅食第三阶段 ○
辅食第四阶段 ○

食用方法：辅食第一阶段就可以给宝宝食用，可将其榨成汁或做成泥。

### 西瓜

主要的营养物质

◆胡萝卜素、维生素$B_1$

辅食第一阶段 ○
辅食第二阶段 ○
辅食第三阶段 ○
辅食第四阶段 ○

食用方法：在所有瓜果中，西瓜是含果汁最丰富的，含水量达到96%。西瓜果肉含有多种人体所需的营养成分和有益物质，是不错的辅食。

### 猕猴桃

主要的营养物质

◆维生素C、果胶、钾

辅食第一阶段 ▲
辅食第二阶段 ○
辅食第三阶段 ○
辅食第四阶段 ○

食用方法：猕猴桃口感好，含有很丰富的维生素C，在水果界堪称是“维生素C之王”。可以在第一、第二阶段选用。

### 葡萄

主要的营养物质

◆维生素C、食物纤维、钾

辅食第一阶段 ○
辅食第二阶段 ○
辅食第三阶段 ○
辅食第四阶段 ○

食用方法：葡萄果肉、果汁都是天然营养成分，葡萄中的糖主要是葡萄糖，能很快被人体吸收，是不错的辅食之一。

### 苹果

主要的营养物质

◆糖、果胶、钾

辅食第一阶段 ○
辅食第二阶段 ○
辅食第三阶段 ○
辅食第四阶段 ○

食用方法：苹果的口味好，营养成分高，一般可以从第一阶段开始让宝宝食用。注意要挑选新鲜、熟透的苹果。

### 桃子

主要的营养物质

◆维生素C、食物纤维、钾

辅食第一阶段 ○
辅食第二阶段 ○
辅食第三阶段 ○
辅食第四阶段 ○

食用方法：含有大量的果胶，可以积极地给易便秘的宝宝吃。

## 畜肉类

随着宝宝的逐渐长大，从母体带来的抵抗力也会逐渐减少，自身抗体的形成不多，抵抗力就会变差，缺铁、缺锌就会造成宝宝贫血、食欲不好。畜肉类含有丰富的铁和钙，在换乳中期后就可以开始喂给宝宝吃。将肉类切好，在每次熬粥的时候可以加适量的肉类，最好去掉油和肉筋，只用瘦肉。

### 鸡肉

主要的营养物质

◆蛋白质、钙、铁

辅食第一阶段 ●
辅食第二阶段 ○
辅食第三阶段 ○
辅食第四阶段 ○

食用方法：从第二阶段开始可给宝宝喂食肉类，第一次最好喂鸡胸脯肉，可将熟透的鸡胸脯肉捣成肉泥喂给宝宝。观察宝宝食用后的反应，若无异常，则可逐渐加大喂食量。

### 牛肉

主要的营养物质

◆蛋白质、钾、钙

辅食第一阶段 ●
辅食第二阶段 ○
辅食第三阶段 ○
辅食第四阶段 ○

食用方法：从辅食第二、第三阶段再开始喂食牛肉。第二阶段先将牛肉炖至烂熟，捣成肉泥喂给宝宝，然后逐渐喂薄牛肉片和小牛肉丸子。

### 肝脏

主要的营养物质

◆蛋白质、铁、钙

辅食第一阶段 ●
辅食第二阶段 ▲
辅食第三阶段 ○
辅食第四阶段 ○

食用方法：开始时最好先选用新鲜松软且富含铁元素的鸡肝。肝脏是容易变质的食品，一定要注意肝类食物的保质期。

### 猪肉

主要的营养物质

◆蛋白质、铁、钙

辅食第一阶段 ●
辅食第二阶段 ▲
辅食第三阶段 ○
辅食第四阶段 ○

食用方法：猪肉中含有较多的脂肪，所以要在第三阶段食用。猪肉主要用于清炖，而且要把肉炖至烂熟时才可让宝宝食用。

### 调料类

对于宝宝来说，辅食时期是宝宝记住食物的味道的关键时期。所以要尽可能地控制调料的使用。用酱油、酱和盐进行调味时应尽量少放。吃大豆过敏的宝宝选择调味料时，更要十分小心。

**砂糖**

辅食第一阶段 ▲
辅食第二阶段 ▲
辅食第三阶段 ▲
辅食第四阶段 ▲

食用方法：很多食物本身就含有糖分，在给宝宝制作辅食时最好少用砂糖，注意不要让宝宝养成爱吃甜食的习惯。另外，若过多地摄取砂糖会导致肥胖，应尽可能地控制食用。

**辣椒**

辅食第一阶段 ●

辅食第二阶段 ●
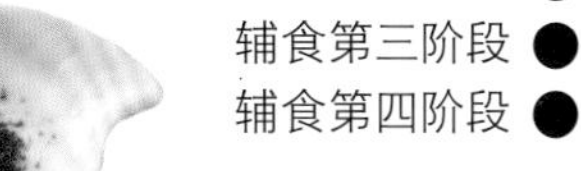
辅食第三阶段 ●
辅食第四阶段 ●

食用方法：辣椒的辛辣味会刺激宝宝的自律神经，最好不要在辅食中使用。

**酱油**

辅食第一阶段 ●
辅食第二阶段 ▲
辅食第三阶段 ▲
辅食第四阶段 ▲

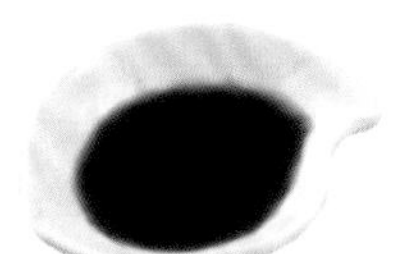

食用方法：跟食盐一样，酱油不宜在第一阶段食用。即使到了第二、第三阶段，也最好少用。

**盐**

辅食第一阶段 ▲
辅食第二阶段 ▲
辅食第三阶段 ○
辅食第四阶段 ○
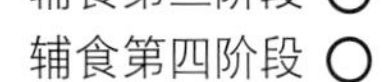

食用方法：辅食中用盐要慎重，用盐进行调味时要控制在很小的量上。

**蜂蜜**

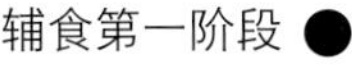
辅食第一阶段 ●
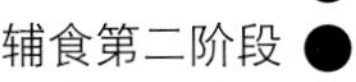
辅食第二阶段 ●
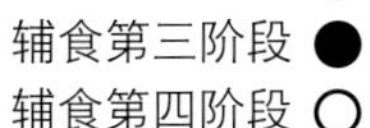
辅食第三阶段 ●
辅食第四阶段 ○

食用方法：蜂蜜中含有肉毒杆菌，有可能引起宝宝食物中毒。在宝宝1周岁前，最好不要让宝宝食用蜂蜜。红糖的情况也类似，建议在第四阶段前不要给宝宝食用。

**番茄酱**

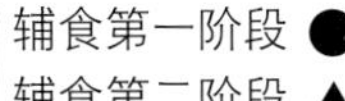
辅食第一阶段 ●
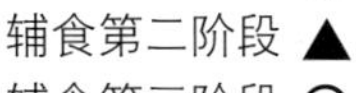
辅食第二阶段 ▲
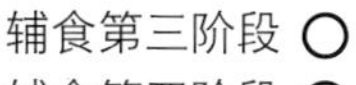
辅食第三阶段 ○
辅食第四阶段 ○

食用方法：在第二阶段，为宝宝做菜汤时需要番茄酱，用量不要超过一小匙。在第一阶段，应该使用不含盐分的自制番茄泥。

## 推迟添加辅食的几种情况

即使妈妈将辅食做得再好吃，也免不了宝宝出现呕吐、腹泻或皮疹等过敏反应。此时宝宝肠胃功能尚不成熟，如果出现过敏反应，就不要喂引起过敏的食物了。

若出现上述任何现象，都应停止添加辅食。

| 鸡蛋过敏不能吃以下食物 | |
|---|---|
| 蛋类 | 其他的蛋类 |
| 加工食物 | 火腿 |
| 点心类 | 果酱面包、炸面圈、蛋糕 |
| 调味料 | 汤里的味精 |
| **高蛋白过敏不能吃以下食物** | |
| 乳制品类 | 奶粉、乳饮料、奶酪、酸奶、鲜奶油 |
| 肉类 | 牛肉、牛内脏 |
| 点心类 | 蛋糕、布丁、水果罐头 |
| 油脂类 | 黄油、人造黄油 |
| **大豆过敏不能吃以下食物** | |
| 豆类 | 毛豆、青豌豆、豌豆角、菜豆、豆芽、花生 |
| 豆制品 | 豆腐、油豆腐块、油炸豆腐、豆腐渣、黄豆面 |
| 谷类 | 高粱米 |
| 点心类 | 羊羹、煎饼 |
| 调味料和油脂类 | 酱油、大酱、花生黄油、沙拉酱、大豆油、植物油、人造黄油 |

## 让宝宝爱上换乳食物的方法

### 品尝各种新口味

换乳食物富于变化，能刺激宝宝的食欲。在宝宝原本喜欢的食物中加入新鲜的食物，添加的量和种类要遵循由少到多的规律，逐渐增加换乳食物的种类，让宝宝养成不挑食的好习惯。宝宝讨厌某种食物，妈妈应在烹调方式上多换花样。

### 示范如何咀嚼食物

有些宝宝因为不习惯咀嚼，会用舌头将食物往外推，妈妈在这时要给宝宝做示范，教宝宝如何咀嚼食物并且吞下去。可以放慢速度多试几次，让宝宝有更多的学习机会。

### 不要喂太多或太快

按宝宝的食量喂食，速度不要太快，喂完食物后，应让宝宝休息一下，不要有剧烈的活动，也不要马上喂奶。

## 婴幼儿添加其他食物的种类和顺序

| 月龄 | 添加的辅助食品 | 饮食技能训练和供给的营养素 |
| --- | --- | --- |
| 4～6个月 | 鲜果汁、稀粥、蛋黄 | 训练宝宝熟悉辅食<br>维生素A、维生素C、矿物质、维生素D |
| 7～8个月 | 米糊、烂粥、鱼、牛肉、菜泥、水果泥 | 补充能量，训练用匙进食<br>维生素A、B族维生素、维生素C、铁、纤维素、矿物质、蛋白质 |
| 9～10个月 | 烂面、烤馒头片、饼干、鱼、蛋、肝泥、肉末 | 增加能量，训练咀嚼，促进乳牙萌出<br>动物蛋白质、铁、锌、维生素A、B族维生素 |
| 11～12个月 | 稠粥、软饭、挂面、馒头、面包碎菜、碎肉、豆制品 | 训练咀嚼<br>B族维生素、矿物质、蛋白质、纤维素 |
| 18个月以上 | 牛奶、奶酪、鲜鱼、虾、软饭、豆制品 | 训练宝宝养成好的进食习惯<br>维生素、矿物质、蛋白质、不饱和脂肪 |

## 如何选购米粉

现在市场上的宝宝米粉种类繁多，虽说选择的余地很大，但是也给挑选米粉带来了难度。妈妈在挑选米粉时要考虑中国宝宝的身体结构，所以一定要注意以下几条原则。

### 要注意产品配方中的蛋白质含量

蛋白质对宝宝的生长发育是很重要的，只有蛋白质充足了，宝宝各器官才能完全发育。现在市场上的宝宝米粉大概分为两种，一种是婴幼儿全价配方粉，这种米粉的蛋白质含量高达10%，完全可以满足宝宝的生长发育，而不用添加其他的食物。还有一种就是婴幼儿补充谷粉，这是给4个月以上宝宝的辅食，蛋白质的含量是5%，而必需脂肪氨基酸含量更低，满足不了中国宝宝的生长需要，如果长期食用这种米粉，会影响宝宝的生长发育和智力水平。

### 注意营养元素的全面性

好的米粉所含的营养物质也丰富，会含有18种氨基酸和其他人体所需的营养物质。所以选择米粉要看其所含营养物质，主要看营养成分表的标注，看营养是否全面，含量是否合理，如热量、蛋白质、脂肪、碳水化合物、维生素、微量元素等。婴幼儿换乳期补充食品有国家标准规定，选择米粉也要看看是否符合这个标准。

### 注意米粉的外观

要选择颗粒精细的米粉，易于宝宝消化吸收。一般质量好的米粉应该是大米的白色，均匀统一，有米粉的香气，还要看米粉的组织结构和冲调性，应为粉状和块状，无结块。并且要留意内容物是否为独立包装，这样会更加卫生，不易受潮。

## 吃“泥”有讲究

宝宝的消化功能发育得不够完善，对待新接触的食物适应能力也较差，所以当接触新食物时容易发生消化功能紊乱。因此在添加泥状食物的时候要格外注意，仔细遵循下列原则，千万不可操之过急。

应从少量开始添加新食物。比如添加蛋黄就要从1/4开始；添加肉末、鱼肉泥也从1小匙开始。

陆续添加的食物应从稀到稠、从细到粗，比如先喂米糊，然后加以稀粥、稠粥，最后再喂烂饭。

蔬菜则可以从细菜泥喂起，然后是粗菜泥，最后是碎菜。

添加新食物必须是在宝宝健康的情况下进行。因为宝宝一旦患病，他们的食欲以及消化功能都会下降，这时候添加新食物，很容易导致宝宝对新食物不接受。

必须一样样地陆续添加新食物，一种吃习惯了再添加另外一种。

一般来说一种食物需要试吃4～7天，在试吃阶段，可以留神观察宝宝的大便、食欲和是否过敏等情况。如果一切正常，即可添加下一种食物。

## 各类辅食的喂食顺序

### 喂水果的过程

在给宝宝喂果汁时，要注意喂食的材质和顺序，从过滤后的鲜果汁开始，到不过滤的纯果汁，然后到用匙刮的水果泥再到切的水果块，最后到整个水果让宝宝自己拿着吃。

### 喂菜的过程

蔬菜选择新鲜的、应季的即可，要从过滤后的菜汤开始，然后到菜泥，再到碎菜。

### 喂肉蛋类的过程

从鸡蛋黄开始，到整鸡蛋，再到鸡肉、猪肉、羊肉、牛肉、鱼肉等。

### 喂谷类的过程

从米汤开始，到米粉，然后是米糊，然后是稀粥、稠粥、软饭，最后到正常饭。面食是从面条、面片、疙瘩汤，再到饼干、面包、馒头、饼等。

## 各阶段辅食软硬程度

给宝宝制作辅食前，首先来了解并熟悉一下宝宝各阶段辅食的软硬程度。

### 辅食添加第一阶段（4～6个月）

**米**

以1：10比例的米和水煮成的稀饭，煮好的米粒要充分磨碎至没有颗粒后再喂食。

**胡萝卜**

煮成糊状。胡萝卜切细末，用蔬菜汤煮至软烂，磨成糊状，或煮稀泥状。

**鱼**

煮成糊状，鱼肉用沸水煮熟，仔细剔除鱼皮和鱼刺，用研钵充分磨细后，呈稀泥状。

### 辅食添加第二阶段（7～9个月）

**米**

以1：7比例的米和水煮成的稀饭，米粒要磨到几乎看不见的程度，让稀饭呈现浓稠黏糊状。

**胡萝卜**

煮成浓稠状，胡萝卜切小块煮至发软，切成细末后，加入水，煮成泥状。

**鱼**

煮成浓稠状，鱼肉用沸水快煮后，剔除鱼皮和鱼刺，仔细捣碎。加少许盐煮开后，煮成泥状。

**肉**

煮成浓稠状，绞肉用沸水煮熟后，磨成稍微还能看到颗粒的程度。加少许盐煮开后，加入用水调匀的淀粉，煮成泥状。

### 辅食添加第三阶段（10～12个月）

**米**

以1：5比例的米和水煮成的稀饭，米粒要磨到几乎看不到的程度，让稀饭呈现浓稠黏糊状。

**胡萝卜**

切小丁状，胡萝卜煮至软烂，切7毫米见方的小丁，以蔬菜汤煮软烂。

**鱼**

鱼肉仔细剔除鱼皮和鱼刺，切成约1厘米见方的小丁，用蔬菜汤等汤汁煮开后，加水调匀，用淀粉勾芡。

**肉**

做成肉丸，将绞肉揉成1～1.5厘米大小的圆形，放入加少许盐的开水中煮熟后，再加入用水调匀的淀粉勾芡。

### 辅食添加第四阶段（1～1.5岁）

**米**

以1：1.2比例的米和水煮成的软饭，软硬度大概比成人吃的干饭再稍微软一点。

**胡萝卜**

切丁状，胡萝卜煮至发软，切成1厘米见方的小丁，若要加入其他蔬菜，都要切成与胡萝卜丁同等大小。

**鱼**

煎烤风味，在鱼肉上撒少许盐，用平底锅煎熟，剔除鱼皮和鱼刺，将鱼肉大致弄碎。

**肉**

做成汉堡，将绞肉揉成直径3～4厘米的小椭圆形，用沸水煮熟或用平底锅煎熟，加些番茄酱佐味。

## 巧计量轻松做辅食

因为宝宝换乳餐需要的量很少，父母很难掌握所用食物的量，另外宝宝的食物要保证现做现吃，做太多吃不了会很浪费，做太少宝宝又会不够吃，所以要正确地选择食物的用量。

| 肉蛋类的大致测量方法 | |
|---|---|
| 鸡肉20克 | 2个1厘米×1厘米的肉块 |
| 鸡蛋20克 | 打散后2大匙 |
| 牛肉20克 | 3个1厘米×1厘米的肉块 |
| 猪肉20克 | 3个1厘米×1厘米的肉块 |
| 豆腐20克 | 1/5个鸡蛋大小的块 |
| 肝脏20克 | 捣烂后3大匙 |
| **海产品类的大致测量方法** | |
| 鳕鱼30克 | 2大匙鱼肉 |
| 小银鱼30克 | 3大匙左右 |
| 海带20克 | 10毫米×10毫米的海带2.5块 |
| 紫菜10克 | 10厘米×10厘米的紫菜2片 |
| **蔬菜的大致测量方法** | |
| 土豆50克 | 比鸡蛋稍大的土豆1/2个 |
| 菠菜30克 | 3棵左右 |
| 地瓜50克 | 中等大小的地瓜1/4个 |
| 黄瓜30克 | 中等大小的黄瓜1/3个 |
| 卷心菜30克 | 外包叶2/3片 |
| 胡萝卜30克 | 中等大小的胡萝卜1/2块 |
| 菜花30克 | 小朵的菜花3朵 |
| 香菇30克 | 中等大小的香菇2个 |
| 韭菜30克 | 6～7棵 |
| 豆芽30克 | 一大把的2/3 |
| 白菜30克 | 一片白菜叶的1/3 |
| 金针菇30克 | 袋装金针菇1/3小袋 |
| 青椒30克 | 中等大小的青椒1/3个 |

| 谷类的大致测量方法 | |
|---|---|
| 大米10克 | 1大匙（泡过后） |
| 面条30克 | 5根左右 |
| 小米10克 | 1大匙（泡过后） |
| 面粉30克 | 一手捧起不溢出 |

## 宝宝的咀嚼训练

### 咀嚼的本质

宝宝的口唇生来就有寻觅和吮吸的本领，但咀嚼动作的完成需要舌头、口腔、面颊肌肉和牙齿彼此协调运动，必须经过对口腔、咽喉的反复刺激和不断训练才能获得。因此，习惯了吮吸的宝宝要学会咀嚼吞咽需要一个过程。宝宝的咀嚼训练也要分阶段进行，逐渐增加辅食是锻炼宝宝咀嚼能力的最好办法。

### 咀嚼食物对宝宝的影响

咀嚼食物可以使宝宝的牙齿、舌头和嘴唇全部用上，有利于语言功能的发展。为宝宝一岁半时发声功能打好基础，这更要求充分利用断乳食物期锻炼宝宝的咀嚼与吞咽能力。

### 咀嚼的过程

第一步
时间：4～6个月
训练重点：吞咽
辅食特点：半流质
可选辅食：米糊、蛋黄泥、果泥、蔬菜泥。宝宝由奶瓶喂食改为小匙喂食可能会不太习惯，千万不可因此就轻易放弃。

第二步
时间：6～12个月
训练重点：咬、嚼
辅食特点：黏稠、粗颗粒
可选辅食：碎肉、碎菜末、碎水果粒、面包片、手指饼、小鱼干。开始时，妈妈应先给宝宝示范具体的咀嚼动作，教宝宝咀嚼，还可用语言提醒宝宝用牙齿咬。

第三步
时间：12个月以上
训练重点：咀嚼后的吞咽
辅食特点：较粗的固体
可选辅食：水饺、馄饨、米饭、其他膳食纤维不太多的成人食物。随着牙齿的健全，宝宝的口腔动作也越来越丰富，咀嚼吞咽动作协调，渐渐地可以用牙齿咬碎再咀嚼。这时应给宝宝吃较粗的固体食物，多吃粗粮。父母在日常生活中要做好典范，利用宝宝爱模仿的特性，经常示范咀嚼动作给宝宝看，每口食物应慢慢咀嚼，最好每口咀嚼10次以上。

### 咀嚼训练的关键期

从宝宝4个月开始就可通过添加辅食来训练其咀嚼吞咽的动作，让宝宝学习接受吮吸之外的进食方式，为以后的断奶和进食做好准备。

6～12个月是宝宝发展咀嚼和吞咽技巧的关键期，当宝宝有上下咬的动作时，就表示他咀嚼食物的能力已初步具备，要及时进行针对性的锻炼。一旦错过时机，宝宝就会失去学习的兴趣，日后再加以训练往往事倍功半，而且技巧也会不够纯熟，往往嚼三两下就吞下去或嚼后含在嘴里不愿下咽。

## 自然断奶

究竟如何正确断奶，是纠缠在很多妈妈心头的一个问题。其实，只要方法得当，断奶基本上是一件很容易的事情。但是，首先妈妈自己就要有信心，同时也要有恒心。不过千万别狠心地走所谓的捷径。妈妈应该采取科学的断奶方法。

### ╳ 错误的断奶方法

**在乳头上涂抹墨汁、辣椒水等刺激物**

这种极端的方法对于宝宝来说，实在是酷刑，只会给宝宝带来害怕和恐惧，甚至进而抗拒进食的后遗症，到那时，就会影响宝宝的身心健康了。

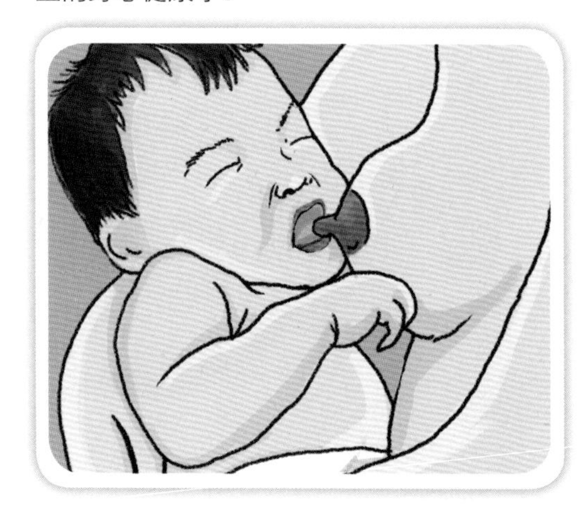

**突然断奶**

将宝宝放到娘家或者婆家，然后几天之内都不去见宝宝。长时间的母子分离会让宝宝缺乏安全感，特别是本身对母乳就特别依赖的宝宝，会因为没看到妈妈而焦躁不安，不再愿意吃东西，烦躁不安，哭闹也开始频繁，睡眠质量得不到保证，甚至还会生病。

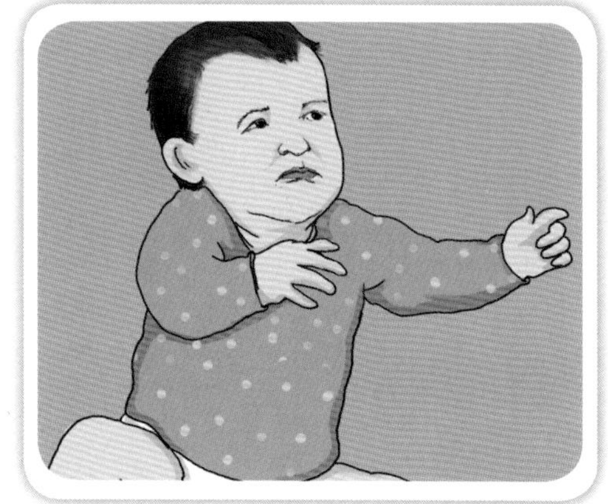

**勒紧乳房**

有的妈妈平时不喝汤水，还用毛巾勒紧乳房，用胶布贴住乳头，想用这样一种方式让奶憋回去。但这种显然违背了科学理念的断奶法，很容易引起乳房胀痛。

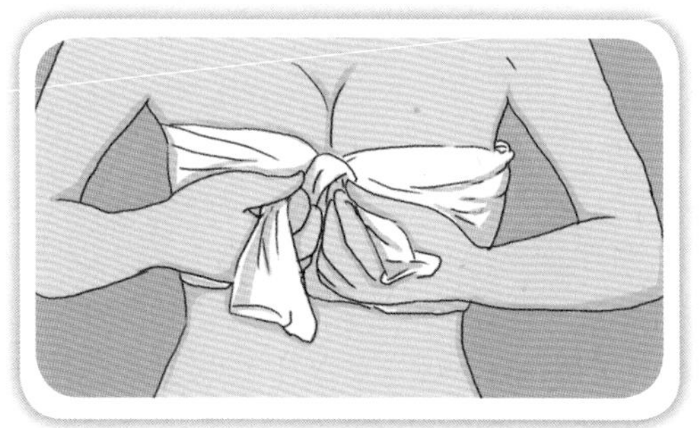

### √ 正确的断奶方法

逐渐断奶的方法。从一天哺乳6次，逐渐减到5次，然后等宝宝和妈妈都适应以后，再逐渐减量到最后完全戒掉。

**少喂母乳，多喂牛奶**

刚开始断奶的时候，可以每天都给宝宝喂一些配方奶，也可以直接用新鲜的全脂牛奶喂食。需要注意的是，虽然尽量让宝宝多喝牛奶，但是宝宝想喝母乳的时候，还是不要拒绝。

**逐步断掉临睡前和夜间的奶**

可以先把夜间的奶断掉，然后再开始断临睡前的奶。宝宝睡觉的时候，可以让其他人代为哄睡，妈妈应有意识地回避。

**减少宝宝对妈妈的依赖**

爸爸的作用也是不可忽视的，断奶前，要有意识地减少妈妈和宝宝的见面接触时间，尽量让爸爸多多出现，从而给宝宝一个心理上的适应过程。

**养成宝宝良好的习惯行为**

因为断奶，出于心理的愧疚，妈妈总是很容易纵容宝宝，也不管宝宝的要求是否合理。可是，越是娇纵，越是让宝宝离不开妈妈，影响断奶。

10个月时，食物的营养密度应该进一步增加了。此时，宝宝的食物应从稠粥转为软饭，从烂面条转为包子、饺子、馒头片，从菜末、肉末转为碎菜、碎肉。从进食规律方面考虑要向一日三餐每天两顿奶转变，在保证每日不少于600毫升奶的前提下，更要注意食物的搭配和适量。

除了上面谈到的物质营养之外，还要强调精神营养的问题，这就涉及家人就餐时的气氛和喂养行为的问题。

## 宝宝饮食禁忌

### 不要给宝宝吃油腻、刺激性的食物

家长在给宝宝选择辅食时，一定不要给宝宝准备油腻的、刺激性大、无营养的食物。

咖啡、可乐等饮料影响宝宝神经系统的发育。

糯米等不易消化的食物会给宝宝消化系统增加负担。

刺激性大的食物不利于宝宝的生长，如辣的、咸的。

不宜给宝宝吃冷饮，这样容易引起消化不良。

## 不要给宝宝吃过多的鱼松

有的宝宝很喜欢吃鱼松，喜欢把鱼松混合在粥中一起食用，妈妈也喜欢喂给宝宝鱼松，认为鱼松又有营养又美味。虽然鱼松很有营养，但是也不能食用过量。这是因为鱼松是由鱼肉烘干压碎而成的，并且加入了很多调味剂和盐，其中还含有大量的氟化物，如果宝宝每天吃10克鱼松，就会从中吸收8毫克的氟化物，而且宝宝还会从水中和其他食物中吸收很多氟化物。然而，人体每天吸收氟化物的安全量是3～4.5毫克，如果超过这个值，就无法正常代谢而储存在体内，若长时间超过这个值，就会导致氟中毒，影响骨骼、牙齿的正常发育。

## 不要给宝宝吃太多菠菜

有的家长害怕宝宝因为缺铁而贫血，所以，就让宝宝多吃菠菜补充铁。实际上，菠菜含铁量并不很高，最关键的是菠菜中含有的大量草酸，容易和铁结合成难以溶解的草酸铁，还可以和钙形成草酸钙。如果宝宝有缺钙的症状，吃菠菜会使佝偻病情加重。所以，不要为了补充铁而给宝宝吃大量的菠菜。

## 不要给宝宝吃过量的西瓜

到了夏天，适当地吃点西瓜对宝宝是有好处的，因为西瓜能够消暑解热。但是如果短时间内摄取过多的西瓜，就会稀释胃液，可能造成宝宝消化系统紊乱，导致宝宝腹泻、呕吐、脱水，甚至可能出现生命危险，肠胃不好的宝宝，更不能吃西瓜。

## 不宜给宝宝的食物加调料

对于月龄较小的宝宝，食物中依然不要添加盐之类的调味品，因为月龄较小的宝宝肾脏功能依然没有完善，如果吃过多的调味料，会让宝宝肾脏负担加重，并且造成血液中钾的浓度降低，损害心脏功能。所以，月龄较小的宝宝尽量避免食用任何调味品。

## 宝宝咳嗽时的饮食禁忌

中医认为咳嗽是由于肺部不适引起的肺气不宜、肺气上逆。所以，宝宝在咳嗽的时候，不要吃寒凉的食物，否则容易造成肺气闭塞、咳嗽加重，而且还容易伤及脾胃、聚湿生痰。同时，不要吃肥甘厚味的食物，多吃清淡的食物。咳嗽多是由于肺热引起，多吃肥甘厚味的食物可产生内热，加重咳嗽。还要注意的是，宝宝如果咳嗽，不要给宝宝吃橘子，因为橘肉是生热生痰的水果，而橘皮却是化痰的佳品。

## 这些蔬果是防止宝宝疾病的高手

### 冬瓜

**❶夏季感冒**

鲜冬瓜1块切片，粳米1小碗。冬瓜去皮、瓤切碎，加入花生油炒，再加适量姜丝、豆豉略炒，和粳米同煮粥食用。每日两次。

**❷咳嗽有痰**

用鲜冬瓜1块切片，鲜荷叶1张。加适量水炖汤，加少许盐调味后饮汤吃冬瓜，每日两次。

### 土豆

**❶习惯性便秘**

鲜土豆洗净切碎后，加开水捣烂，用纱布包绞汁，每天早晨空腹服下一两匙，酌加蜂蜜同服，连续15～20天。

**❷湿疹**

土豆洗净，切碎捣烂，敷患处，用纱布包扎，每昼夜换药4～6次，两三天后便可缓解湿疹的症状。

### 南瓜

**❶哮喘**

南瓜1个，蜂蜜半杯，冰糖30克，先在瓜顶上开口，挖去部分瓜瓤，放入蜂蜜、冰糖，盖好，放在蒸笼中蒸两小时即可。每日早晚各吃一次，每次半小碗，连服5～7个月。

**❷蛔虫、绦虫病**

取新鲜南瓜子仁50克，研烂，加水制成乳剂，加冰糖或蜂蜜，空腹服。

### 萝卜

**❶扁桃体炎**

鲜萝卜绞汁30毫升，甘蔗绞汁15毫升，加适量白糖水冲服，每日两次。

**❷腹胀积滞、烦躁、气逆**

鲜萝卜1个，切薄片。酸梅两粒，加清水3碗煎成1碗，去渣取汁加少许食盐调味饮用。

### 白菜

**❶百日咳**

大白菜根3条，冰糖30克，加水煎服，每日三次。

**❷感冒**

大白菜根3条洗净切片，红糖30克，生姜3片，水煎服，每日两次。

### 胡萝卜

**❶营养不良**

胡萝卜1根，煮熟每天饭后当零食吃，连吃一周。

**❷百日咳**

胡萝卜1根，挤汁，加适量冰糖蒸熟温服，每日两次。

## 影响宝宝智力的食物

以下四类食物宝宝如果吃多了，会影响大脑的发育，使宝宝智力出现问题。

含铝食物

世界卫生组织提出，人体每天摄铝量不应超过60毫克，如果一天吃50～100克油条便会超过这个允许摄入量，导致记忆力下降、思维能力迟钝，所以，早餐不能以油条为主食。经常使用铝锅炒菜，铝壶烧开水也应注意摄铝量增大的问题。

含过氧脂质的食物

专家指出过氧脂质对人体是十分有害的，如果长期从饮食中过氧脂质，能够使过氧脂质在人体内不断地积聚，最终可使人体内某些代谢酶系统遭受损伤，促使大脑早衰或导致痴呆。

在我们日常生活中的很多食物中都含有过氧脂质，如熏鱼、烧鸭、烧鹅等。还有很多的经油炸食品中也都含有过氧脂质，如炸过鱼、虾的油会很快氧化并产生过氧脂质。

其他的食品，如鱼干、腌肉及含油脂较多的食物在空气中都会被氧化而产生过氧脂质。

因此，对于此类食品在日常生活中一定要尽量减少摄入量，对此父母一定要以身作则，才会使宝宝养成良好的饮食习惯。

过咸食物

人体对食盐的生理需要极低，成人每天摄入7克以下，儿童每天摄入4克以下，习惯吃过咸食物的人，不仅会引起高血压、动脉硬化等症，还会损伤动脉血管，影响脑组织的血液供应，使脑细胞长期处于缺血缺氧状态而导致智力迟钝、记忆力下降，甚至过早老化。

含糖精、味精较多的食物

糖精用量应加以限制，否则会损害脑、肝等细胞组织，甚至会诱发膀胱癌。世界卫生组织曾提出成年人每天食用味精不得超过4克，孕妇及周岁以内的宝宝禁食。周岁以内的宝宝食用味精有引起脑细胞坏死的可能。妊娠后期的孕妇多吃味精，会引起胎儿缺锌，影响宝宝出生后的体格和精神发育，不利于智力发展。

## 提高宝宝免疫力的食物

### 铁、锌很重要

控制免疫力的白细胞是血液中的成分，因而对增加血液是至关重要的。要保证摄入充足的铁、锌等矿物质。

| 富含铁的食物 | 猪肝、鸡肝、动物血、瘦肉、蛋黄、赤小豆、黄豆、黑木耳、芝麻酱等 |
|---|---|
| 富含锌的食物 | 鸡肝、猪肝、贝壳类、鱼、瘦肉、紫菜、海带、坚果等 |

### 蛋白质的补充

作为组成细胞基础的蛋白质也是不可少的。特别是鱼类（鱼类食物可能产生过敏反应，应从换乳后期开始添加）等优质蛋白质源，含有DHA和EPA等不饱和脂肪酸。可以使血液通畅，使白细胞由血液顺利到达全身。

| 富含优质蛋白质的食品有两类 | |
|---|---|
| 一类是动物性蛋白 | 如鱼、肉、蛋、禽、乳类 |
| 一类是植物性蛋白 | 如豆类、豆腐等 |

### 维生素A和维生素C

白细胞是以团队形式进行工作的，巨噬细胞和淋巴球等通过放出化学物质使巨噬细胞提高工效。摄取维生素A和维生素C可以增加巨噬细胞的放出量。维生素C除攻击侵入体内的细菌，还有缓解紧张的功效。

| 富含维生素C的食品 | 南瓜、香蕉、草莓等 |
|---|---|
| 富含维生素A的食品 | 菠菜等黄绿色蔬菜和奶酪中含量丰富 |

# 对于饮料你了解多少

虽然果汁饮料口感好、味道甜，宝宝喜欢喝，但最好不要给宝宝喝。夏季，越来越多品种的饮料出现，再加上夏季炎热，宝宝都喜欢喝冰冻饮料，但事实上，喝冰冻的饮料，不但不会起到解暑的作用，还会引起宝宝的肠胃不适。因此，爸爸妈妈一定不要因为心疼宝宝，或受不了他的哭闹而给他们喝冰冻的饮料。

## 碳酸饮料

碳酸饮料是在一定条件下充入二氧化碳气体的饮品，饮料中二氧化碳气体的含量不低于2.0倍。长期喝碳酸饮料，不仅能使人变胖，还会伤害到肠胃，使大量的钙流失，尤其是正在生长发育的婴幼儿，一定不要给他们喝碳酸饮料，更严重的甚至会影响婴幼儿的生长发育。

### 果汁型

果汁型的碳酸饮料，原果汁含量不低于2.5%的碳酸饮料，如橙汁汽水、菠萝汁汽水或混合果汁汽等。虽然这种饮料含有原果汁，但含量少之又少，一定不要因为它标注含有原果汁，就给宝宝喝。

### 果味型

果味型碳酸饮料，是以果香型食用香精为主要原料，都是采用食品添加剂，长时间给宝宝饮用，会严重伤害到宝宝娇嫩的胃肠。

### 低热量型

低热量型碳酸饮料，是以甜味剂等添加剂，全部或部分代替糖类的碳酸饮料和苏打水。虽然商家打着低热量的旗号，但是仍含有大量添加剂，一样会使宝宝身体受到伤害，也会引起发胖。

## 茶饮料

茶饮料，是用水浸泡茶叶，经抽提、过滤、澄清等工艺，在茶汤中加入水、糖液、酸叶剂、食用香精、果汁抽提液等调制加工而成的饮品。

### 果汁茶饮料

果汁茶饮料，是在茶汤中加入水、原果汁（或浓缩果汁）、甜味剂、酸味剂等调制而成的饮品。

### 果味茶饮料

果味茶饮料，是在茶汤中加入水、食用香精、甜味剂、酸味剂等调制而成的饮品。

## 植物蛋白饮料

植物蛋白饮料，是用蛋白质含量较高的植物的果实、种子或核果类、坚果类的果仁等为原料，经过加工制成的饮品。

**豆乳类饮料**

豆乳类饮料，是以黄豆为主要原料，经打磨、提浆、脱腥等工艺，浆液中加入水、糖液等调制而成的饮品，有豆浆等饮料。

**椰子乳饮料**

椰子乳饮料，是以新鲜、成熟适度的椰子为原料，取其果肉再加入水、糖液等调制而成的饮品。杏仁乳饮料杏仁乳饮料，是以杏仁为原料，经过浸泡、打磨等工艺，在浆液中加入水、糖液等调制而成的饮品。以上植物蛋白型饮料，同样也是加入大量的添加剂、防腐剂制成的，爸爸妈妈一定要为宝宝的身体健康着想，不要图一时省事，如果宝宝喜欢喝豆浆、牛奶、椰汁，就要给宝宝喝自己制成的纯天然饮品。

## 果汁饮料

果汁饮料是用水果为原料，经加工制成的饮品。

**浓缩果汁**

浓缩果汁是，采用物理方法从水果中除去一定比例的水分，制成具有果汁特征的饮品。

**果肉果汁**

果肉果汁是，在果浆（或浓缩果浆）中加入水、糖液、酸味剂等添加剂调制而成的饮品。爸爸妈妈不要认为，这种果汁里含有水果的果肉，就可以肆无忌惮的给宝宝喝，其实这种饮料同样会给宝宝带来不小的伤害。

## 乳饮料

乳饮料是以鲜乳或乳制品为原料，经过发酵或未经发酵，加工制成的饮品。

**配制型含乳饮料**

配制型含乳饮料，是以鲜乳或乳制品为原料，加入水、糖液、酸味剂等添加剂，调制而成的饮品。

**发酵型含乳饮料**

发酵型含乳饮料，是以鲜乳或乳制品为原料，经乳酸菌类培养发酵、乳液中加入水、糖液等，调制而成的饮品。

## 特殊用途饮料

特殊用途饮料，是通过调整饮料中天然营养素的成分和含量比例，以适应特殊人群营养需要的饮品。

**运动饮料**

运动饮料，是营养素的成分和含量能适应运动员或参加体育锻炼的人群的运动生理特点，并能提高运动能力的饮品。

**营养素饮料**

营养素饮料，是添加适量的食品营养强化剂、水、添加剂等，以补充特殊人群营养需要的饮品。爸爸妈妈不要认为运动型饮料、营养型饮料，就可以给宝宝喝，任何饮料中都含有一定的添加剂等成分，长期喝都会伤害到宝宝的身体健康，甚至会影响宝宝的大脑发育。

问 **1岁的宝宝能不能喝黑豆浆？**

答 不要让宝宝一次饮用过多的豆浆，否则易引起蛋白质消化不良症，出现腹胀、腹泻等不适感。如发现宝宝大便异常，要及时停止喂养。

问 **宝宝2岁零2个月，喝酸奶能吸收吗？**

答 3岁以下的宝宝最好不要喝酸奶，因为经过脱脂后的酸奶不利于宝宝神经系统的生长发育。如果饮用则不宜空腹，也不宜加热饮用。喝完酸奶后要让宝宝马上漱口，以免出现龋齿。

## 4～6个月宝宝辅食推荐

妈妈柔软的乳头是新生儿唯一的“餐具”，而当妈妈用小汤匙或婴儿专用的喂养匙来给宝宝喂果汁时，他的口腔就会产生完全不同的触感。在辅食的准备期中，丰富宝宝的口腔触觉也可以使正式的辅食添加更为顺利。

**把握喂食时间**

每日1次的断乳食物时间。时间一般是在上午，而且每天最好是相同的时间。1个月以后变成每天2次（上午和下午或者傍晚各一次）。

**注意添加的食物**

从每次1匙米粥开始，每周2～3匙。开始1周后，可在米粥里面加蔬菜、芋头、水果等。从每次1匙开始，逐渐地增加用量。开始1个月左右的时间，可以补充些蛋白质类食物。

### 南瓜碎末

原料 豆南瓜1小块（约30克），温开水适量。

制作步骤

①南瓜削皮，用水煮软，加汤捣碎。

②用温开水调成糊状，或用蔬菜汤或者汤汁代替温开水也可以。

### 桃汁

原料 桃1小块(约40克)，水1/2杯。

制作步骤

①把桃洗干净后削皮、去核，然后把果肉用榨汁机榨汁。

②倒入与水果汁等量的温水加以稀释。

## 胡萝卜泥

原料 苹果50克，胡萝卜75克。

制作步骤

①将胡萝卜切碎，苹果去皮切碎。

②将胡萝卜放入开水中煮1分钟研碎，然后放入锅内用小火煮，并加入切碎的苹果，煮烂后即可。

## 胡萝卜甜粥

原料 大米2小匙，水120毫升，切碎过滤的胡萝卜汁1小匙。

制作步骤

①把大米洗干净用水泡1～2小时，然后放入锅内用小火煮40～50分钟。

②快熟时加入事先过滤的胡萝卜汁，再煮10分钟左右即可。

## 油菜粥

原料 鲜油菜20克，已泡好的大米20克，水2/3杯。

制作步骤

①将已泡好的大米用粉末机打成末状。

②将油菜洗净后用水煮一会儿再研磨。

③将大米末放入锅中，加水用大火煮。

④当水开始沸腾后把火调小，再把油菜末一同放入锅里，煮到大米熟后熄火。

## 胡萝卜番茄汤

原料 胡萝卜1/3根，番茄1/3个，水2/3杯。

制作步骤

①胡萝卜清洗干净，去皮；番茄汆烫去皮后搅拌成汁。

②将胡萝卜磨成泥状。

③锅中倒入少许水，放入胡萝卜泥和番茄汁，用大火煮开，熟透后即可熄火。

## 胡萝卜苹果泥

原料 苹果1/3个，胡萝卜1/3根。

制作步骤

①将胡萝卜切碎，苹果去皮切碎。

②将胡萝卜放入开水中煮1分钟研碎，然后放入锅内用小火煮，并加入切碎的苹果，煮烂后即可。

## 蘑菇鸡蛋汤

原料 洋松茸2个，鸡蛋1个，大葱10克，蒜泥1小匙，少量香油，少量酱油。

制作步骤

①洋松茸去掉茎部后切成丝状，然后加到放香油的煎锅里炒熟。鸡蛋打碎后搅匀，捣碎大葱。

③锅里倒入适量的水加1和2的大葱煮开后，再放入蒜泥和酱油煮开。

④3中加2的鸡蛋液煮到鸡蛋熟为止。

## 牛奶麦片粥

原料　牛奶250毫升，麦片小半碗，鸡蛋1个。

制作步骤

1. 将牛奶放入锅内煮开。
2. 加入麦片搅动到麦片变稠。
3. 撒入少量提子，待开锅即可。

## 玉米豆腐萝卜糊

原料　黄玉米面2匙，豆腐1小块，水1杯，香油少许。

制作步骤

1. 把胡萝卜蒸熟后压碎，豆腐压碎。
2. 将压碎的胡萝卜和豆腐及玉米面一起放入煮开的水中。
3. 将用中火，边煮边搅拌，煮至菜和面熟后，淋上一点点香油即可。

## 香蕉泥

原料　未熟透的香蕉1根，白糖、柠檬汁各少许。

制作步骤

1. 将香蕉剥皮，去白丝。
2. 把香蕉切成小块，放入搅拌机中，加入白糖，滴几滴柠檬汁，搅成均匀的香蕉泥，倒入小碗内即可。

## 胡萝卜汤

原料 胡萝卜1/3根，白糖少许，水1杯。

制作步骤

①将鲜嫩的胡萝卜洗净，切成小块，放入锅内。

②锅内加入适量水，淹没胡萝卜块即可，上火煮沸约2分钟。

③用纱布过滤去渣，加入白糖调匀。

## 红枣泥

原料 红枣5个，白糖少许，水1/2杯。

制作步骤

①将红枣洗净，放入锅内，加入水煮15～20分钟，至烂熟。

②去掉红枣皮、核，捣成红枣泥，用滤匙过滤一下，加入白糖，调匀即可。

## 奶粉粥

原料 大已泡好的大米15克，奶粉1大匙，水3/4杯。

制作步骤

①将已泡好的大米用粉末机打末状。

②把大米末和水放入锅内，用小火边搅边煮约3分钟。

③调好奶粉浓度后倒入锅中再煮1分钟左右。

## 南瓜浓汤

原料　10倍水的粥5大匙，南瓜1小块，水1/4杯，奶粉1/4杯。

制作步骤

①将南瓜放入耐热容器，加入少量水。覆盖保鲜膜后用微波炉加热2分钟。

②将南瓜去皮，捣碎。

③往锅内倒入10倍水的粥和水，加入南瓜泥，中火煮。

④当水沸腾时，把火调小，加入奶粉用小火继续煮一会儿，边搅边煮。

## 西芹苹果汁

原料　西芹200克，苹果1个，柠檬小半个，蜂蜜适量。

制作步骤

①西芹洗净，掰成小段，去掉硬纤维部分。

②苹果去皮，去核，切块。柠檬用挤器挤汁。

③各种材料放在榨汁机里，取汁即可。

## 鲜奶炖蛋

原料　配方奶200毫升，蛋黄1/2个，白糖少许。

制作步骤

①蛋黄打散后，加入白糖打匀，再加入配方奶拌匀。

②将上述材料滤去泡沫及杂质再轻轻拌匀。

③将处理好的蛋液倒入一深碗中，盖严碗口，隔水煮至凝固即可。

## 栗子粥

原料 已泡好的大米1匙，栗子2个。

制作步骤

①将已泡好的大米用粉碎机打成末状。栗子煮熟后，皮去掉，趁热研磨成泥。

②将大米粉和栗子泥放入锅中，添水用大火煮。

③当水沸腾后把火调小，煮到大米熟后熄火，用漏匙过滤一下。

## 苹果浓汤

原料 苹果1/3个，1/4杯水，1大匙水淀粉。

制作步骤

①将去了皮和核的苹果切碎，放入水中煮烂。

②加入1大匙相同比例的水淀粉后煮成糊状，冷却后即可喂食。

## 栗子蔬菜粥

原料 大米粥1小碗，栗子10克，地瓜10克，西蓝花5克，海带汤150毫升。

制作步骤

①地瓜和栗子蒸熟后，去皮捣碎，西蓝花用开水烫一下后去茎部捣碎菜叶。

②把大米粥和海带汤倒入锅里大火煮开后，放入西蓝花、地瓜和栗子再调成小火充分煮开。

## 7～8个月宝宝辅食推荐

妈妈在为这个阶段的宝宝准备辅食的时候，应先给宝宝准备稀一点的粥，不要直接喂稠粥，要认真观察宝宝吃稀粥时的情况，再逐渐给宝宝喂食稠粥，也可适当喂一些软烂的面条。

**从稀粥到稠粥**

主要了解加水量的区别。稀粥是在米中加入7倍量的水，例如1杯米中需加7杯水。稠粥是在米中加入5倍量的水，例如1杯米中需加5杯水。

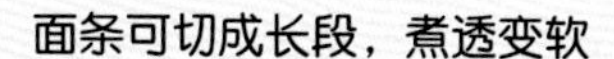

**面条可切成长段，煮透变软**

面条没必要弄成碎末，切成长段用小火煮得软软的、黏糊糊的即可。喂宝宝的时候用小匙碾碎到剩有少量粒状的程度就可以。

### 豆苗碎肉粥

原料 豆苗20克（捣烂），肉末10克，已泡好的大米20克。

制作步骤

1. 将大米洗净，研磨成末，加入250毫升水，煲成粥（约需30分钟）。
2. 把肉末煮烂后，放入研磨器中研成糊状，加入粥内混匀。
3. 将豆苗煮烂研成泥状，放入粥内调匀即可。

### 萝卜泥杂烩粥

原料 胡萝卜、苹果各40克，7倍水的粥1/2碗。

制作步骤

1. 把胡萝卜切成碎末。
2. 苹果去皮、去籽，切成小粒。
3. 在锅中放入7倍水的粥、碎胡萝卜一同煮，水沸后调小火，放入苹果粒继续煮一会儿，搅拌均匀即可。

## 肉末番茄汤

原料 牛肉10克，番茄15克，水3/4杯。

制作步骤

1. 选择瘦牛肉，用冷水洗净后再用干净的布擦净，然后切成碎末。
2. 洗净番茄后，去皮切碎。
3. 把牛肉末放锅里炒，炒到肉快熟时把番茄和水一起放锅里用大火煮。
4. 当水沸腾后把火调小，煮到牛肉末熟为止，然后熄火。

## 香菇鸡肉羹

原料 泡好的大米30克，鸡胸脯肉20克，香菇两朵，青菜两棵，植物油、酱油各适量。

制作步骤

1. 将泡好的大米蒸熟。香菇用温水泡软剁碎，鸡胸脯肉剁成泥状，青菜切碎。
2. 油锅热后，加入鸡胸脯肉、香菇末翻炒，滴入酱油炒入味。
3. 把米饭、香菇、鸡胸脯肉和水放入锅中煮，熬煮成粥后再放入碎青菜即可。

## 豆腐鸡蛋羹

原料 嫩豆腐50克，鸡蛋1个，盐、香油少许，水1/3杯。

制作步骤

1. 将鸡蛋磕入碗中打成糊状，豆腐放入研磨器中研成泥状。
2. 将两者混合均匀后，再放入少许香油，加1/3杯水搅拌均匀，放入蒸锅中蒸10分钟即可。

## 橙汁南瓜羹

原料 南瓜10克，橙汁2大匙。

制作步骤

1. 将南瓜剔子去瓤，放入蒸锅中蒸熟。
2. 将蒸熟的南瓜去皮，趁热碾成泥。
3. 橙子用榨汁机榨汁。
4. 将南瓜泥和橙汁放入锅内煮开即可。

## 鸡肉蔬菜汤

原料 鸡胸脯肉10克，胡萝卜1片，清水1/4杯。

制作步骤

1. 鸡肉加水煮熟后，捞出鸡肉，留汤水备用。
2. 油菜用开水烫一下，切碎，胡萝卜切碎。
3. 锅中加入鸡汤，放入切碎的蔬菜末同煮。
4. 滤去蔬菜渣，留出清汤即可。

## 海带蛋黄糊

原料 蛋黄1/3个，海带汤3大匙。

制作步骤

1. 将鸡蛋煮熟后，取出蛋黄碾碎。
2. 锅中倒入海带汤，再放入碾碎的蛋黄，煮开即可。

## 卷心菜南瓜汤

原料　卷心菜10克，南瓜10克，奶粉（母乳）1大匙，水1/2杯。

制作步骤

1. 选用卷心菜的嫩叶子，洗好后，用热水焯一下捣碎。
2. 把南瓜子挖出来，然后削皮切成块，煮熟后趁热捣碎。
3. 往锅内放入卷心菜、南瓜泥加水再用大火边煮边搅拌均匀，煮5分钟左右。
4. 把奶粉（母乳）调好浓度后倒入锅中，再煮3分钟左右即可。

## 豌豆汤

原料　豌豆30克，奶粉1小匙，水2/3杯。

制作步骤

1. 将豌豆煮熟，剥皮后捣碎，备用。
2. 坐锅点火，锅内放入豌豆泥，加清水2/3杯子用大火边煮边搅拌均匀，煮2分钟左右。
3. 把奶粉调好浓度倒入锅中，再煮1分钟左右即可。

## 蔬菜清汤

原料　胡萝卜10克，卷心菜1片，清水1/2杯。

制作步骤

1. 胡萝卜切成薄片，再从中间一刀切两半。
2. 将卷心菜叶切成大小均匀的块。
3. 清水烧开，放入胡萝卜片和卷心菜叶，煮至熟烂。
4. 用细孔筛子滤去蔬菜渣，只留清汤即可。

## 玉米片奶粥

原料 无糖玉米片4大匙，配方奶3大匙。

制作步骤

①将配方奶倒入锅中加热至温热。

②无糖玉米片放入小塑料袋中捏成小碎片，再倒入大碗中。

③倒入温热的调好的配方奶拌匀即可。

## 豌豆土豆泥

原料 土豆、熟鸡蛋黄各1/2个，豌豆20克，配方奶适量。

制作步骤

①将熟鸡蛋黄放入碗中，磨成泥状。

②将土豆煮熟后去皮研成泥状，放入滤网中过滤。

③豌豆洗净煮熟后把外皮去掉，趁热研磨成泥。

④向土豆泥中加入豌豆泥、蛋黄和配方奶混合，搅拌均匀，放火上稍微加热即可。

## 面糊糊汤

原料 面粉10克，配方奶50克。

制作步骤

①将配方奶倒入锅内，用小火煮开，撒入面粉。

②搅拌均匀后再用中火煮一会儿，并不停地搅拌。

③待熟后盛出，晾凉后即可喂食。

## 鸡肉番茄汤

原料　牛鸡胸脯肉（煮软碾碎）1大匙，番茄（切成粗块）30克，蔬菜汤适量。

制作步骤

①鸡胸脯肉煮软碾碎，番茄去除皮之后再切成粗块，备用。

②把蔬菜汤煮沸，加入鸡胸脯肉和碾碎的番茄块后再煮沸，然后熄火，待凉后即可喂食。

## 鸡肉木耳粥

原料　鸡胸脯肉20克，木耳10克，5倍水的粥1小碗。

制作步骤

①鸡胸脯肉洗净，剔去鸡皮。

②将洗净的鸡肉切成小丁。

③木耳用清水泡发后，择洗干净，切碎备用。

④锅内5倍水的粥煮开后，加入鸡肉丁，再放入木耳，用中火煮熟装入小碗中即可。

## 鱼松粥

原料　鳕鱼20克，泡好的大米20克，水2/3杯。

制作步骤

①将泡好的大米用粉末机打成末状。

②鳕鱼洗净后蒸一会儿，去掉鱼刺只取鱼肉部分，再切碎成松。

③把大米末、水放入锅里用大火煮。

④当水开始沸腾时把火调小，把鳕鱼松放入锅里煮，煮到大米熟烂为止。

## 豆腐蛋汤

原料　蛋黄1/2个，清水、豆腐各适量。

制作步骤

❶将鸡蛋煮熟，待微温时剥去外壳，取1/2个熟鸡蛋黄放入研磨器中将其研碎备用。

❷把蛋黄泥和清水一起放入锅内，然后上火煮，边煮边搅，待开锅后放入少许豆腐即可熄火。

## 蘑菇鸡蛋汤

原料　鸡洋松茸2个，鸡蛋1个，大葱10克，蒜泥1小匙，少量香油，少量酱油。

制作步骤

❶洋松茸去掉茎部后切成丝状，然后加到放香油的煎锅里炒熟。

❷鸡蛋打碎后搅匀，捣碎大葱。

❸锅里倒入适量的水加葱末煮开后，再放入蒜泥和酱油煮开。

❹最后倒入鸡蛋液煮到鸡蛋熟为止。

## 白菜丸子汤

原料　牛肉50克，洋葱10克，白菜10克，胡萝卜5克，牛肉汤200毫升。

制作步骤

❶牛肉和洋葱捣碎后充分搅拌，然后做直径1厘米大小的丸子。

❷白菜切成5毫米大小，胡萝卜切成圆形薄片状。

❸把适量的牛肉汤倒入锅里煮开，再放1继续煮。

❹等丸子煮熟后放所有材料充分煮开。

## 9～11个月宝宝辅食推荐

此期宝宝成长所需的营养物质必须得到满足，建议妈妈给宝宝喂食的食物要荤素搭配。建议上午食用蛋黄，下午吃鱼虾。蛋黄可以每天吃1个，不要单独吃，要放稀饭里或者米糊里；可以多吃深海鱼，因为深海鱼中富含促进宝宝大脑发育的DHA。蔬菜可食用绿色的西蓝花、青菜、马兰豆等；红色系的南瓜、胡萝卜、番茄等。

### 牛肉蔬菜粥

原料　牛肉末30克，胡萝卜、黄瓜各少许，泡好的大米30克，清水、植物油各适量。

制作步骤

1. 将胡萝卜、黄瓜切碎。
2. 坐锅点火，加入植物油烧热，放入牛肉末略炒。
3. 待牛肉熟时，放入泡好的大米和蔬菜末以及清水，用大火煮，直至大米熟烂即可。

### 三色肝末

原料　猪肝25克，胡萝卜、番茄、油菜叶各10克，肉汤适量。

制作步骤

1. 把猪肝去筋膜后绞为泥状，油菜切成细末，胡萝卜去心、切碎，番茄略烫，捞出去皮，切碎。
2. 将以上材料一起放入肉汤中煮沸，晾凉即可喂食。

### 大米肉菜粥

原料　猪肉末25克，大米饭50克，白菜末25克，香油适量。

制作步骤

1. 将大米饭、猪肉末及清水放入锅内，置大火上烧沸，转小火，煮至将熟时，加入白菜末，煮10分钟左右。
2. 将粥熬至黏稠时，加入香油调味，盛入碗内，稍凉即可喂食。

## 奶汁鱼丁

原料 鱼肉50克，植物油少许，配方奶及水淀粉各适量。

制作步骤

①将鱼肉洗净制成鱼茸后，放入适量的水淀粉，然后搅拌均匀。上劲后，放入盆中上笼蒸熟，取出后切成丁状待用。

②锅内加少许清水及冲调好的配方奶，烧开后放入鱼丁，继续煮一会儿用水淀粉勾芡，淋少许熟植物油即可。

## 鸡肝软饭

原料 鸡肝20克，已泡好的大米30克，植物油少许。

制作步骤

①将已泡好的大米入锅蒸熟。将鸡肝切成片，用开水焯一下，捞出后剁成泥。

②锅内放油，下鸡肝泥煸炒，把鸡肝泥和水放入锅中煮沸，调小火，再把蒸过的米饭放入锅里边搅边煮，收汁一半即可。

## 牛肉粥

原料 已泡好的大米20克，牛肉末10克，萝卜10克，洋葱10克，酱油少许，水1/2杯，植物油少许。

制作步骤

①将已泡好的大米入锅蒸熟；牛肉末用酱油腌渍；萝卜切成小粒，将洋葱切末。

②锅里加油炒萝卜粒、洋葱末和牛肉末。

③把加工好的材料和水放入锅里用大火煮，边搅边煮，一直到大米熟烂为止。

## 南瓜沙拉

原料 南瓜40克，葡萄干1小匙，儿童干奶酪两小匙。

制作步骤

❶南瓜抠去籽和瓤，削皮后煮软，切成5～7毫米小块，蒸熟。

❷葡萄干用热水泡一下，控净水分，切成碎末。

❸在小钵中放入南瓜块、葡萄干、儿童干奶酪混匀，盛到盘子里即可。

## 芋头粥

原料 芋头20克，5倍水的粥1/2碗。

制作步骤

❶将芋头洗净去皮，大火炖。

❷用小匙的背部把芋头碾碎。

❸将碾碎的芋头与5倍水的粥一同混合入锅内，用小火煮一会儿，边搅边煮。

## 鱼泥豆腐苋菜粥

原料 熟鱼肉30克，盒装嫩豆腐1/2块，苋菜嫩叶3片，5倍水的粥3大匙，熟植物油适量。

制作步骤

❶豆腐切细丁，苋菜取嫩芽用开水烫后切细碎，熟鱼肉放入研磨器中压碎成泥（不能有鱼刺）。

❷将5倍水的粥中加入鱼肉泥、清水煮至熟烂。

❸再加入豆腐、苋菜泥及熟植物油，煮烂后待凉即可。

## 豌豆稀饭

原料 豌豆两大匙，软米饭1/2碗，鱼汤1/2杯。

制作步骤

①豌豆洗净，放入滚水中涮烫至熟透，沥干后挑除硬皮。

②将软米饭、去皮豌豆与鱼汤放入锅中，小火煮至汤汁收干一半即可。

## 菠菜软饭

原料 芋烤紫菜片（海苔）少许，菠菜3棵，软米饭1/5碗，水3/4杯。

制作步骤

①将菠菜焯水沥干，切成碎末。

②把烤紫菜片用手撕碎。

③将软饭和水放入锅内煮，当水开始沸腾时把火调小，把撕碎的紫菜和菠菜末放入锅里边搅边煮，至汤汁收干一半即可。

## 太阳豆腐

原料 豆腐1/6块，鸡蛋1个，香油少许。

制作步骤

①将豆腐在开水中焯一下，捞出沥去水分，用小匙碾碎。

②将蛋白、蛋黄分开，将蛋白与碎豆腐混合后加入少量水，向一个方向反复搅拌。

③将整个蛋黄放在中间，上锅蒸约7～8分钟，再滴上几滴香油即可。

## 虾仁豆腐汤

原料 豆腐30克，鲜虾仁10克，蛋白1个，高汤1杯，植物油5克，水淀粉10克。

制作步骤

1. 鲜虾仁去沙线，洗净后沥干水分。
2. 将蛋白放入虾仁中搅拌均匀。
3. 豆腐焯熟后切小块。
4. 油锅烧热，放入豆腐、鲜虾仁炝炒，加入高汤大火煮沸，最后用水淀粉勾芡即可。

## 白菜炒粉丝

原料 白菜100克，粉丝100克，姜、葱、生抽各适量。

制作步骤

1. 粉丝用温水泡。白菜洗净，切片。
2. 锅中放水，水开倒入切好的白菜，加盐过一下水，30秒后捞出。
3. 锅置火上，放姜丝、葱花爆香。倒入焯好的白菜，加盐煸炒。炒瘪后，加生抽，盖盖子烧1分钟。
4. 将泡好的粉丝倒入锅中，加点盐翻炒几分钟。

## 玉米牛肉羹

原料 牛肉100克，鲜玉米粒30克，鸡蛋两个，香菜、姜各少许，上汤、调味料各适量，植物油少许。

制作步骤

1. 鸡蛋打匀， 香菜、玉米粒切碎；牛肉剁细，用少许油炒至将熟时沥去油及血水。
2. 把适量水及姜煮滚，放入碎玉米煮约20分钟，放入调味料，用玉米粉水勾芡，放牛肉搅匀煮开，下鸡蛋拌匀，盛入汤碗内，撒上香菜末晾凉即可喂食。

## 莲藕粥

原料 鲜藕50克，软米饭1/2碗，白糖少许。

制作步骤

①将藕刮净，切成薄片，和软米饭同时下锅，用水煮成粥。

②将熟时加入白糖，熬黏稠即可。

## 甜椒鱼丝

原料 青鱼100克，姜汁1小匙，淀粉1小匙，植物油1小匙，甜椒适量。

制作步骤

①青鱼洗净切丝，甜椒切丝，用姜汁等调料拌腌约5分钟。

②锅里刷点植物油，把加工好的青鱼丝和甜椒放锅里翻炒，勾芡后盛出即可。

## 香甜水果粥

原料 苹果两个，梨两个，已泡好的大米50克。

制作步骤

①将已泡好的大米熬成粥。

②将苹果、梨洗干净去掉皮且切成小丁，然后将苹果丁、梨丁一起加入粥内，煮开后，稍稍冷却即可。

# 百合煮香芋

原料 芋头100克，百合50克，椰浆两小匙，清汤适量。

制作步骤

①将芋头洗后去掉皮，切成小三角块，用热油炸熟备用。

②坐锅点火放入油，油热后倒入百合爆炒，再加入清汤、芋头煮10分钟。

③最后放入椰浆，续煮1分钟即可。

# 鸡肉卷

原料 鸡肉100克，鸡蛋1/2个，胡萝卜10克，玉米粒、豌豆、淀粉各1小匙，水1杯。

制作步骤

①胡萝卜洗净去皮后切小丁；豌豆与玉米粒洗净。

②鸡肉洗净压干水分，剁成泥，放入大碗中，加入所有材料拌匀。

③用铝箔纸包卷成圆圈状，放入锅中，锅里加入1杯水煮熟，待熟后取出切片即可。

# 木瓜奶汤

原料 木瓜1/2个，配方奶两大匙。

制作步骤

①木瓜去掉籽，再切成条，用水果刀将木瓜条横划几刀，抓住条的两端，翻面切成去掉皮的木瓜块。

②木瓜加调好的配方奶置蒸锅蒸10～15分钟，稍冷即可喂食。

## 番茄蛋卷

原料 菠菜叶10克，番茄适量，鸡蛋25克，口蘑5克，调好的配方奶两小匙。

制作步骤

①菠菜叶煮熟后切成5毫米宽的长条。将口蘑洗净、切碎。

②在搅散的鸡蛋和1小匙调好的配方奶中加入菠菜叶和口蘑，混匀。倒入平底锅中，加热成块状的鸡蛋卷。

③往去皮去籽的番茄中加入调好的配方奶1小匙，在微波炉中加热约20秒钟，放在煎鸡蛋卷上即可。

## 双米花生粥

原料 大米50克，糯米30克，花生30克。

制作步骤

①先将大米、糯米及花生分别洗净。

②将花生放入锅里，加水煮至八成熟，将大米和糯米一起放入锅里，一直煨至粥汤浓稠即可。

## 馄饨

原料 猪肉20克，鲜香菇1个，馄饨皮适量，肉汤两杯，韭菜、酱油各适量。

制作步骤

①将猪肉切碎，鲜香菇、韭菜除去水分切碎，拌起做馅。

②用馄饨皮包好，放在肉汤里煮，并用酱油调味。

③煮熟之后取出，冷却并切成小块。

## 蛤蜊丝瓜汤

原料　黄蛤蜊250克，丝瓜100克，香菇、紫菜各50克，姜丝适量，高汤2杯，盐、胡椒粉各1/2小匙，植物油1大匙。

制作步骤

①蛤蜊泡入淡盐水中，使蛤蜊吐净泥沙，洗净。香菇洗净，切成丝。丝瓜洗净去瓤，切成小块。紫菜洗净，撕碎。

②炒锅烧热，加植物油，四成热时放入姜丝爆香，再下入蛤蜊翻炒2分钟，盛到盘中。

③炒锅烧热，加植物油，四成热时放入香菇、丝瓜翻炒一下，再加入高汤，放入蛤蜊、紫菜煮5分钟，加入盐、胡椒粉调味即可。

## 指环虾仁

原料　虾仁200克，黄瓜1根，盐1小匙，葱花适量，水淀粉、植物油各1大匙。

制作步骤

①虾仁洗净，挑去虾线。黄瓜切成短段，掏空后每段塞入一个虾仁。

②炒锅烧热，加植物油，六成热时下葱花爆香，倒入塞入虾仁的黄瓜段，轻轻翻动，虾仁变色后加盐调味，加少许清水稍煮，出锅前勾芡炒匀即可。

## 蒜香南瓜汤

原料　南瓜250克，大蒜1头，盐、水淀粉、植物油各适量。

制作步骤

①将南瓜去皮、去瓤，洗净，切成小粒。大蒜去皮，捣成蒜茸。

②炒锅烧热，加植物油，四成热时下入南瓜粒、蒜茸略炒，再加入适量清水煮至南瓜熟透，放入盐调味，出锅前用水淀粉勾薄芡即可。

## 12～18个月宝宝辅食推荐

这时期的宝宝大部分食物都可以吃了，从成人的食物中分一部分做宝宝的食物时，要注意做口味清淡的，否则宝宝一旦习惯了重口味，就很难恢复到清淡的口味了。

### 柠檬汁拌水果

原料 苹果1/2个，梨1/2个，柠檬汁5克。

制作步骤

1. 将苹果、梨去掉皮、核，洗干净，切成小块，放到盘中。
2. 将柠檬汁淋在苹果、梨块上，搅拌均匀即可。

### 拌梨丝

原料 梨30克，醋5克。

制作步骤

1. 将梨去掉皮、核，洗干净，切成丝，放入凉开水中泡一会儿，捞出来控净水。
2. 将梨丝装入盘内，拌匀即可。

### 荷包蛋

原料 鸡蛋1个，肉汤1小碗，芹菜末少许。

制作步骤

1. 把肉汤倒入锅中加热，开锅后放少许盐，并将火关小。
2. 把鸡蛋整个打入肉汤中，煮熟，撒上少许芹菜末即可。

## 蒸鱼丸

原料　鱼茸两大匙，胡萝卜、扁豆各适量，肉汤、淀粉、蛋清各少许。

制作步骤

❶将鱼茸加入淀粉和蛋清搅拌均匀并做成鱼丸子，把鱼丸子放在容器中蒸。

❷将胡萝卜切成小方块，扁豆切成细丝，放入肉汤中煮。

❸当上述材料煮熟后加入淀粉勾芡，浇在蒸熟的鱼丸子上即可。

## 肉末饭

原料　软米饭1小碗，鸡肉或其他肉末1大匙，植物油少许，胡萝卜1片。

制作步骤

❶在锅内放入植物油，油热后把肉末放入锅内炒，边炒边用铲子搅拌均匀。

❷肉末炒好后放在米饭上面一起焖，然后切一片花形的熟胡萝卜片放在上面作为装饰即可。

## 虾皮菜包

原料　虾皮5克，小白菜50克，鸡蛋1个，自发面粉适量。

制作步骤

❶用温水把虾皮洗净泡软后，切碎，加入打散炒熟的鸡蛋。

❷小白菜洗净略烫一下，切得极碎，与鸡蛋调成馅料。

❸自发面粉和好，略饧，包成提褶小包子，上笼蒸熟即可。

# 鸡肉土豆丸

原料 鸡肉25克，土豆80克，嫩豆腐50克，熟胡萝卜泥1大匙，柴鱼高汤、番茄酱各少许。

制作步骤

①土豆洗净，放入滚水中煮熟，取出，去皮后压成泥。

②鸡肉洗净，放入滚水中煮熟，捞出沥干水分后切碎成泥。

③嫩豆腐用冷开水洗净，再用开水烫至熟，沥干水分后放入碗中，加入鸡肉泥、土豆泥、熟胡萝卜泥和柴鱼高汤一起搅拌均匀，捏成小圆球，淋上番茄酱即可。

# 什锦虾仁蒸蛋

原料 虾仁60克，鲜香菇1朵，豆腐40克，豌豆1大匙，鸡蛋1个，柴鱼高汤2大匙。

制作步骤

①将虾仁去除肠泥，洗净后切成小丁；香菇去蒂，与豆腐均洗净切小丁；豌豆洗净。

②鸡蛋放入小碗中搅散，加入柴鱼高汤拌匀，再放入其他材料，放入电饭锅中，电饭锅里放1/2杯水蒸至开关跳起即可喂食。

# 肉末蒸圆白菜

原料 猪肉末50克，圆白菜叶150克，盐、葱末各少许，植物油适量。

制作步骤

①将圆白菜洗净，放在盘上。

②锅置火上，把植物油倒入锅里加热，倒入葱末炒香。

③将猪肉末下入锅里加盐炒熟，再把猪肉末倒在圆白菜上，放蒸锅里蒸，上汽后蒸3～5分钟即可。

## 白菜肉泥

原料 瘦猪肉25克，白菜50克，虾皮、香油、葱末各两克。

制作步骤

1. 白菜洗净切成碎末，用滤网滤出菜水。
2. 将瘦猪肉洗净，剁成肉泥。
3. 将虾皮洗净，用水泡片刻去掉咸味后，沥干切成碎末。
4. 将肉泥、虾皮末加入香油、葱末及菜水顺一个方向搅匀（边搅边加入菜水），然后，放入菜泥拌匀，上笼蒸熟即可。

## 青菜肉末

原料 肉末两大匙，青菜末两大匙，软米饭1/2碗，酱油、植物油各少许，水适量。

制作步骤

1. 将肉末放锅内，加两小匙水，用小火煮熟时，加入少许酱油调匀。
2. 锅内放植物油，油热后倒入加工好的肉末、软米饭炒片刻后，将青菜末倒入一起炒，炒熟即可。

## 青菜肉饼

原料 肉末、青菜末各两大匙，酱油、植物油少许。

制作步骤

1. 将肉末放锅内，加入两小匙水，用小火煮熟时加入少许酱油调匀，盛入盘中备用。
2. 锅内放植物油，油热后将肉末倒入，炒片刻后将青菜末倒入一起翻炒，边翻炒边用炒匙压成饼状，起锅即可。

## 苹果甘蓝瘦肉汤

原料 苹果2个，猪瘦肉100克，紫甘蓝150克，洋葱20克，盐1小匙，高汤6杯，植物油1大匙。

制作步骤

①将猪肉切成薄片。紫甘蓝、苹果、洋葱分别洗净，切成大小相仿的块。

②热锅加入植物油，烧热后倒入洋葱炒软，然后放入猪肉片翻炒一下，再放入紫甘蓝和苹果块炒匀。最后倒入高汤，煮沸后加入盐煮至入味即可。

## 胡萝卜炒肉

原料 瘦猪肉50克，胡萝卜50克，植物油1小匙，香菜、水淀粉各适量，酱油少许。

制作步骤

①胡萝卜洗净，切丝，瘦猪肉切丝，加入淀粉拌匀，香菜切成末。

②锅置火上，加入植物油烧热，放入葱、姜末炝锅，再放入肉丝炒散，放胡萝卜丝煸炒。

③锅里加入酱油少许，炒熟后加入香菜即可。

## 山药红米粥

原料 红米2大匙，糯米2大匙，山药1/3根，冰糖适量。

制作步骤

①红米、糯米洗净泡水，山药去皮切丁。

②坐锅点火，锅内放入红米、糯米和水，用大火煮开。

③改小火煮至黏稠时，加入山药丁煮30分钟即可。

## 虾片粥

原料 大米2大匙，对虾2只，花生油1大匙，淀粉10克，盐、白糖各1小匙。

制作步骤

①将大米淘洗干净，放入盆内浸泡，加少许盐。将大虾去壳并挑出沙肠，切成薄片，盛入碗内，放入淀粉、花生油、白糖和少许盐，拌匀上浆。

②锅置火上，放水烧开，倒入已浸泡好的大米，再开后小火熬煮40～50分钟，至米粒开花，汤汁黏稠时，放入浆好的虾肉片，用大火烧开，分碗盛出。

## 香菇挂面

原料 挂面大半碗，香菇2个，金针菇1/2把，油菜叶5片，海带汤汁1/2杯。

制作步骤

①将挂面煮熟，切成2～3厘米长小段。

②将香菇与金针菇切成小块。将油菜叶煮软后，切成3毫米宽小条。

③往锅中加入海带汤汁，将挂面、香菇和金针菇依次加入，煮熟即可。

## 松仁豆腐

原料 豆腐1块，松仁20粒，盐少许。

制作步骤

①将豆腐划成薄片，放入盘中，撒上少许盐，上锅蒸熟。

②将松仁洗净，用微波炉烤至变黄，放到研磨器中研成粉末，撒在豆腐上即可。

# 第四节 学步期宝宝的喂养

## 这个时期的喂养要点

宝宝在此时仍然是以乳类食物结构向普通食物结构转化的阶段，所以切记不要人为加快转化的速度，一定要让宝宝慢慢接受固体食物。虽然宝宝每日的食谱与成年人食物差别越来越小，但也要将食物做得细软，让宝宝食用和吸收方便。在此阶段，要保证营养的全面，从而满足宝宝生长发育的需要。此阶段还可以适量地通过早晚补充奶粉来增加宝宝的营养，一般一天进餐3次，点心上、下午各1次，晚饭后除水果和奶粉外可逐渐做到不再进食，以预防蛀牙。

## 根据宝宝喜好调节饮食

这个时期的宝宝喜欢吃偏干的食物，所以为了增进宝宝的食欲，可以按照宝宝的口味和喜好调整饮食，但也不要让宝宝饮食过量。这个时候，可以让宝宝吃一些刺激性辣味了，比如做菜的时候可以放一些辣椒。据专家研究，辣味食品有健脑的作用。但是吃辣的东西也要适量，否则会影响宝宝的味觉，而且还会使宝宝食欲降低，容易偏食。

**宝宝吃饭时走来走去怎么办?**

宝宝吃饭时经常会吃一会儿玩一会儿，这时候如果玩的时间太长了就不要喂了，等下一餐饿了自然就会好好吃饭。不要对宝宝喊或者硬喂饭。

## 给挑食的宝宝喂食

### 养成好习惯

12个月时是宝宝学“吃”的关键期，若偏食、挑食和厌食，会造成营养素的缺乏，还会导致多动、注意力不集中，甚至还将影响到成人时在社会上的竞争力和开拓力。婴幼儿时期的营养，其重要性还远不止于眼前几年的生长发育，它不仅具有更深刻、更久远的影响，甚至还会影响一辈子。

### 宝宝偏食对策

1 在煮蔬菜时放入一点点糖，有抑制怪味的作用，并且把蔬菜切碎后放入土豆泥和鸡蛋中。

2 把鱼干弄碎放入汤中，在肉馅制成的汉堡中加入豆腐，口感会变得很滑。

3 把宝宝讨厌和喜欢的食物掺杂着给宝宝吃，或是寻找替代食品。只要宝宝肚子饿的话也会吃其他的食物。

## 如何让宝宝乖乖吃饭

### 养成宝宝按时吃饭的习惯

有的父母过于迁就宝宝，宝宝想吃什么就吃什么，想什么时候吃就什么时候吃。这样的吃法不仅增加了父母的负担，另一方面也使得宝宝无法养成良好的饮食习惯，进入幼儿园后也无法适应。鉴于此，父母最好按时开饭，让宝宝吃完饭后还要有一定的运动量。好动的宝宝需要父母在身边进行一定的限制。过量的运动反而会使得宝宝消耗超标，从而很快感到疲劳和饥饿，从而扰乱了正常的睡眠和吃饭时间。

### 让宝宝知道吃饭是自己的事

不要让宝宝看出爸爸妈妈对自己的吃饭问题特别关注，一顿饭吃少点就表现出焦急万分的样子。别当宝宝还小，他也会在家里“争权夺利”，以吃饭来控制家长。当宝宝吃饭的“成绩”不太好时，父母最好不动声色，让宝宝明白，吃饭完全是他自己的事。

## 喝酸奶的注意事项

酸奶是酸牛奶的俗称，具有较高的营养价值，但对两岁以下的宝宝并不合适，这是因为酸奶中含有乳酸，这种乳酸会由于宝宝肝脏的发育不成熟而不能将其消化吸收，易导致胃肠功能紊乱，而且酸奶中含糖量较高，易造成肥胖。

### 鉴别品种

目前市场上，有很多种由牛奶或奶粉、糖、乳酸或柠檬酸、苹果酸、香料和防腐剂等加工配制而成的“乳酸奶”，其不具备酸牛奶的保健作用，购买时要仔细识别。一定要注意生产厂家和出厂时间，尽可能到大的超市去购买。

### 要饭后两小时饮用

乳酸菌很容易被酸性物质杀死，适宜乳酸菌生长的pH值为5.4以上，空腹胃液pH值在2以下，如果此时饮用酸奶，乳酸菌易被杀死，保健作用减弱；饭后胃液被稀释，pH值上升到3～5，此时饮用酸奶效果会更好，有助于消化吸收。

### 饮后要及时漱口

随着乳酸饮料的食用增多，宝宝龋齿现象也在逐渐增加，这是乳酸菌中的某些细菌导致的。如果宝宝在睡前饮用酸奶，并且没有刷牙，在夜间厌氧菌就会损伤牙齿，所以宝宝在饮用酸奶后要及时漱口，以免影响牙齿的健康。

### 不要加热

酸奶中的活性乳酸菌，如经加热或开水稀释，便会大量死亡，不仅特有的风味会消失，还会让营养物质也损失殆尽。所以饮用时不必加热，常温即可，也不要加开水饮用。

### 不宜与某些药物同服

不宜与氯霉素、红霉素等抗生素、磺胺类药物和治疗腹泻的收敛剂次碳酸、鞣酸蛋白等药物同时食用，那样会杀死或破坏酸奶中的乳酸菌，失去原有的营养价值。

### 不要给太小的宝宝喂食

酸奶含钙量较少，太小的宝宝正在生长发育，需大量的钙，且酸奶中由乳酸菌生成抗生素，虽能抑制和消灭很多病原体微生物，但同时也破坏了对人体有益菌的生长条件，影响正常的消化功能，尤其是对有肠胃炎的宝宝和早产儿更不利。

## 注意肉食的用量

### 偏食肉类影响健康

肉的营养是很丰富的，而且味道很好，所以很多宝宝都爱吃肉。但是爱吃肉，不一定就健康，太偏好肉类而不爱吃其他食物，容易导致营养缺乏。

### 均衡营养发育好

宝宝对蛋白质的摄入应该合理，并且蛋、豆类与肉类可以相互替换。每天摄入的食物品种越多，营养会越均衡，所以鼓励摄食多样食品，不偏食。

### 改造肉食宝宝

为了宝宝的健康，必须要纠正宝宝只爱吃肉的习惯。

❶尽量把肉和蔬菜混合，并把肉切碎。

❷把肉和蔬菜放在一起长时间煮熬，使菜混合了肉的香气，提高宝宝对蔬菜的接受度。

❸尽量选择低脂肉类，比如鸡肉、鱼肉，而且在烹饪的时候建议用油少的方式，比如用水煮、烤、卤、蒸等。

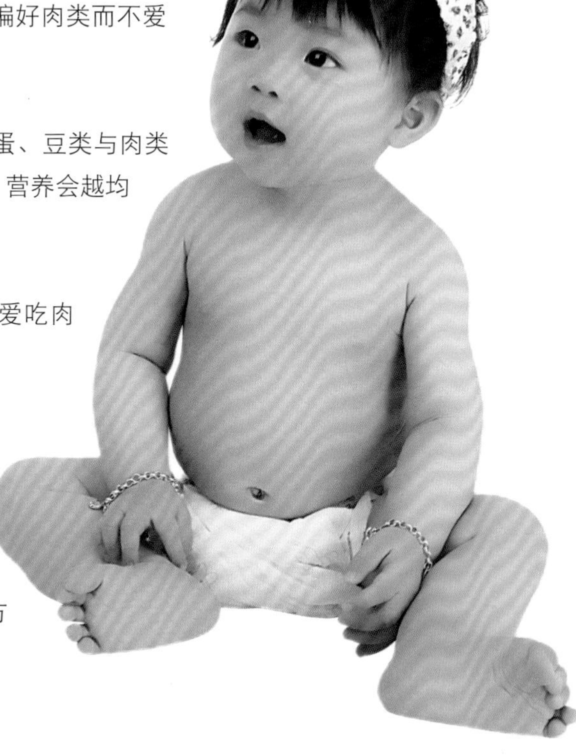

## 营养缺乏的体征

| 部位 | 体征 | 缺乏的营养素 |
| --- | --- | --- |
| 全身 | 消瘦或水肿，发育不良贫血 | 能量、蛋白质、锌蛋白质、铁、叶酸、维生素$B_2$、维生素$B_6$、维生素$B_{12}$、维生素C |
| 头发 | 无光泽、稀少 | 蛋白质、维生素A |
| 皮肤 | 毛囊角化症、糙皮病皮炎、溢脂性皮炎、皮下出血 | 维生素A、烟酸、维生素$B_2$、维生素C、维生素K |
| 眼 | 角膜干燥、夜盲、毕脱斑、角膜周围血管增生、球结膜充血、结膜炎、睑缘炎 | 维生素A、维生素$B_2$ |
| 唇 | 唇炎、口角炎、唇裂、口角结痂 | 维生素$B_2$、烟酸 |
| 口腔 | 舌炎、舌猩红、舌肉红、地图舌、舌水肿、牙龈炎、牙龈出血 | 维生素$B_2$、烟酸、锌、维生素C |
| 颈 | 甲状腺肿 | 碘 |
| 骨 | 鸡胸、串珠肋、方颅、O型腿、X型腿 | 维生素D |
| 生殖系统 | 阴囊炎、阴唇炎 | 维生素$B_2$ |

问答

**10个月宝宝缺少微量元素怎么办**

缺锌可以多吃肉和海鲜，这些食物里面含锌最高。缺锌还可以吃虾皮，苹果里面的锌也对宝宝很好。肉类和内脏当中的血红素铁的吸收利用率较高，对补充铁最为有益。豆类，如黑豆、黄豆、豆浆等食物含铁丰富，宝宝可适量吃。多吃富含铁元素的食物，如肝、肾、血、心、肚等动物内脏，含铁特别丰富，而且吸收率高。

问答

**宝宝每天应该怎样吃才能保证营养**

建议每天喝两次奶，吃一个蛋，最好将一个橙子榨成汁后给宝宝喝，也可以添加半个苹果让宝宝多吃绿色蔬菜，从饮食方面吸取足量的维生素，同时保证，一星期吃一次肉食。给宝宝多吃点豆类的食品，奶粉不用吃得太多，这么大的宝宝和爸爸妈妈吃的东西差不多，让宝宝多吃水果，多吃蔬菜，多带宝宝晒晒太阳。

# 第五节 让宝宝安全饮食

## 小心食物过敏

有的宝宝在喝了牛奶以后会出现烦躁不安和腹泻的现象，导致不明就里的妈妈要把宝宝带到医院就诊。其实，造成宝宝喝牛奶腹泻等不适的多数情况是因为牛奶过敏或者牛奶不耐受。以下列举了一些常见食物的注意要点。

### 蛋白

由于鸡蛋白中的蛋白分子比较小，从而导致它们能直接通过宝宝的肠壁进入血液中，使得宝宝的机体对异体蛋白分子产生过敏反应，导致湿疹、荨麻疹。所以，对于蛋白，最好要在宝宝满1岁以后才能喂食。

### 蜂蜜

这种天然食品虽然营养较好，但有一个无法消毒的弊病，其中可能蕴含有肉毒杆菌，这样容易导致宝宝严重的腹泻或者便秘，所以1岁以下的宝宝也应避免进食。

### 带毛的水果

表面有绒毛的水果中含有大量的大分子物质，宝宝肠胃透析能力差，无法消化这些物质，很容易造成过敏反应，如水蜜桃、猕猴桃等。

### 矿泉水

幼龄的宝宝消化系统尚未发育成熟，过滤功能较弱。而矿泉水中的矿物质含量较高，这样容易造成宝宝的渗透压增高，从而增大了宝宝肾脏的负担。

### 功能饮料

大多数的功能饮料里都有着丰富的电解质，而宝宝的身体发育仍未完全，相关的代谢和排泄功能都很稚嫩，所以，摄入过多的电解质，会导致宝宝的肾、肝以及心脏负担过大，从而可能诱使宝宝患上高血压、心律不齐，甚至造成肝肾等脏器的损害。

**蔬菜**

菠菜、韭菜、苋菜等蔬菜当中含有大量的草酸，进入身体后不易被吸收，同时会影响人体对钙元素的吸收，所以宝宝一旦摄入，很可能导致骨骼、牙齿的发育不良。如果避免不了喂食，那么尽量将此类蔬菜焯水后再加以烹饪。

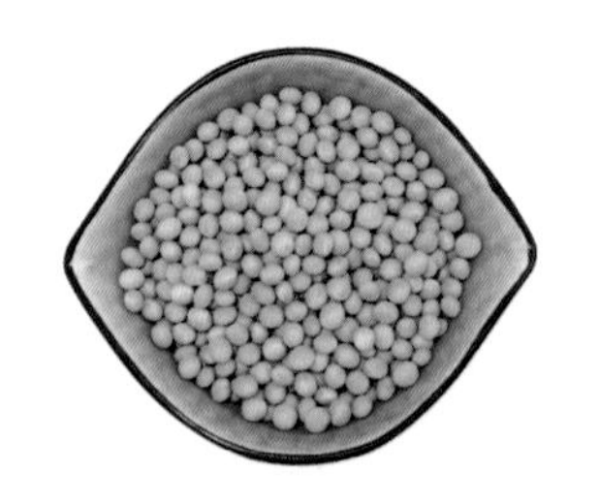

**豆类**

豆类当中含有导致甲状腺肿大的因子，处于成长发育期的宝宝更容易受此损害。此外，由于豆类较难煮熟透，所以，容易引起过敏和中毒反应。

## 应对配方奶过敏

症状有慢性腹泻、大便发软、半成形、经常伴有黏液和隐匿性出血，少数宝宝会有水泻、反复呕吐和腹痛等症状。宝宝的头部、面部皮肤还会出现红斑、丘疹和内蓄半透明状液体的小疱疹，略有瘙痒感。一旦发现宝宝对配方奶有过敏反应，就应及时停止喂食配方奶以及乳制品，变为使用代乳品。大部分宝宝在停止配方奶喂食24～48小时之后症状就会明显缓解，而在两岁后，大多数宝宝对配方奶过敏的现象就会自行消失。

## 吃海鲜的注意事项

为了保证3岁的宝宝能够摄入足够的营养，不少妈妈都是按照传统食谱所提供的进补汤单，用虾、蟹等海鲜煲汤给宝宝补身体。不过，宝宝吃海鲜有不少的讲究，为了宝宝身体的健康，妈妈还是应该了解一下。

1 第一次给宝宝吃水产品时，应选用河鱼、河虾，因为淡水鱼虾类诱使宝宝过敏的概率要远远小于海水鱼虾，所以，可以作为第一次给宝宝食用。

2 初次尝试鱼虾时，宝宝应从少量吃起，如果适应，未出现过敏发应，则逐渐加量。

## 如何让宝宝远离农药

水果先清洗，然后再去皮。有的农药用水泡一下就可以了。有的时候用热水焯一下就好了。有一些蔬菜，一般皮比较厚，削皮好一些。韭菜就另当别论了，特别是老韭菜，因怕长地蛆，就在灌溉的时候把农药放入水渠里，农药从韭菜根吸到叶里就没法用水洗掉了。所以建议妈妈给宝宝吃韭菜的时候，不要买宽叶的，要刚长出来的新韭菜。

## 如何应对添加剂

### 防腐剂

食品防腐剂是为了改善食品品质，保证食品在运输、储存时的防腐需要而加入食品中的天然或化学合成物质。如果在添加这些物质时严格按照国家颁布的标准执行，这些为改善食品品质而添加的物质，对人体不会构成危害。但如果情况相反，就会成为人类健康的隐形杀手。一些经批准使用的防腐剂，如苯甲酸、山梨酸钾和亚硝酸盐等，也可能会在一定程度上抑制骨骼生长，危害肾脏、肝脏的健康。

### 香精

用香精来增加味觉，使宝宝容易对浓烈的味感形成依赖，而对牛奶、蔬菜等清淡、有营养的食品不感兴趣。长此以往，容易导致宝宝膳食结构不合理，日渐消瘦，不爱吃饭，影响骨骼和大脑发育。

### 硝酸盐

高盐饮食对宝宝也不好，它会增加宝宝的肾脏负担，并对宝宝的心血管系统造成潜在的不良影响。如果宝宝体内含钠过多，毒素就较难排除。现在，欧美市场上不少专供儿童食用的食品除了注明不含食品添加剂外，还常特别注上不加糖、不加盐。

### 人工色素

人工合成色素过量使用后可能含有一定毒性。所以最好选用带天然色素的食品。常用的天然着色剂有辣椒红、甜菜红、红曲红、胭脂虫红、高粱红、叶绿素铜钠、姜黄、栀子黄、胡萝卜素、藻蓝素、可可色素、焦糖色素等。

目前列入我国食品添加剂使用卫生标准（GB2760—1996）的人工色素有胭脂红、苋菜红、日落黄、赤藓红、柠檬黄、新红、靛蓝、亮蓝、二氧化钛（白色素）等。

## 糖类的安全选择

### 以木糖醇为首选

糖的甜味为我们的食物增加了美味的享受，但各种糖对人体的健康和影响还是不一样的。蔗糖食用过多会增加得糖尿病、肥胖症、心血管疾病以及B族维生素和钙缺乏的风险。葡萄糖存在于含淀粉的主食中，是最不容易缺的营养成分。果糖含有的能量较多，容易吃进去太多。甜味剂是合成的化学物质，不含有热量，不会令人长胖，也不会引起龋齿。而木糖醇因为具有不升高血糖、热量低、可以保护牙齿等优点，推荐优先选购。

### 几种常见糖类的比较

| 糖类 | 存在的形态 | 安全食用量 |
|---|---|---|
| 蔗糖 | 白糖 | 成人每天不超过50克，宝宝不超过30克 |
| 葡萄糖 | 淀粉类的主食中 | 每天吃150克淀粉的食物，就不需要额外服用 |
| 果糖 | 雪碧等清凉饮料 | 最好控制不给宝宝喝 |
| 甜味剂 | 多数标明低糖、无糖、低热量、减肥的甜味食品和饮料中 | 正常情况下不会对人体造成任何危害，不建议2岁以下的宝宝食用 |
| 木糖醇 | 含有木糖醇、山梨糖醇、麦芽糖醇和甘露醇的食品中 | 成人和宝宝均可食用，宝宝每天食用量最好控制在10克以下 |

## 婴儿食品包装中的干燥剂

为了保证食品不变质，干燥剂是经常要用到的。常见的食品干燥剂的主要成分是氧化钙和硅胶，均为碱性化学物质。氧化钙就是通常所说的生石灰，误食会灼伤口腔或食道；而硅胶呈半透明颗粒状，无毒性。这些食品只要保证不被宝宝误食，是不会污染食品的，还可以保证食品不变潮变质。

# 宝宝日常照顾

## 送给宝宝最贴心的关爱

宝宝的日常照料必须具备细密性和精确性，点点滴滴都需要你全面的掌握，从细微处呵护宝宝的身体和心理健康。

# 第一节 如何抱宝宝

## 抱宝宝的姿势

### 颈部结实之前的抱法

在宝宝颈部结实之前，应以横着抱和坐着抱为主，以免伤到宝宝的颈部。

**横着抱**

**❶轻轻抱起宝宝**

在妈妈还没完全习惯抱宝宝的时候，宝宝的手脚会不停地乱伸，注意不要太着急，轻轻地抱起他，双手托住宝宝的颈部和腰部。

**❷紧紧地抱在胸前**

妈妈用前腕抱着宝宝的后背，注意顺着宝宝弯曲的体型，以免损伤。

**❸面对面紧紧地抱在胸前**

可以让宝宝坐在妈妈的腰间。颈部结实的宝宝已经能够支撑住自己的身体，所以不必担心。用妈妈的肘部稳稳地托住宝宝尚不结实的颈部。

## 坐着抱

### ❶坐着抱妈妈也轻松

宝宝哭闹的时候，妈妈可以试着坐在椅子上，让宝宝朝前坐在大腿上。这样宝宝就能看到周围的事物，会很开心。

### ❷紧紧地抱在胸前

将身体靠在椅背上，妈妈就会很轻松。这样做妈妈和宝宝就会很紧密地接触着，给宝宝以安全感。

## 抱在腰间

### 让宝宝骑在妈妈的腰际以上

让宝宝骑在妈妈的腰际以上抱着，这样即便是站着，妈妈也能很轻松。从新生儿期就可以这样做。

**小贴士**

拥抱是妈妈释放母爱的一个不可替代的载体，也是宝宝感受美妙世界，沐浴妈妈的爱，获得心智成长的需要。

拥抱还能促进人体的免疫系统，降低血压、心率，缓解人的紧张情绪，无论是对妈妈还是对宝宝，拥抱的积极作用都是显而易见的。

### 颈部结实以后的抱法

进入该阶段，在抱着的时候就可以用劲，而且可以开始体验各种抱法的乐趣。

**坐着抱**

妈妈坐在椅子上，抱着宝宝与妈妈面对面，增进亲子感情。

**小贴士**

宝宝很喜欢贴在妈妈的身上抱着妈妈，靠在椅背上，悠闲地抱着宝宝，是宝宝颈部结实以后最适合的抱法。

颈部结实后，不用手支撑着头部也没有关系。越来越重的宝宝站着抱很容易让人感到疲劳，此时就可以坐在椅子上抱了。

**竖着抱**

**❶视野很宽阔，宝宝很喜欢**

因为已经学会熟练地抱着宝宝，所以抱着的时候不需要很用力。

**❷也可以抱在腰间**

妈妈的手穿过宝宝的双腿间抱着，让双腿自然地张开，以防骨关节脱臼。

## 玩耍时的抱法

### 横着抱

已经过了横着抱时期的宝宝，再次横着抱，会重新体验到其中的乐趣。

### 坐着向前地抱着

宝宝很喜欢看到周围宽阔的环境，也很喜欢妈妈摆弄他的手和脚。

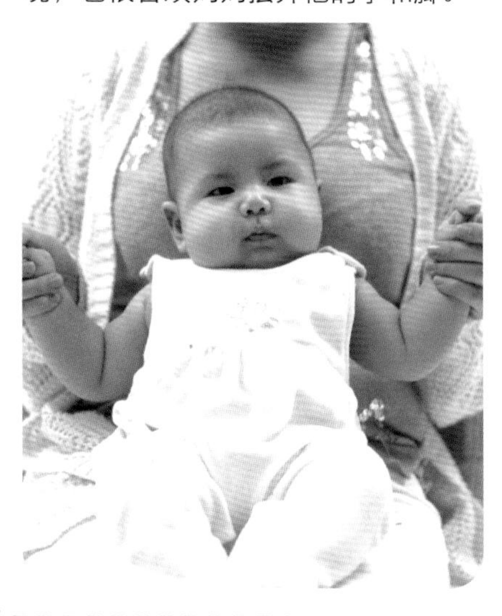

### 完全向前直立地抱着

开始学走路的宝宝已经能够很好地支撑自己的身体，妈妈稍稍用力即可。

### “海獭”抱

让宝宝坐在仰面朝上的妈妈的肚子上，可以体验到肚子和肚子亲密接触的感觉，而且宝宝也非常喜欢看到妈妈的脸。

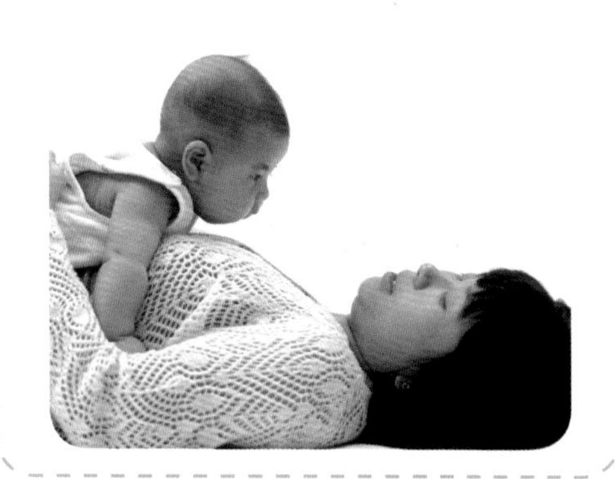

## 背着宝宝做事

当宝宝的颈部结实以后，就可以背着宝宝，这样就能空出妈妈的双手做些家务。宝宝与妈妈都会感到很舒服。

### 哄逗宝宝开心的四大招数

**唱歌**

边背着边给他唱他喜欢的儿歌，这样，宝宝烦躁的情绪就会得到缓解。

**去厨房**

在厨房里边拿着各种蔬菜，边告诉给宝宝，宝宝就会很高兴。

**边背着边拍打屁股**

宝宝烦躁的时候，可以边背着边轻轻拍打他的屁股，或者开心地摇晃。

**照镜子**

宝宝很喜欢照镜子，看镜中的妈妈和自己。妈妈和宝宝在镜中对视也是很有趣的事情。

**问答**

**将背着的宝宝放下，他的颈部就会向后挺，这会不会不妥？**

只要宝宝是健康的，就没有担心的必要。有时候，大人们会担心宝宝颈部往后仰的问题。实际上，当宝宝的颈部结实以后，偶尔后仰是没有关系的，并不会引起异常。如果宝宝自己感到不舒服，他也就不会保持那个姿势了。

## 安全外出

户外游玩及外出是调节生活情趣的好方式。妈妈和宝宝也都可以因此呼吸到户外的新鲜空气。

### 新生儿：不提倡外出活动

刚刚出生的宝宝身体还没有硬朗之前，不能适应气温的变化，该时期不适宜到户外活动。

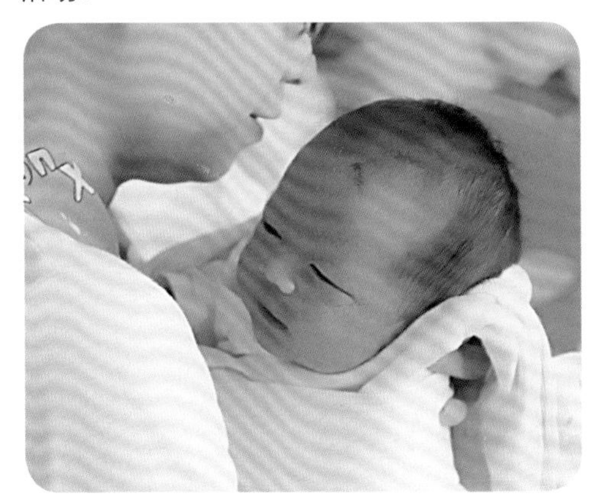

### 1～2个月：每天呼吸30分钟新鲜空气

宝宝满月以后，就可以打开窗户，让户外空气进入，或者抱宝宝到阳台或庭院中，呼吸30分钟的新鲜空气。呼吸新鲜空气时要注意避免阳光直射。

### 3～6个月：每天散步两小时

宝宝颈部已经结实，可以带宝宝到户外散步。大约2个小时的户外活动以内是宝宝能承受的。

### 7～12个月：一天两次户外活动

该阶段宝宝的饮食规律及作息规律已经基本养成。每天要主动去户外活动，最好每天两次。但要注意做好防紫外线的措施，最好避开阳光直射的时间段出行。但为不打乱宝宝白天睡觉的规律，每天出去的时间最好是固定的、有规律的。

**小贴士**

外出前30分钟在宝宝暴露的皮肤上涂抹正规防晒乳液；戴好遮阳帽，穿稍厚的、颜色比较深的、全棉的衣裤，轻便宽松透气的汗衫裤；从户外回到室内后要用温水洗澡；晒红的部位可薄薄涂抹一些清爽的婴儿护肤乳液。

**问答**

**问：宝宝已经7个月，每次外出游玩归来都很晚，感到很疲劳，白天就会睡得很多，到了夜间就不易入睡。**

答：外出活动一定要在白天睡觉以后进行。最好可以有意识地让宝宝早起床，尽量把白天睡眠的时间提前。另外也要注意，下午户外活动的时间不宜过长。

## 宝宝车的选择方法及使用方法

宝宝车是外出时不可或缺的物件，选择符合自家生活方式的宝宝车才是最主要的。

宝宝车分为两种，一种是可以使宝宝保持躺着状态的A型车，适合1个月左右的宝宝；另一种是适合于7个月左右可以坐立宝宝使用的B型车。A型车虽然笨拙，但是很有安全感；B型车虽然轻便而且功能齐全，但是抗震能力略差。另外也有从未满月起就使用带有宝宝车、宝宝座椅、搬运功能等多功能宝宝车的家庭。

如果从小就经常进行徒步的外出，可选择使用A型宝宝车；如果经常选择汽车或者出租车出行，开始的时候要抱着，可以坐立之后再选择B型宝宝车；而如果出生以后就要选择用车作为移动方式，可以选择多功能型宝宝车等。总而言之，要按照自家的生活方式选择适合宝宝的宝宝车类型。

## 宝宝座椅的选择方法及使用方法

宝宝在6周岁之前必须使用宝宝座椅，宝宝座椅是乘车外出时的必需品，要认真地挑选。

### 宝宝座椅的类型

哺乳期宝宝座椅：适合体重在10千克以下，身高在75厘米以下的宝宝（新生儿到1周岁之间段），座椅的方向与车行进的方向相反。

断乳后宝宝座椅：适合体重在10千克以上，身高在75厘米以上的1～4周岁宝宝。

### 选择适合自家汽车的座椅

选择宝宝座椅时，安全合格是首要的标准，同时也要选择适合安装在自家车型的座椅。

### 安放座椅的位置

宝宝座椅要安放到后排座位上：最理想的安放位置在驾车者的后面，但是考虑到车的构造，在此安装有些难度。所以从方便的角度，可以安装在副驾驶后面的中间位置。

气袋很危险，一定要收好：如果将座椅安放在副驾驶后面的位置上，在发生意外时，气袋就会撑开，宝宝将会受到同200千米/小时一样的冲击力。

### 安装的方法

❶夹好安全带：为防止系好的安全带松脱弹出，一定要将两头的夹子夹好，以免发生意外。正常朝前的座位使用安全带时都存在着一定的危险，所以必须要多加注意。

❷座位必须考虑体重的因素：不仅仅是要把座椅固定好，还要系上安全带。当坐到座位上以后，安全带就会缓缓地收紧，要注意体重不能超过座椅所能承受的重量。

**小贴士**

宝宝坐到座椅上之后，必须确认是否系好肩带，肩带是否勒到宝宝的脖子。如果勒到，就要试着调整合适的肩带高度。

根据宝宝的体重选择合适阶段的儿童安全座椅

| | 3千克<br>新生儿 | 10千克<br>1岁 | 15千克<br>3岁 | 18千克<br>4岁 | 25千克<br>8岁 | 30千克<br>9岁 | 36千克<br>11岁 |
|---|---|---|---|---|---|---|---|
| 后向宝宝座椅适用10千克内，1岁以下宝宝 | | | | | 此阶段的宝宝，颈部还没有完全发育好，还不足以支撑相对较重的头部重量，后向安装座椅比正向安装更能为宝宝的头部和颈部以及脊椎部位提供全方位的保护 | | |
| 转换式安全座椅适用9～18千克，1～4岁宝宝 | | | | | 是一种能够根据宝宝的年龄而调整位置的安全座椅。在宝宝体重还未达到10千克时，可以反向安装；之后则可根据需要将座椅调整到正向 | | |
| 正向儿童座椅适用15～25千克，4～8岁宝宝 | 此阶段的宝宝身高增长速度快，座椅上的安全带需根据宝宝的成长速度进行调节 | | | | | | |
| 增高型座椅适用22～36千克，8～11岁宝宝 | 增高型座椅一般不配备安全带系统，必须依靠汽车上的安全带保护宝宝 | | | | | | |

## 夏季外出要点

### 外出要避开日照强烈的时间段

在日光强烈的时间段外出活动，沥青的反射也能造成宝宝灼伤，所以外出要尽量选在上午或者傍晚日照较弱的时间段。3个月前的宝宝尽量不要有太多的户外活动。

### 用帽子及妈妈的遮阳伞防晒

宝宝吸收大量的紫外线会造成肌肤的损伤。外出时可以使用帽子、遮阳伞及宝宝车的车篷来遮阳。最好妈妈和宝宝在外出前都涂抹些防晒霜。

### 准备浴巾或者搭盖的衣物

从外面炎热的空气中，进入有制冷的场所，存在着很大的温差。特别是宝宝车的高度较低，更易遭遇冷气，所以在进入的时候可以给宝宝盖件薄衣服或者搭件浴巾。

## 冬季外出要点

### 宝宝外出要注意保暖

外出时要注意调整宝宝的温度。妈妈抱着宝宝时，紧密的接触会传递身体的热量，体温会升高。外出时最好穿件马甲或斗篷之类易脱的衣物。较小的宝宝也可以披盖妈妈的风衣。

### 使用宝宝车时，要注意脚部的保暖

宝宝车距离地面较近，容易接受寒气。所以，外出时可在大腿上盖一条毛毯或者毛巾，用来给脚部保暖。另外，风大的天气，可以放下车篷或者给宝宝戴上针织保暖帽子来防寒。

# 第二节 如何让宝宝安睡

## 建立夜间睡眠的规律

总的说来，睡眠不规律是宝宝的普遍特征。但如果宝宝睡到早上室内还是保持较暗的光线，是不利于宝宝调整作息规律的。从还不能辨别黑夜白天的低月龄起，就让宝宝感受早上拉开窗帘的明亮和夜间关灯的黑暗，逐渐地建立起生活作息规律。

## 分阶段的睡眠策略

新手父母对宝宝宠爱有加，但却缺乏一些必备的育儿知识，对宝宝的睡眠状况不甚了解，下面就为新手父母介绍一些培养宝宝睡眠习惯的相关知识。

### 0～5个月：培养有规律的睡眠习惯

在这个时期，原本只知道睡觉的宝宝会逐渐懂得玩耍，而且开始区分白天和夜晚，所以必须培养宝宝有规律的睡眠节奏。到起床时间，就应该拉开窗帘，让宝宝知道已经到了起床的时间。在晚上，全家人都应该在规定的时间内熄灯睡觉。经过反复的训练，宝宝就会很自然地习惯家人的生活节奏。但这都是最普通的情况，其实有些宝宝经常半夜睡醒，而且让父母也无法安稳地入眠。当宝宝哭闹时，有些父母会马上哄宝宝继续入睡，而有些父母则不予理睬，等宝宝哭闹完后继续入睡。当然，到底是应该哄宝宝还是任由宝宝哭闹，没有绝对正确的答案，只能根据宝宝的情况，由父母根据个体差异做出选择。

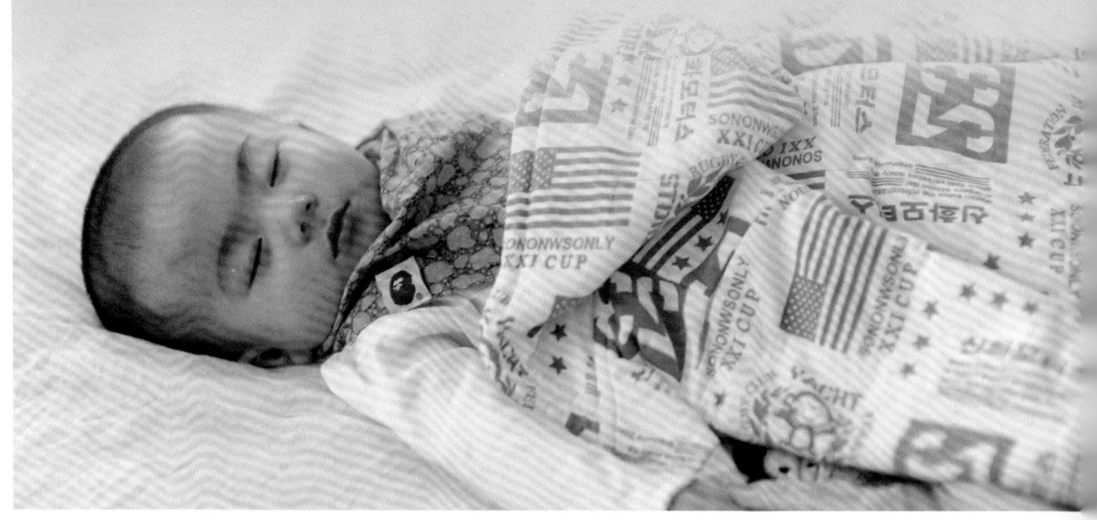

**6～11个月：白天应该尽量活动**

在这个时期，必须培养宝宝夜间熟睡的习惯。白天的活动量过少、夜间饥饿、午觉时间过长、生活节奏不规律都会让宝宝无法熟睡。所以为了让宝宝安稳地睡觉，白天应该多运动，尽量让宝宝感到疲倦。在日常生活中，应该给宝宝穿较薄的衣服，而且适当地调节室内温度。为了避免室内空气过于混浊，应该经常换气，并适当地调节湿度。不仅如此，父母不能猛烈地关闭房门，也不能大声喧哗，更不能用闪烁的电视画面刺激宝宝的神经。

**13～18个月：培养规律的午觉习惯**

在这个时期，大部分宝宝每天平均会睡上12～14个小时，其中包括1～2个小时的午觉。每个宝宝睡午觉的时间各不相同，有些宝宝在上午和下午分别睡一次，而有些宝宝在午餐前后只睡一次，还有些宝宝干脆不睡午觉。但在这个时期，不能从早到晚都让宝宝活动。宝宝满四周岁之前，每天最好适当地睡午觉。但午觉时间不能过长，否则晚上就很难入睡，而且不能熟睡。睡午觉时间最好不要超过1个小时。

**19～24个月：在指定的时间内入睡**

在这个时期，宝宝已经习惯了父母的生活节奏，因此全家人都应该为宝宝营造出能够按时睡觉的环境。即使想看电视，也应该尽量克制，而且爸爸也应该早点回家，帮助妈妈照顾宝宝。另外，必须让宝宝形成“睡前意识”。在睡觉之前，必须换睡衣、刷牙并和家人道一声“晚安”。宝宝只要有了正确的睡前意识，那么很快就会养成独自睡觉的习惯。

**24～36个月：独自睡觉的最佳时期**

在这个时期，虽然宝宝能够独自睡觉了，但也不能强迫宝宝，而应该根据宝宝的状态，慢慢地培养宝宝独自睡觉的习惯。在这个时期，大部分宝宝都害怕黑暗，因此不愿意独自在自己的小房间内。在这种情况下，妈妈应该陪在宝宝身边，尽量稳定宝宝的情绪。不要强迫宝宝独自睡觉，或者批评宝宝太胆小，这样很容易伤害宝宝的心，影响宝宝的独立性。另外，可以让宝宝多玩游戏，等宝宝有了睡意，再让宝宝睡觉。

## 创造条件，让宝宝入睡

**创造安全的睡眠环境**

室内温度最好维持在18℃～23℃，空气相对湿度在50%～60%。卧室要安静、清洁、通风，但不能有穿堂风。夏季要开窗户，开窗不会使宝宝受凉，相反还能使室内空气新鲜。如果是冬天，则一定要注意保暖，如果家里没有暖气，一定要采购一些保暖设施，如暖水袋、电暖器等（使用时注意安全）。

**在睡前1小时洗澡**

洗澡的时间不要拖得太晚。规定好每天洗澡的时间，大约在睡前的1个小时即可。由于洗澡后的体温升高，不利于入眠，所以洗的时间不宜过长。水温在38℃～40℃即可。

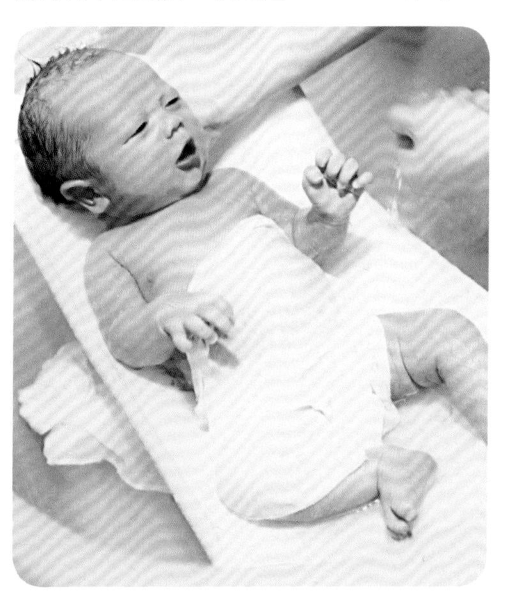

### 营造睡眠时间

明亮和嘈杂的环境不利于宝宝的熟睡。每当到宝宝睡眠的时间，就要把灯关掉，使房间变暗，在安静上下工夫。另外，当宝宝睡觉的时候，给他换上睡衣，作为提醒宝宝接下来要睡觉的信号。

### 听有节奏感的音乐或童话故事

当宝宝不能入睡的时候，可以给宝宝听有节奏感的音乐，或者童话故事。妈妈可以唱出世上最优美的摇篮曲。刚开始，尽量用愉快的声音唱歌，当宝宝入睡时，应该放慢唱歌的速度。唱歌时，应该尽量降低音量。拍着宝宝入睡时，一开始应该用快节奏的节拍，然后逐渐转变为柔和、缓慢的节拍。听到抒情的音乐或童话故事，宝宝会很容易稳定情绪。

### 用娃娃或玩具稳定宝宝的情绪

很多宝宝在睡觉时，都担心妈妈离开自己，不能安稳入睡。此时，可以给宝宝玩可爱的娃娃或玩具，稳定宝宝的情绪。如果宝宝离不开妈妈，也不要勉强宝宝单独睡觉。此时，妈妈要一直陪在宝宝身边，直到宝宝入睡。

### 营造出睡觉的气氛

如果在宝宝睡觉的时候，家人还在看电视，或者屋里亮着灯，或者周围环境吵闹，那么宝宝就无法安稳入睡。为了让宝宝按时睡觉，家人应该为宝宝提供安静的睡眠环境。

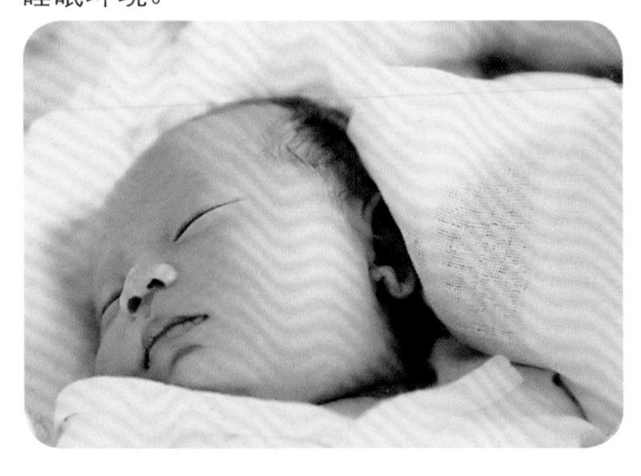

## 减少宝宝容易夜醒的因素

### 规定白天的睡眠时间

虽然宝宝在白天睡觉的时候也要尽量营造同夜间相似的舒适氛围，但却不需要营造同夜间一样的阴暗环境。正常的家务发出的声响也不用特别注意。要注意不能让宝宝在白天的睡眠时间太长，以免影响到夜间的睡眠。某种程度上说，就是要在规定好的时间唤醒宝宝。

### 缓解长牙疼痛

宝宝从5个月开始长牙，到两岁半长全，会有因长牙带来的不适。观察宝宝的脸颊、下巴，如果有明显的口水红疹、牙龈肿大、触痛及轻微发热等，则可以考虑是由于长牙疼痛困扰着宝宝，引起睡眠不安。家长可以采用对症的方法缓解宝宝的不适。待宝宝牙齿长出后，睡眠自会好转。

### 夜间及时排尿

有的宝宝(尤其是男宝宝)，因憋了尿，使膀胱受到胀痛的刺激而感不适，可以表现为睡觉不踏实、来回翻身(伴啼哭)。小便后，会继续安静地睡觉。这是夜间宝宝要排尿的表现。家长可以帮助宝宝排尿。

### 清除鼻内异物

如果宝宝鼻腔中有很大的鼻痂，会使鼻腔阻塞，迫使宝宝用嘴呼吸。这样，干燥的空气刺激咽部，造成咳嗽等不适，引起宝宝突然大哭。清除鼻腔中的阻塞物后，宝宝能够继续安然睡眠。

### 睡前保持平静

宝宝神经系统发育不完全，抑制功能弱。所以，白天受到过强的刺激或晚上睡前活动过于激烈，易使宝宝在睡眠时大脑仍处于兴奋状态，因而可以引发突然哭闹，似做噩梦一般。因此，睡前不宜让宝宝活动过多，使大脑兴奋性过高。

## 能否和宝宝一起睡

夜里哭泣的现象，在宝宝开始认人和缠人以后会越发严重。夜里睡眠变得很易醒，宝宝会因为担心妈妈不在身边而感到不安，甚至哭泣，这时妈妈要尽量地陪伴在他身边，让他感觉到踏实安稳。对于夜间哭闹的宝宝，妈妈可以轻轻地拍拍宝宝，他就可以继续睡觉。

## 解决宝宝睡眠的常见问题

### 新生儿睡觉不应用枕头

新生儿的头围大于胸围，若宝宝睡觉时再加枕头，会使头部前倾或偏向一侧，影响呼吸或使其睡不舒适，天长日久，可能造成头颈部畸形。

### 入睡难、夜啼

**抚摩**

❶用手掌从上到下轻轻地抚摩宝宝的眼睑，宝宝很快就会闭上眼睛而入睡。

❷用指尖轻轻地抚摩宝宝的耳垂及耳孔周围，宝宝很快就会安静下来。

❸拿起宝宝的小脚，轻轻地抚摩足底，要仔细倾听宝宝的呼吸声。

**哄睡**

1 **与宝宝到黑暗的房间里**

到了该睡觉的时间，可以去漆黑、安静的房间。妈妈一边跟宝宝说话，一边哄他睡觉，这样宝宝很快就会入睡。

2 **与宝宝面对面**

妈妈紧紧靠近宝宝，自己也闭上眼睛装睡，脸接触宝宝，只要宝宝不动，就不睁眼睛，慢慢地宝宝自己就睡着了。

3 **握住宝宝的双手**

为使宝宝能继续入睡，妈妈可握着宝宝的小手，让宝宝用手的力量拨开手指，玩着玩着很快便可入睡。

4 **有节奏地轻拍背部**

抱起宝宝，轻轻地拍其后背，最好使用同样的节奏，渐渐地宝宝就会熟睡。

5 **枕妈妈的手腕**

让宝宝与妈妈面对面，头枕着妈妈的手腕，宝宝很快就可以入睡了。

## 睡觉前经常哭闹

### 为什么会这样

对父母来说，如果宝宝睡得安稳，那就是莫大的幸福。但大部分宝宝都不能轻松入睡，睡觉前总是会哭闹不停，那是因为宝宝担心睡醒后再也看不到爸爸妈妈了。在医学中，这种现象被称为“分离焦虑症”。另外，宝宝午觉睡得太久、电视声音嘈杂或缺乏运动，都容易导致宝宝无法入睡。

### 解决办法

1～3岁是宝宝最离不开妈妈的时候，只要一离开妈妈，宝宝就会感到不安。随着宝宝的长大，和妈妈分离引起的睡觉前哭闹现象会逐渐减少，因此不用过于担心。如果宝宝不肯离开妈妈，妈妈就应该在宝宝身旁唱摇篮曲，或者给宝宝讲童话故事，尽量稳定宝宝的情绪。

如果午觉时间过长，或者缺乏运动，就应该适当地改变生活节奏。一般情况下，必须让宝宝按时睡午觉，而且提供能够到室外活动的时间。另外，在睡觉之前还可以和宝宝做一些安静的游戏，以免在睡前神经太过亢奋。

## 只有含着手指或奶嘴才能入睡

### 为什么会这样

有些宝宝在睡觉前，喜欢习惯性地含手指，或者寻找奶瓶。大部分宝宝在嘴里含着东西时，才能得到满足感。

### 解决方法

让宝宝在睡觉前暂时吮吸手指，不会影响宝宝的成长，只要培养宝宝睡前刷牙、铺棉被、听故事等习惯，那么宝宝就会逐渐改掉吮吸手指的习惯。一般情况下，宝宝满3周岁以后，吮吸手指的习惯就会自然消失，因此只要状况不严重就不用过于担心。经常含着奶嘴睡觉，很容易形成蛀牙，此时可在奶瓶里倒入稀释的配方奶。睡觉前吃得很饱，宝宝就不会再寻找奶瓶了。

## 睡觉到处滚动

### 为什么会这样

在睡觉时，平时好动而脸部红润的宝宝喜欢到处滚动。这些宝宝的新陈代谢比较旺盛，如果老老实实地盖上棉被睡觉，反而会影响健康。另外，精力旺盛的宝宝也会经常到处滚动。

### 解决方法

在睡觉时，如果宝宝喜欢踢棉被，或者到处滚动，就应该给宝宝穿上比较厚的衣服。

另外，必须收拾周围的家具或容易撞伤宝宝的危险物品。不仅如此，性格散漫的宝宝在睡觉时容易翻滚，可以通过猜谜、画画等游戏方式来培养宝宝的注意力。

### 磨牙

**为什么会这样**

当宝宝对父母或兄弟姐妹感到厌恶时，或者无法靠自己的能力解决情绪问题时，都容易导致磨牙的现象。另外，宝宝在开始长牙时，由于牙龈痒痛，也会经常磨牙。

**解决办法**

如果是因为心理原因导致磨牙，就应该寻找让宝宝产生心理压力的根源，及时地解决心理问题。例如，经常跟宝宝对话，或者像朋友一样跟宝宝一起玩游戏，充分表达对宝宝的爱。如果磨牙现象过于严重，就会影响恒齿的生长，此时应该到医院接受治疗。

### 打呼噜

**为什么会这样**

在睡觉时，有些宝宝偶尔会打呼噜。一般来说，白天过于疲劳，或者呼吸系统有发炎症状，或者睡觉的姿势不对，宝宝就会打呼噜。如果宝宝过于肥胖，或者扁桃腺过大，那么打呼噜的状况会一直持续。

**解决方法**

只要过一段时间，或者感冒痊愈，宝宝偶尔打呼噜的现象就会消失。在这种情况下，应该适当地限制宝宝的活动，保证充足的休息时间。晚上睡觉时，还应该用加湿器保持室内的湿度。如果宝宝由于肥胖而打呼噜，就应该尽快减肥。另外，打呼噜也有可能是由其他原因引起的，因此最好带宝宝到耳鼻喉科接受检查。如果是由于扁桃腺肥大而打呼，就可以进行扁桃腺切除手术。

## 夏季睡眠护理

虽然存在着地域差异，夏季育儿的对策却是相通的，出汗以后要在两次哺乳之间给宝宝补充不含糖的饮料。

### 不要垫太多的褥子

炎热的夏季，宝宝在睡觉的时候可以穿件带袖且能遮住肚子的内衣或者睡衣。在身后垫一条毛巾被即可，不要垫太多的褥子，以防睡觉时出太多汗。

### 注意空调温度的设定

宝宝在睡觉的时候体温会升高，因此会出大量的汗。在室内应该将空调设定在26℃～28℃，定时1～2个小时之后，宝宝就能在较舒适的氛围下睡觉了。

### 在后背夹垫纱布

宝宝在睡觉的时候会出大量的汗水，最好的办法是及时换件干爽的内衣，但需要将睡着的宝宝叫起。可以在后背垫一块纱布或者毛巾，被汗水浸湿后，轻轻地抽出即可。

## 冬季睡眠护理

不要将室内弄得太温暖，也不要让空气过于干燥，可以使用加湿器。冬季也要让宝宝多运动，偶尔流汗可以加快新陈代谢。

### 褥子不要太厚

褥子不可过厚，比成人少一件即可。睡觉时穿件内衣及一件睡衣即可，即使夜间伸出手来也没有关系。夜间如果气温下降，也可以盖上毛巾被。

### 用毯子盖住脚保暖

为了防止从足部散失热量，可以在脚底盖上一件薄的毛毯。宝宝在小的时候也可以用小毛巾等物品将脚包裹起来，但是这样宝宝会感觉不舒服，所以最好仅限在睡前使用。

# 第三节 训练宝宝大小便

## 掌握训练宝宝大小便时机

父母应如何选择训练宝宝排便的最佳时机？首先要确认宝宝已处在所谓的“膀胱准备”阶段，也就是说，一次排出的尿量比较多，排尿后可保持尿布数小时不湿。另外，以下这些迹象（一般出现在18个月～2岁半的宝宝中）也提示宝宝已能接受训练：

| 已能行走，并乐意坐下<br>（具备坐便器的基础） |
| --- |
| 能将自己的裤子拉上和拉下 |
| 能模仿父母的动作 |
| 显出对控制大小便的兴趣，例如会跟随父母进入卫生间等 |
| 对自己在尿布里排尿有所表示 |
| 会将东西放回原处<br>（显示能教会宝宝大小便到应该去的“去处”） |
| 会说“不”（显现独立意识） |

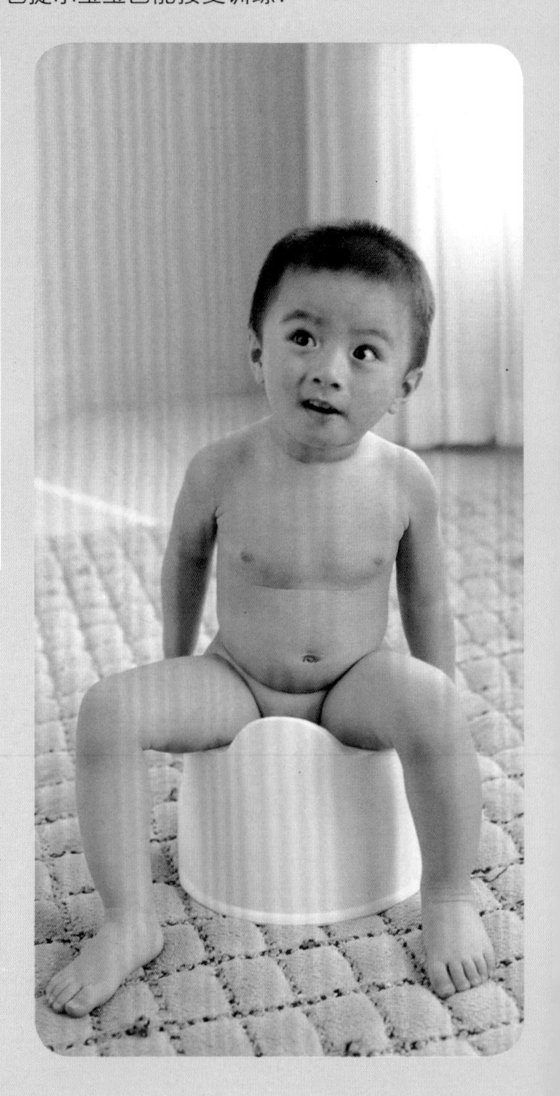

## 让宝宝明白便意和如厕的关系

训练宝宝如厕时，首先应该让宝宝明白，有了便意应及时去洗手间排便，不能随处排便，更不应该憋便。首先应教宝宝学会自己发出“排便信号”，可以是“身体信号”，如双腿夹紧，也可以发出“嘘嘘”“便便”的声音，告诉父母，宝宝要上厕所了。

## 四步让宝宝快速撤掉尿布

随着宝宝一天天的长大和父母卓有成效的宝宝排便训练，宝宝现在已经能很好地在成人的陪同下排便了。那么是时候给宝宝撤掉尿布了，现在就教大家一个快速撤掉尿布的简单方法。

### 第一步：让宝宝听懂排便用语

宝宝大小便时，应该经常使用“嗯嗯”“嘘嘘”等语言，是宝宝逐渐习惯用语言表达自己的感觉。当宝宝想排尿时，还可以让宝宝自己去拿尿盆。经常检查排尿的时间和排大便的次数。另外，还要仔细观察宝宝的表情和行为。如果宝宝有诧异的表情，就应该主动劝宝宝“嗯嗯”或“嘘嘘”。

### 第二步：把排便器当玩具使用

每个宝宝的爱好都不相同，有些宝宝喜欢使用宝宝专用排便器，而有些宝宝喜欢使用洗手间里的排便器，必须根据宝宝的喜好，选择宝宝喜欢的排便器。通过关于描述排尿的画册，让宝宝明白必须在指定的地方排便。这样，宝宝就不会拒绝排便训练。排便器必须摆放在指定的位置，而且冬天使用排便器的时候，应该要垫上保暖的垫子。为了让宝宝适应洗手间的排便器，还应该准备脚垫。

### 第三步：玩游戏一样进行排便训练

洗手间里也可以做很多有趣的游戏。例如，在宝宝专用的排便器上粘贴五颜六色的贴纸，或者摆放可爱的玩具娃娃。父母应该经常让宝宝把卫生纸放进洗手间里，这样就能使宝宝明白卫生纸是洗手间里不可缺少的用品。

### 第四步：引导宝宝独自排便

当宝宝能够自由玩耍时，遇到任何事情都想自己做，因此可以让宝宝独自穿内裤。第一次，妈妈可以帮助宝宝穿内裤，然后准备带橡皮筋的内裤，让宝宝自己试着穿。排便后应该让宝宝检查自己的裤子是否被弄湿。如果宝宝没有弄湿裤子或衣服，就应该夸奖他。内急时来不及坐到排便器上，宝宝就会容易尿裤子。此时千万不能责骂宝宝，应该让宝宝知道弄湿裤子的原因，而且让宝宝把弄湿的衣服或裤子放进洗衣机内。

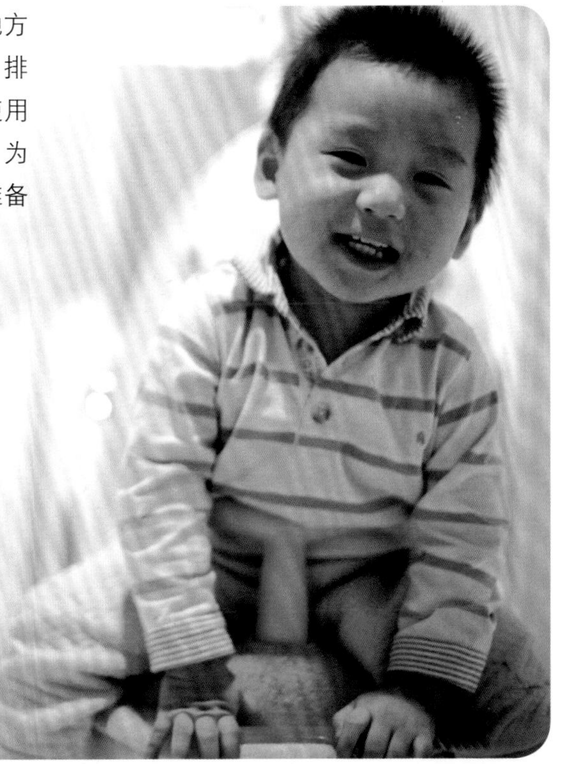

## 分阶段的排便训练

从宝宝两个月起就应该训练良好的排便习惯，使他按时排便，排便最好在清晨或晚上临睡前，早晨排便最好，晚上排便则可使宝宝夜里睡得踏实。

### 0～5个月：及时更换湿尿布

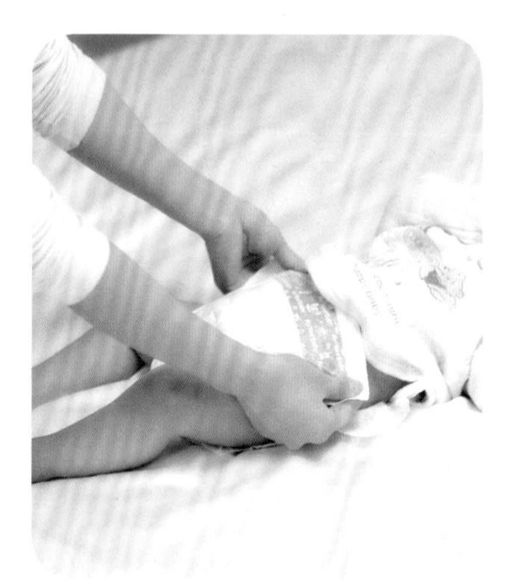

宝宝弄湿了尿布后，要及时地更换尿布，使宝宝的臀部保持清洁、干爽的状态。换尿布的时间是妈妈和宝宝交流感情的重要时刻。换尿布时，应该经常跟宝宝说“来，我们换尿布吧”或者“换尿布的感觉怎么样啊？”

### 6～12个月：必须掌握排便节奏

在这个时期，宝宝膀胱的容量会不断增大，可以容纳一定量的尿液，因此排尿的间隔会逐渐增加，与此同时，排出大便的次数会愈来愈少。当宝宝有排尿感时，脸部表情大都会改变，当不小心尿裤子时，还会经常哭闹。在这个时期，应该仔细观察宝宝的表情，准确地掌握宝宝大小便的排便节奏。

### 13～18个月：让宝宝坐到排便器上

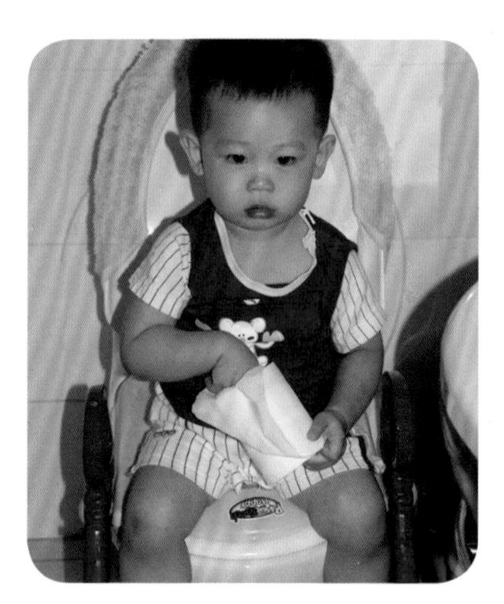

如果宝宝的排便节奏有一定的规律，就应该按时让宝宝坐到排便器上，或者带宝宝上洗手间。刚开始，不能急着进行排便训练，应该先让宝宝习惯排便器。另外，刚开始时不能急着让宝宝坐到排便器上，应该让宝宝把排便器当成玩具，逐渐习惯。

### 19～24个月：全面进行排便训练

在这个时期，宝宝的排尿感愈来愈敏感。如果宝宝排尿前和妈妈说“嘘嘘”，或者用肢体语言表达排尿的感觉，就应夸奖宝宝。有些宝宝在排便器上不排尿，等到离开排便器时就尿裤子，在这种情况下，绝对不能生气，要耐心地教他。

### 25～36个月：体验迅速排尿的感觉

当宝宝想要排尿时，就应该让宝宝体验在排便器上“唰”地排尿的感觉，这样宝宝很快就能自理大小便。但是，不能让宝宝长时间坐在排便器上。如果宝宝想从排便器上起来，就应该顾及宝宝的情绪，立刻带宝宝离开排便器。如果宝宝成功地排便，就应该保持愉悦的心情夸奖宝宝。只要宝宝能够控制排便节奏，自觉地到洗手间排便，那么排便训练就圆满成功了。另外，还必须培养宝宝排便后洗手的习惯。

## 训练宝宝使用便盆

### 让宝宝熟悉便盆

8个月左右，宝宝已经能够坐稳，就可以开始训练他坐便盆。

将便盆放在宝宝游戏地方的旁边最好，也允许他当做一般小椅子用，或是穿着衣服进行假装上厕所的游戏。可以挑选有卡通人物的小内裤，并且告诉他“如果希望不弄脏你喜欢的卡通人物，那就要学习脱裤子，在便盆上尿尿才行”。并鼓励宝宝每天在便盆上坐一会儿，并把纸尿裤上的粪便放入便盆内，指给宝宝看，使他逐渐理解便盆的概念和用途。

### 消除宝宝对便盆的恐惧感

为了消除宝宝可能会有的对便盆的恐惧感，可将便盆放在宝宝经常活动的地方，最好是卧室、客厅、阳台等比较明亮的场所。

也可以将宝宝的便盆放在我们的马桶旁，然后和宝宝说：“因为宝宝现在小，所以坐在便盆上尿尿和便便。妈妈长大啦，所以就坐在马桶上面。等宝宝长大一点，就可以像妈妈一样坐马桶了。”不用多久宝宝就会发现坐在便盆和我们坐在马桶上一样“自然又安全”。

### 对宝宝要及时鼓励、反复强化

当宝宝被带到便盆旁，妈妈可以协助他，或试着让他自己处理。当发现宝宝有排便的表情时，要称赞、鼓励他，加强宝宝的排便动机。宝宝顺利完成后，要给他鼓励和称赞。即使只是高兴地告诉爷爷奶奶或告诉保姆都行，这也是对宝宝最好的奖励。

另外，还应经常提醒宝宝，反复强调坐便盆的重要性，加强宝宝对便盆的认同感，让他自己意识到若将大小便排到纸尿裤或衣服上会很不舒服。

## 从尿布训练升级为训练脱裤大小便

让宝宝不穿纸尿裤坐在便盆上。同样，这是为了让他习惯用这种方式坐在便盆上的感觉。这时，可以开始向他解释这是妈妈、爸爸每天要做的事。也就是说，在蹲马桶之前，脱裤子是一种成人式的行为。

如果宝宝明白了，并且尿尿或便便了，自然最好。但也不要逼他这么做，还是要等到他准备好，并表现出对自己使用厕所有明确的兴趣。

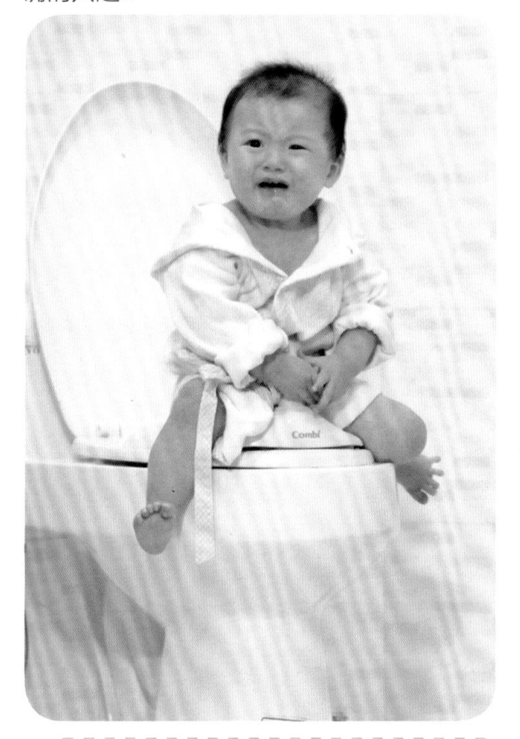


**消防员**

爸爸做准确的示范，教宝宝如何“瞄准”坐便器。也可以在坐便器中放一张色彩鲜艳的纸，让宝宝“瞄准”纸片。对于男宝宝来说，这就像在玩“消防员”的游戏，同时增加了宝宝上厕所的积极性。

## 教宝宝擦屁股、洗手

### 清洁屁股

开始时父母可以为宝宝代劳擦干净。让宝宝翘起屁股，方便父母给他清洁。但稍大一点时就要让宝宝学会自己清洁小屁股了。

**小贴士**

让宝宝把内裤和外裤提上，父母可以帮助整理一下裤子。稍大一点可以教他在成人的坐便器上排便，排完便后，教宝宝盖好马桶盖，再放水冲，养成良好的卫生习惯。

### 洗手

把宝宝带到水池边，打开水龙头，让宝宝自己洗手，然后用毛巾把手擦干，这个程序父母一定要演示给宝宝。最好以后每次如厕都要养成便后洗手的卫生习惯。

## 大小便训练的注意事项

### 不要强迫宝宝进行大小便训练

一些专家建议，只要宝宝没有特别的异常症状，即使到了3～4岁时才会自理大小便也无大碍，操之过急反而会增加宝宝的心理压力。

如果强迫宝宝练习，反而容易导致便秘，甚至宝宝满4岁还尿床，出现无法控制排便的遗粪症，而且会让宝宝感到紧张和不安。请不要忘记，大小便训练不是为了家长，而是为了宝宝。

### 不能中断排便训练

排便训练通常在夏天进行。在排便时，需要经常给宝宝脱衣服、脱裤子，所以排便训练最好在夏季进行。如果在冬天进行训练，可以把宝宝用的排便器放在室内，然后给男宝宝穿上带松紧带的裤子，给女宝宝穿上裙子，这样就便于排便。

### 这些情况应该延迟排便训练

#### 出现便秘症状

在排便训练时，如果宝宝长时间坐在排便器上不排便，就应该检查宝宝是否有便秘的症状。如果饮食没有变化，但突然出现便秘，就有可能是排便训练引起的。

#### 强烈拒绝

宝宝接受排便训练，通常会承受巨大的压力。从父母的角度来看，排便是再简单不过的事情，经常无法容忍宝宝的失误，特别容易生气。但一定要记住，对宝宝来说，排便训练是非常辛苦的事情，因此当宝宝拒绝时，就应该暂时中断训练。

#### 一看到排便器就哭

有些宝宝一看到排便器就哭。如果宝宝一直哭闹，那么就应该中断排便训练。可以把洗手间改装成游戏空间，或者在排便器前面摆放玩具娃娃，或者粘贴各种漫画图片，这些都能够消除宝宝对排便器的恐惧感。

# 第四节 宝宝穿衣服的原则

## 传统尿布和纸尿裤

### 传统尿布VS纸尿裤

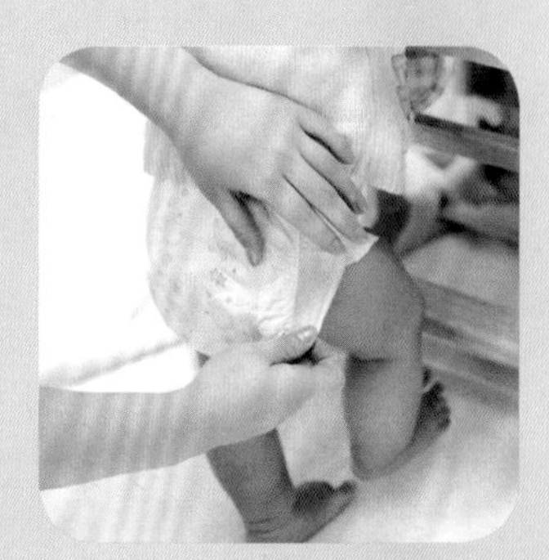

传统尿布采用的是纯棉面料，具有柔软、透气性好的特点。但传统尿布不具备防水功能，难免要频繁地更换，不仅影响宝宝睡眠，而且为家庭增加了更多的工作量。

纸尿裤吸水力好，可达自身的100～1 000倍，不会打扰睡眠中的宝宝，还可减少尿液与皮肤接触时间。但纸尿裤由防水面料制成，因此透气性不如传统尿布，而且成本要比传统尿布高很多。

既然传统尿布、纸尿裤各有优缺点，那么如何选择才能让二者取长补短呢？最好的办法就是白天使用传统尿布，晚上使用纸尿裤；白天外出时也要使用纸尿裤。两种尿布搭配使用，不但照顾了宝宝的健康，又兼顾到家人的休息，还减轻了经济负担。

### 传统尿布的使用方法

❶尿布的折叠

按照尿布的大小进行折叠，通常是纵向对折一次后，横向再对折一次。

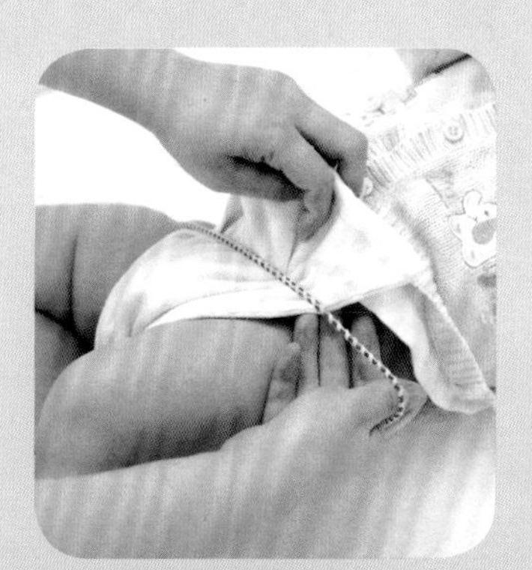

❷用松紧带固定尿布

将尿布的一端垫到宝宝的屁股下方，另一端拉至腹部展平，并用松紧带进行固定。

❸注意多余部分的折叠

给宝宝换尿布时，要注意不能盖住宝宝的脐部。多余的部分男宝宝折叠到前面，女宝宝则折叠到身后。

## 纸尿裤的使用方法

**❶把褶皱展平**

将新纸尿裤展开，把褶皱展平，以备使用。

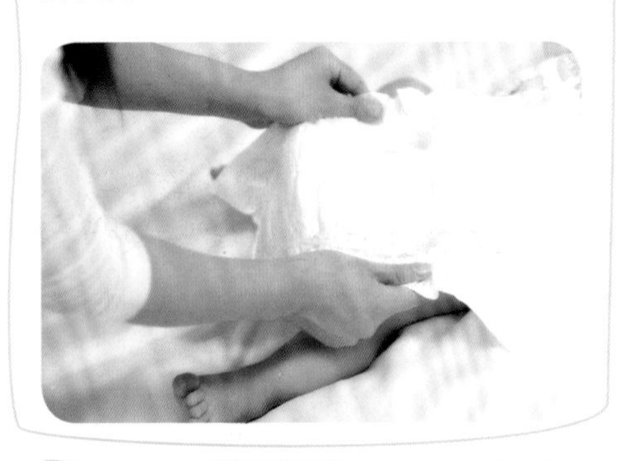

**❷彻底地擦拭屁股**

打开脏污的纸尿裤，用浸湿的纱布擦拭屁股，不能有粪便残留。

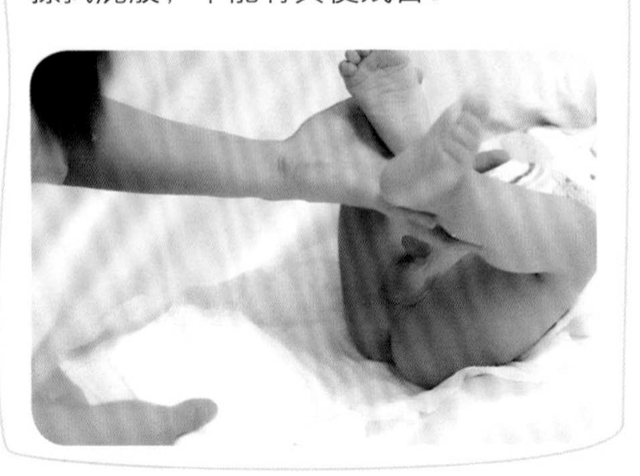

**❸取下脏纸尿裤**

慢慢地将脏纸尿裤卷起，小心不要弄脏衣服、被褥或宝宝的身体。

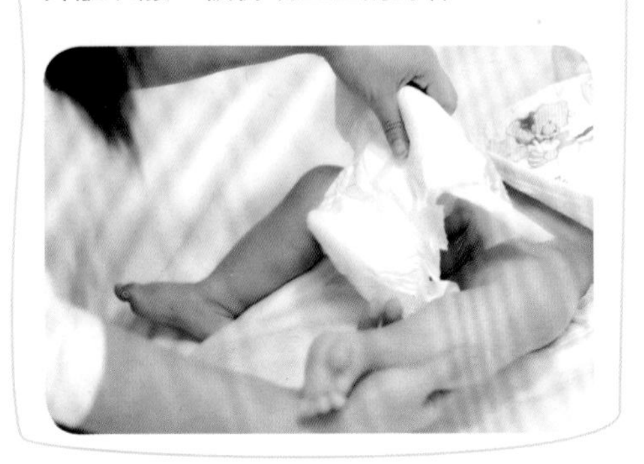

**❹更换新纸尿裤**

一只手将宝宝的屁股抬起，另一只手将新的纸尿裤放到下面。

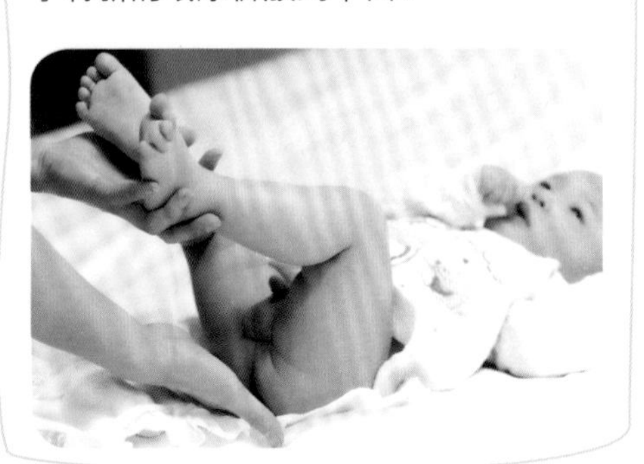

**❺穿好新纸尿裤**

将纸尿裤向腹部上方牵拉，注意左右的间隙粘好。

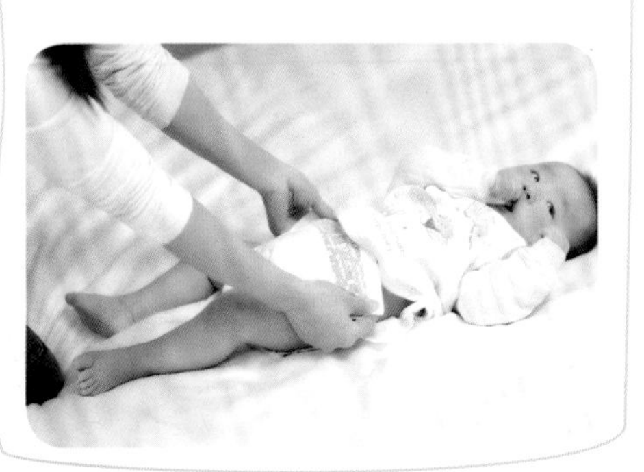

**❻保留腰部的纸带**

在腰部留出两指的间隙，目测左右的对称性之后，将腰部的纸带粘好即可。

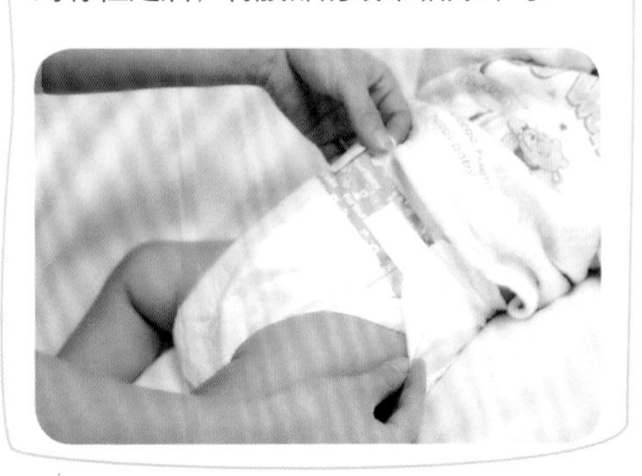

### 防治尿布疹

宝宝的皮肤特别娇嫩敏感，很多的刺激物质，包括尿液、粪便，或是潮湿环境，都会对宝宝的皮肤产生刺激，进而发炎、溃烂而形成尿布疹，其中尿液中的氨与粪便中的微生物被认为是导致尿布疹的元凶。为了预防尿布疹，专家给我们支了以下几招：

**选择好纸尿裤**

首先要选择全纸或棉柔材质，吸汗和透气性均佳的纸尿裤，吸水量大，可以倒些水进行试验；有凡士林保护层的最好。为宝宝选购纸尿裤一定要选正规厂家生产的。

**温水洗屁股**

平常妈妈可以在宝宝排便后，用温水轻轻冲洗宝宝的屁股，再用纯棉布轻轻按压。待小屁股干爽后再用较油性的润肤乳涂抹，以形成保护膜。这样就可以较好地预防尿布疹。

**勤换尿布**

患尿布疹的宝宝，小屁股要保持干爽，勤换尿布，避免尿液、粪便液留在宝宝的皮肤上造成伤害。必要的时候要去看医生，不要自己购买药膏涂抹，避免延误治疗时间。

## 如何确保新衣服的安全

### 确认全棉的面料

纯棉衣物自然环保，是最佳的选择。有两种简单的方法可以帮助妈妈判断衣物是否为纯棉织物：查看新衣服的吊牌：一般在“成分”一栏，标有“100% 纯棉”的字样。从衣服的边角处取下一根纱线点燃观察，纯棉织物与火焰接触时会迅速燃烧，燃烧后留下灰白色的灰烬。

### 少选色彩鲜艳的衣服

色彩鲜艳的衣服中甲醛的含量相对较高。在穿着的时候，游离甲醛会随着衣物和人体的摩擦渗透或挥发出来，严重威胁宝宝的健康和生长发育；而且个别宝宝还喜欢啃咬或吮吸衣物，就更有可能引起中毒。因此，妈妈在选择衣服时，应该首选简单素雅、无印花图案的衣服。

### 确保衣服的款式要宽松舒适

宝宝的衣服应该以合身为原则。胸围、腰围和臀围处以宽松为宜；裤子合身尤其重要，建议购买时先用一条宝宝平时常穿的裤子比照一下，特别要检查腰围的松紧程度，太紧会不利于宝宝发育，应及时缝改放松。

**小贴士**

当宝宝发育到能够全身运动后，可以把宝宝抱在膝上换衣服。

## 贴身内衣及外衣的穿着方法

宝宝在小的时候，身体还很柔软，给宝宝穿衣有一定的难度。而稍加注意，就会变成一种乐趣。

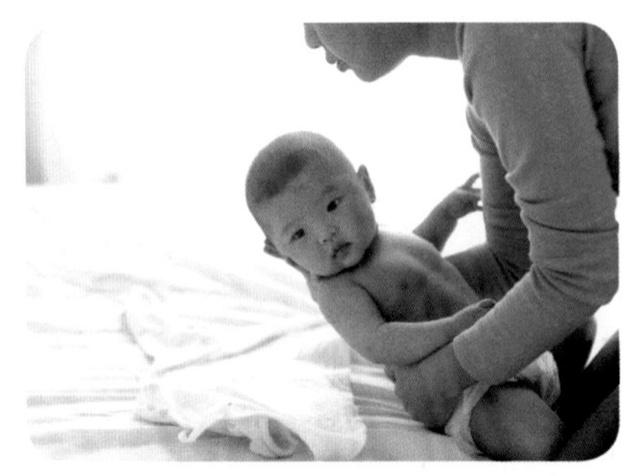

❶将贴身内衣及外套提前叠好放置，注意将袖子完全展开。

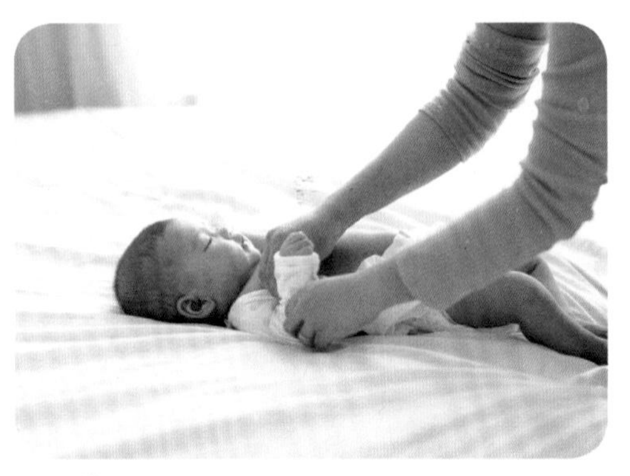

❷将衣袖伸开，妈妈的手从袖口进入，牵引出宝宝的胳膊。

❸不要系得太紧，将领子松散着。仅将内衣的布带系结实即可。

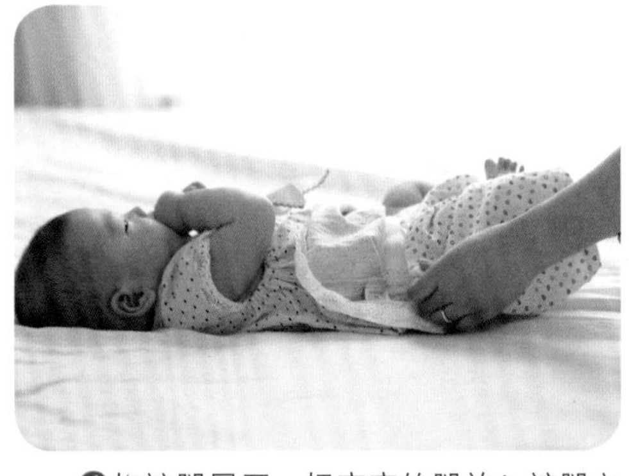

❹将裤腿展开，把宝宝的腿放入裤腿之中。

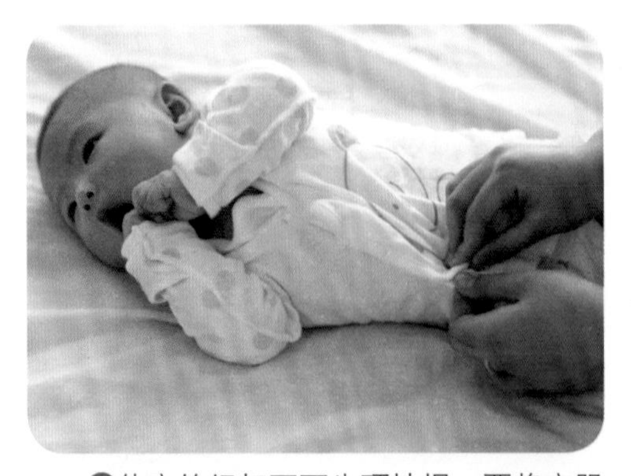

❺外衣的纽扣不可生硬地摁，要将衣服拎起离身后再摁上。

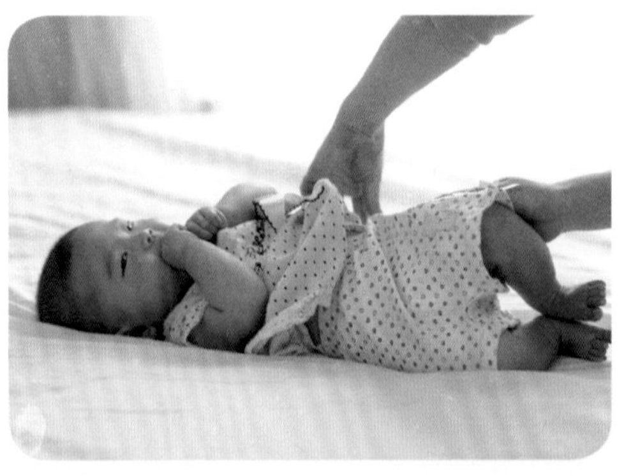

❻最后，托住屁股，将内衣和外套伸展平整。

## 选择一双舒适的鞋

过了6个月之后，由于宝宝生长发育的需要，穿鞋可以促进宝宝多爬、多走，对运动能力和智能发展都很有好处，所以，父母一定给宝宝选双合适的鞋子。

当宝宝开始学爬、扶站、练习行走时，也就是需要用脚支撑身体重量时，给宝宝穿一双合适的鞋就显得非常重要。为了使脚正常发育，使足部关节受压均匀，保护足弓，要给宝宝穿硬底布鞋，挑选时要注意以下几方面：

| | |
|---|---|
| 1 | 根据宝宝的脚型选鞋，即鞋的大小、肥瘦及足背高低等 |
| 2 | 鞋面应以柔软、透气性好的鞋面为好 |
| 3 | 鞋底应有一定硬度，不宜太软，最好鞋的前1/3可弯曲，后2/3稍硬不易弯折 |
| 4 | 鞋跟比足弓部应略高，以适应自然的姿势 |
| 5 | 鞋底要宽大，并分左右 |
| 6 | 宝宝骨骼软，发育不成熟，鞋帮要稍高一些，后部紧贴脚，使踝部不左右摆动为宜 |
| 7 | 宝宝的脚发育较快，平均每月增长1毫米，买鞋时尺寸应稍大些 |

## 宝宝夏季穿衣原则

### 普通家居服

适合穿着：纯棉短打。

皮肤娇嫩的宝宝，最好不要穿着太“暴露”的衣服在阳光下，因为他们皮肤里用来遮挡紫外线的黑色素细胞发育还不够成熟。外出的时候，宝宝如果长时间穿着过于暴露的服装，可能会使皮肤晒黑、晒伤，因而变得粗糙，甚至出现红、痛、肿以及光过敏等皮肤性疾病。

### 空调间服

适合穿着：真丝衣裙。

夏季冷气空调场所，一般温度维持在18℃～25℃，短时间停留，人体会感觉舒适，时间一长会感觉冷，尤其是幼小的宝宝。真丝衣物有一定的解暑作用，在合适的温度下感觉爽滑舒适，冰凉宜人。

### 户外运动服

适合穿着：背心配长袖外套加宽边帽。

夏季户外阳光强烈，紫外线杀伤力大，不宜直接照射到宝宝娇嫩的皮肤上，露天温度虽高，但因空气流通，建议穿吊带或背心，外面配长袖敞开穿，既遮挡阳光，又不至于太热，另外别忘记戴顶宽边软帽。

### 草地野外服

适合穿着：牛仔衬衫加卡其布的长裤。

草地上、绿林里蚊虫荆棘对宝宝幼嫩的皮肤也是个大考验。在准备郊游的日子里，厚厚的卡其布牛仔长裤和长袖衬衫是必备良品，牛仔裤厚实不怕蚊叮虫咬，席地而坐也不会太脏，长袖衬衫遮阳又防蚊。

### 水边嬉戏服

适合穿着：泳衣加大浴巾。

夏季水边永远是人气最旺的游乐场所，更是宝宝的最爱，花点心思，为宝宝准备一套可爱舒适的泳衣，出门之前穿在身上，外面套上平时的衣服，到了目的地，一脱即可。另外建议带一条大浴巾，既可以在宝宝嬉水结束后快速擦干宝宝身上的水分，防止受风着凉，又可以当大围巾保暖，阳光浴的时候，还可以撑开来充当遮阳伞。

### 幼儿园上学服

适合穿着：多带一件。

宝宝要上幼儿园、早教园，该怎么穿呢？妈妈掌握一个宗旨，就是无论如何打扮，都要多带一件衣服，比如穿裙子带长袖衣服，穿长袖带短袖，以应付天气变化和园内气温调节。

## 宝宝冬季穿衣原则

### 更换内衣

| | |
|---|---|
| 1 | 准备柔软的厚浴巾或婴儿浴袍、前扣式连体衣一件 |
| 2 | 调好室内温度，把浴袍和要穿的衣服用吹风机、取暖器等先预热，以妈妈的脸接触不感觉衣服凉为宜 |
| 3 | 注意妈妈的双手也要是热乎乎的，感觉冷的话用热水浸泡一会儿 |
| 4 | 将预热的浴袍和内衣平摊在平坦柔软的地方，快速把刚洗完澡或刚脱掉衣服的宝宝包进浴巾内 |
| 5 | 打开上半身，依次穿进两只袖子，扣好扣子 |
| 6 | 用浴袍盖好上半身，将下半身穿进衣服里，扣好。这样宝宝的内衣就穿好了 |

### 合理的衣物搭配方案举例

冬季宝宝到底要穿多少才合适，是很多妈妈都想知道也一直弄不清楚的一件事。看了下面的实战穿衣方案，就知道啦！

❶贴身传一件棉质系带的上衣（系带的衣服贴身穿比较舒服）。

❷穿上棉质内衣（比较方便穿脱）。

❸穿薄棉上衣（冬季更换尿片时能保证上身暖和）。

❹有必要的话再加一件背心。

❺穿较长筒的袜子（可以很好地保护裤子和袜子连接处的皮肤）。

❻加保暖透气的厚外套。外出要给宝宝戴上帽子，披件棉斗篷或是厚毛毯。

# 第五节 给宝宝舒适洗澡

## 宝宝洗澡前需要准备的物品

| 婴儿澡盆 | 凉白开一碗（洗脸用） | 婴儿洗澡毛巾 | 婴儿皂液和婴儿爽身粉 | 更衣垫 |
|---|---|---|---|---|
| 干净衣服 | 洗脸用棉花和湿巾 | 纱布 | 尿布 | 大毛巾 |

## 给宝宝洗澡的步骤

### 准备洗澡

❶在澡盆里放进冷水，加上热水混合，用肘部检查水的冷热，感到暖和便合适；水约10厘米深；加入皂液。

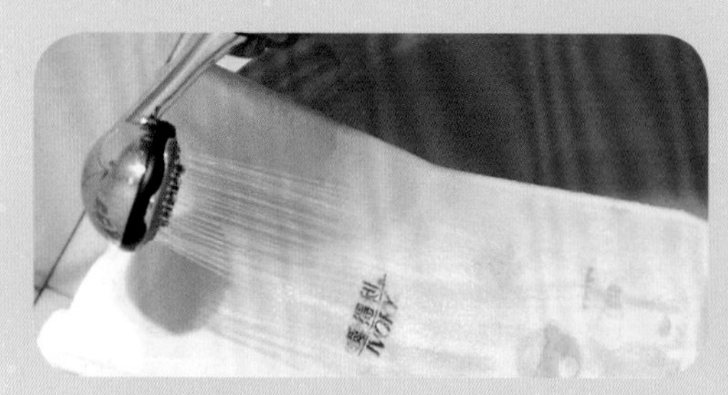

❷把洗澡毛巾放在更衣垫子上，在上面替宝宝脱衣，脱到只剩下尿布。

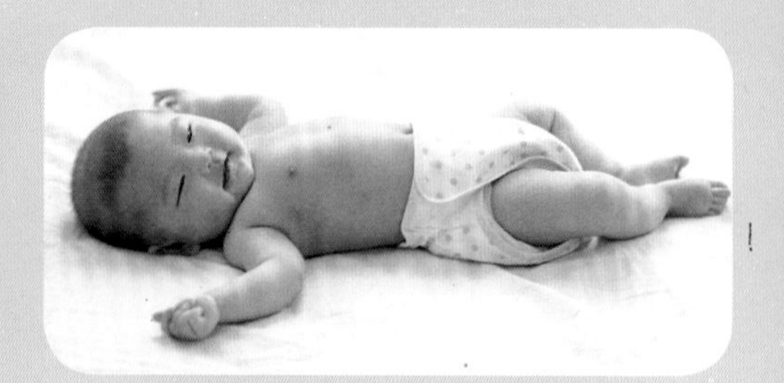

### 洗澡的基本操作

❶用一只手放在宝宝的耳后，并托住颈部，另一只手将双腿撩起后托住屁股。

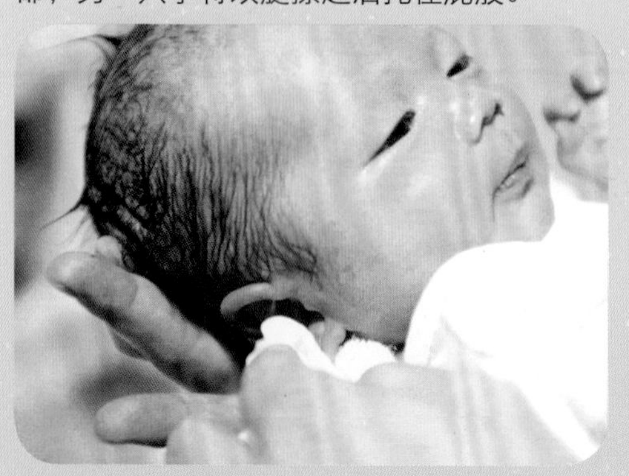

**重点难题**

许多1个月内的宝宝头皮上会有块难看的、硬壳似的附着物，其实这是一种无害的，叫做“摇篮帽”的头垢。可以这样做：在宝宝晚上入睡前，用婴儿润肤油轻轻地擦在有头垢的皮肤上，经过一夜的滋润，头垢会变软，第二天就可用洗发精或肥皂和温水将头垢洗掉一部分。这样反复几次就可逐渐将全部头垢清洗干净。注意千万不可将头垢硬撕或挖下来，以免损伤头皮。

❷双手将宝宝托起后，妈妈再次检查一遍水温，要求不烫也不凉，大约是人的体温正合适。

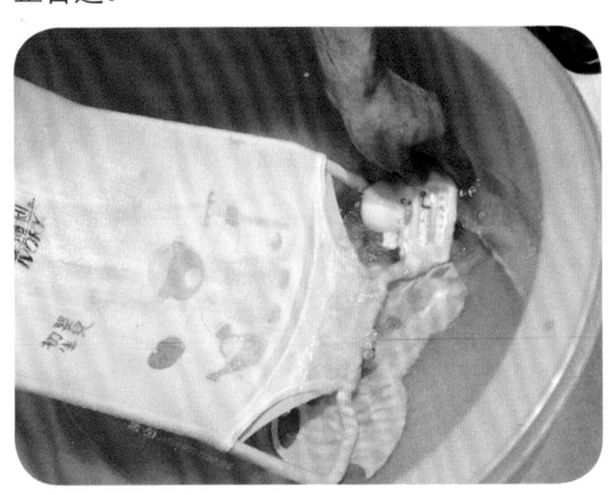

❸将纱布弄湿后清洗宝宝的脸部皮肤，这时先不要将宝宝的包被拿掉。

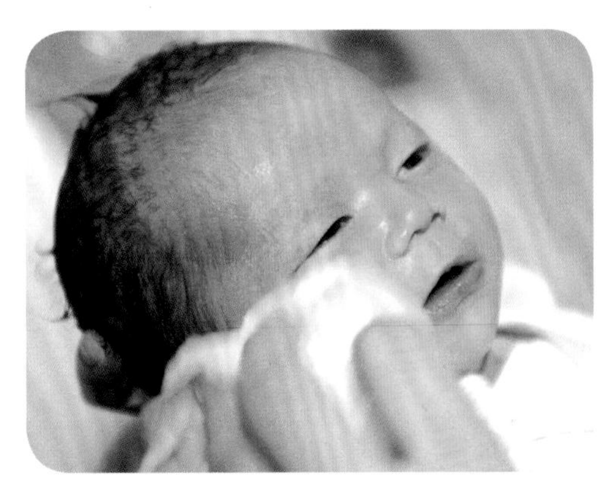

❹托住宝宝的脖子，将宝宝放在洗澡架上，用纱布盖住肚脐，避免弄湿宝宝脐部造成感染。

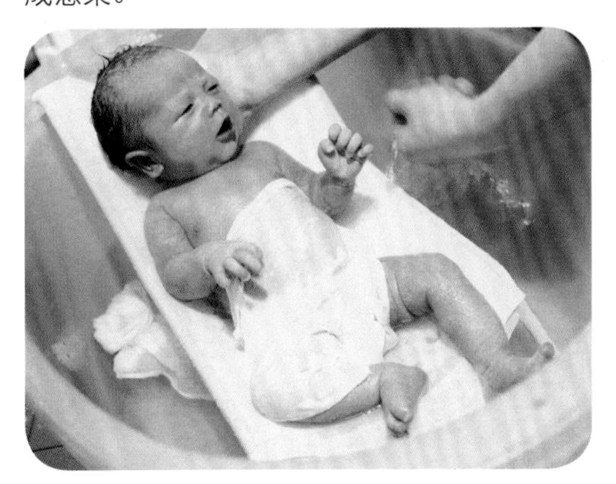

❺妈妈用拇指将宝宝的手指轻轻分开，用香皂泡沫轻轻地清洗。腕部的清洗用力要轻。

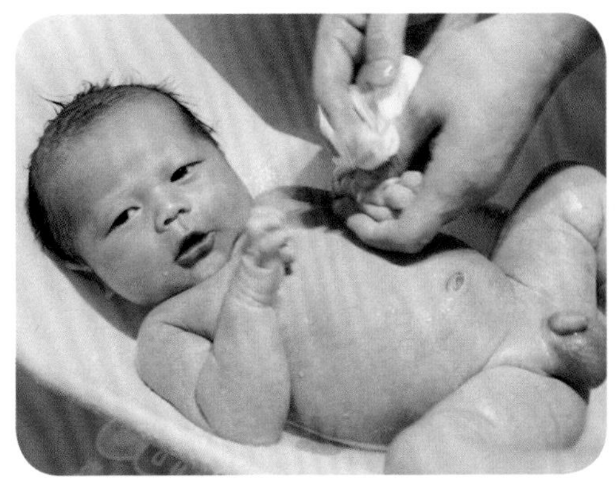

❻再把湿纱布弄湿，揉搓出香皂沫，然后用水冲洗宝宝的大腿根部。

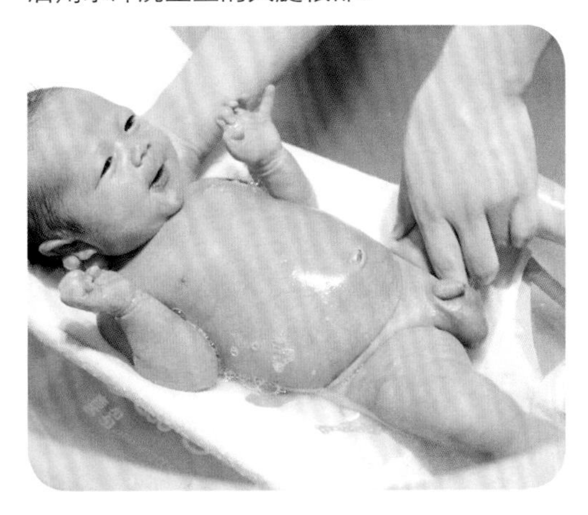

❼仔细地清洗宝宝的屁股和性器官，尤其褶皱部位，要特别认真清洗。

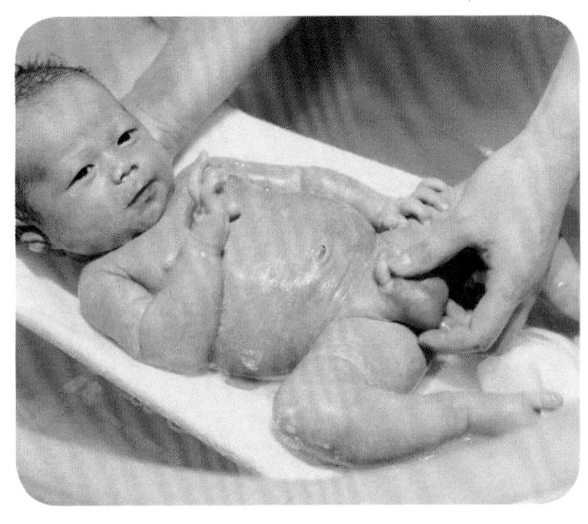

❽用手掌搓洗肚子，当脐部没有完全干之前，不要去碰它。

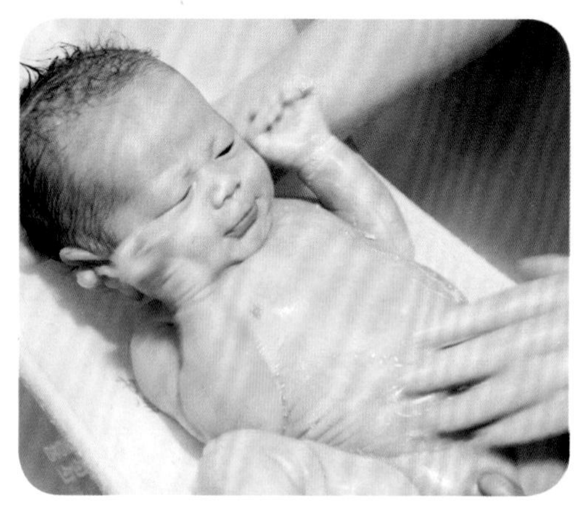

❾用手掌搓洗宝宝的胸部，力量要轻。

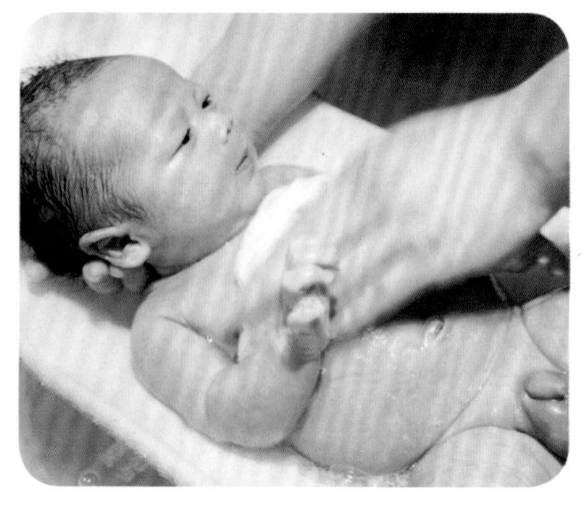

❿把手放在宝宝头部的后方，支在两耳之后，缓慢将宝宝的重心转移到这只手上。

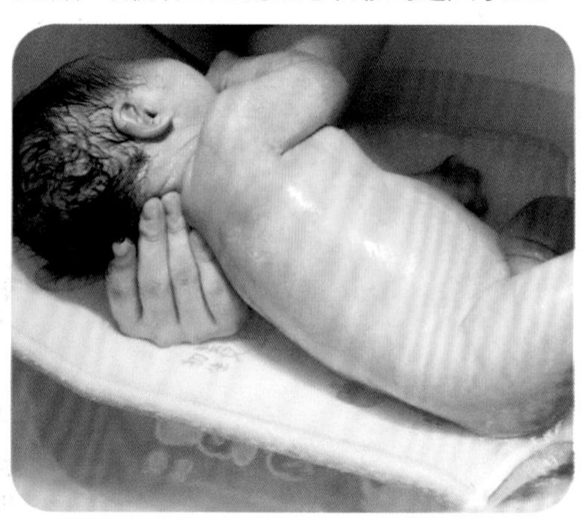

⓫背部朝上，用空出的一只手擦沐浴液，不要忘记清洗仰面时未清洗到的宝宝头后。

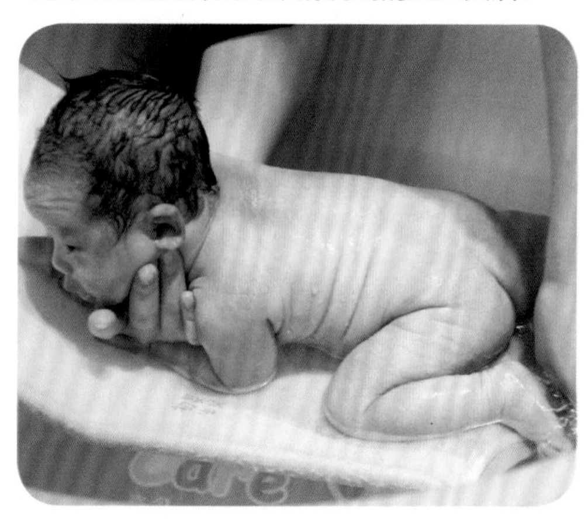

⓬一只手托住宝宝的脖子，让宝宝仰起脖子，清洗宝宝的脖子。

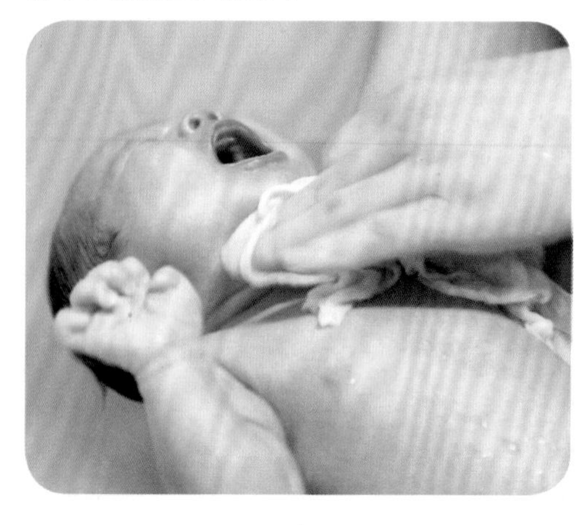

⓭将宝宝的颈部以下再浸没到水中，可以用手掌抚摩宝宝的身体，让宝宝放松下来。

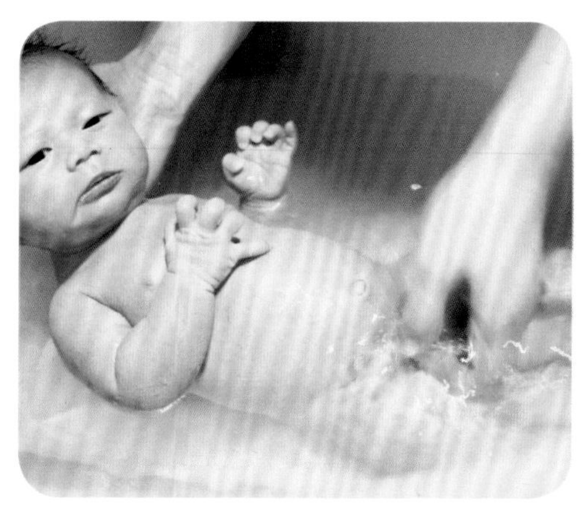

### 洗澡后的护理

❶宝宝沐浴结束后，要马上用预备好的毛巾擦拭干净。

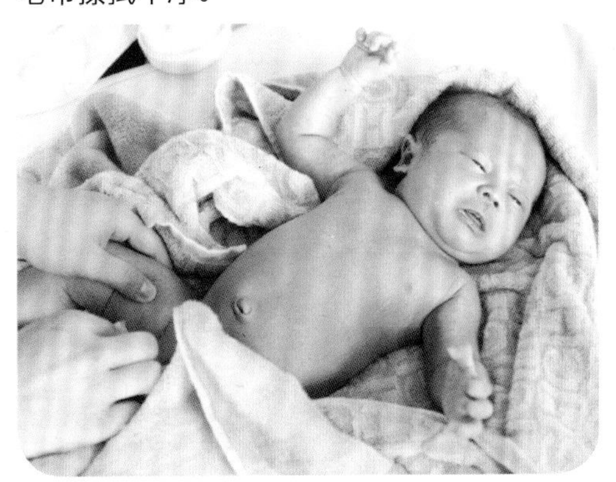

❷尽快地给宝宝穿上准备好的内衣。

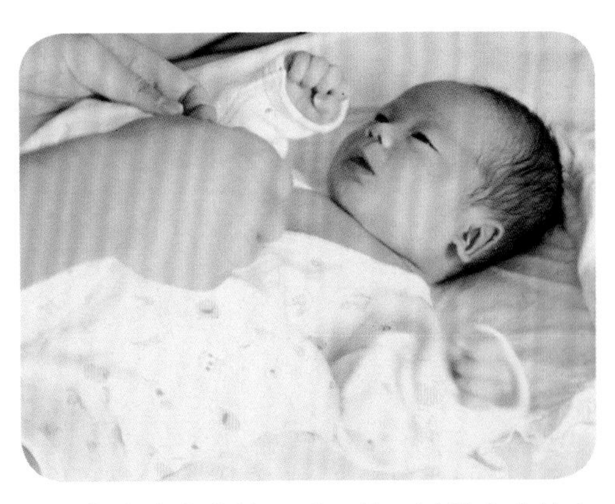

❸用棉签清洁脐部、耳朵及鼻孔等残留的水分，脐部在完全干前要使用消毒纱布。

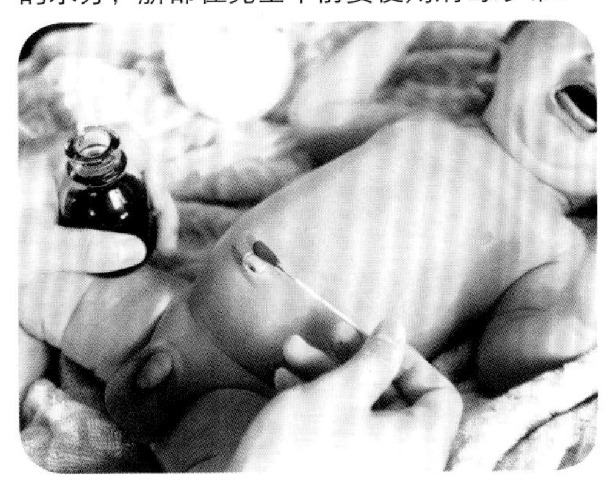

❹水分完全擦干后，就可以给宝宝换上尿布了。

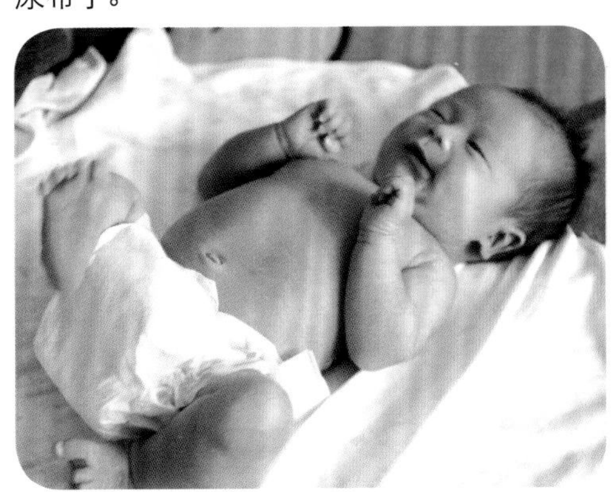

## 如果宝宝不爱洗澡怎么办

如果宝宝不喜欢水，没有必要替他洗澡：一旦他的头能够抬起，每天在你的膝盖上替他擦洗就够了。首先，把宝宝放在垫子上，用干净的湿棉花替他擦洗眼睛、脸与耳朵；事前把擦澡时所需的东西放在容易拿到的地方。

**小贴士**

最好让宝宝在婴儿专用的澡盆里洗澡。澡盆应该放在桌子上或者高度合适的操作台上，这样家长就不必太弯腰。

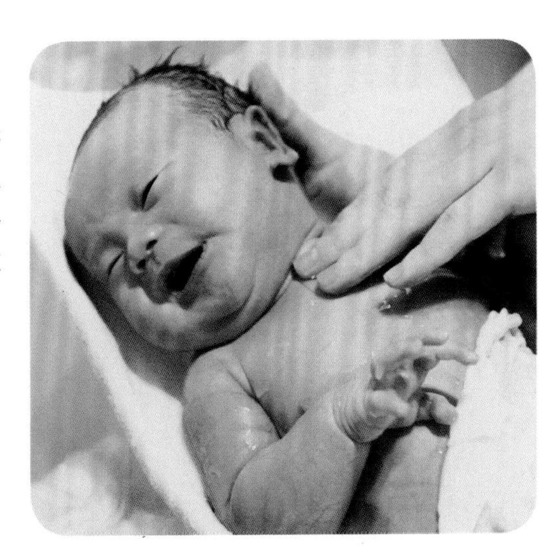

# 第六节 护理宝宝的关键部位

## 护理宝宝的眼部

新生儿的眼屎多可是个大问题，它可能会导致宝宝先天性泪囊炎等疾病，不及时治疗，就会影响到宝宝将来的视力发育。宝宝出生后，父母应特别注意观察他眼屎的多少，如果出生1周后还有较多眼屎，应尽早带他去医院检查。

### 清除眼屎的操作步骤

❶固定宝宝的头部：为固定头部，可以先支撑起颈部后，再用手摁住额头。

❷把使用一次性的软布：用蘸湿的软布按眼角到眼梢的顺序擦洗眼部分泌物。每次使用过的棉布都要及时扔掉，以免宝宝抓取。

❸向上拉眼睑：妈妈可以用手指向上牵拉眼睑，取下脏物。

❹向下拉眼睑：换过软布之后，妈妈用手指向下牵拉眼睑，取下脏物。

### 新生儿眼屎过多怎么办

**危害**

新生儿眼屎多如果不及早治疗，可能并发角膜炎，角膜也可能因此由黑变白，形成白斑，从而对宝宝的视力发育造成严重影响。

**居家处理步骤**

❶了解眼屎：眼屎颜色一般为黄色和白色。数量为正常的好几倍，呈黏稠状，严重的会造成宝宝睁不开眼睛。

❷清除眼屎：洗净双手，取棉签从上到下擦去眼屎。

❸去医院确诊：宝宝的眼睛是保护的重点，所以发现宝宝眼睛出现异常，一定要先去医院检查并确诊。

❹对症治疗：虽然引起宝宝眼屎增多的疾病较多，但治疗都比较简单，而且见效快，但妈妈一定要把握好最佳治疗时间。

**准备清润液一瓶及消毒棉棒若干**

妈妈在帮宝宝清理眼屎时，力气不宜过大，只要轻轻擦拭就可以，以免伤害宝宝眼睛周围的肌肤。清洁工具应选用消毒过的纱布或棉棒，且使用次数以一次为限。另外，应避免在眼睛四周重复擦拭，以免造成宝宝眼睛细菌感染的机会大增。

## 清洁宝宝的口腔

随着宝宝的成长，妈妈要开始帮他清洁口腔，以后才会有一口洁白健康的牙齿。越早做口腔清洁，宝宝越不会排斥。

保护宝宝的牙齿，除了妈妈费心从宝宝0岁开始培养良好的口腔卫生习惯外，还可以利用各种护牙用具，做到事半功倍。从还没长牙齿开始，我们就要为宝宝准备护理牙齿的工具，一直到3岁左右，慢慢过渡到成人化的牙齿护理工具。

| 类别 | 上排牙齿 | 下排牙齿 |
|---|---|---|
| 中切牙 | 8～12个月 | 6～10个月 |
| 侧切牙 | 9～13个月 | 10～16个月 |
| 尖牙 | 16～22个月 | 17～23个月 |
| 第一乳磨牙 | 13～19个月 | 14～18个月 |
| 第二乳磨牙 | 25～33个月 | 23～31个月 |

## 乳牙发育的过程

❶ 0～6个月

宝宝通过吮吸母乳或者牛奶的过程，锻炼了下颌，期间也磨合了上下牙床。在普通牙齿萌发出之前，有些宝宝会先萌发出先天性牙齿及新生儿齿。

❷ 6～8个月萌发出第一颗牙

牙齿的萌发存在着个体差异，一般来说是下牙床的第一颗门牙先萌发。宝宝在可以坐立以后，口中流出的口水，可以起到冲洗口腔细菌的作用。

❸ 8～10个月发出上下各两颗门牙

一般上面两颗门牙伴下面两颗萌发后出现。由于还没有萌发出臼齿，所以上下齿的咬合还很不稳定，上下的四颗牙齿已经可以咬切一些食物。此时的舌头及下颌活动已经很灵活了。

❹ 12个月左右萌发出上下各四颗门牙

在上下各萌发两颗门牙之后，陆续各自萌发出两颗幼侧切齿。上下的四颗牙齿已经可以咀嚼些食物。此时的舌头及下颌活动进一步灵活了。

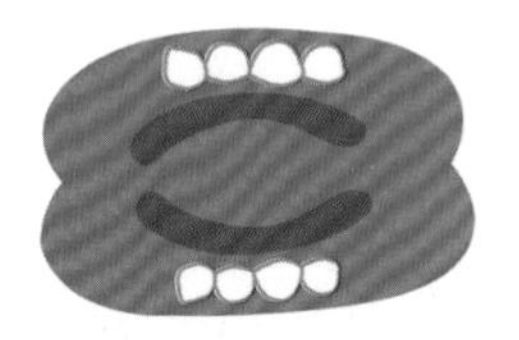

❺ 14～16个月萌发出第一颗臼齿

过了1周岁，断乳食物期结束以后，就进入了可以吃各种食物的阶段。前牙基本已经齐全，上下对应的臼齿也很快就会萌发出来。

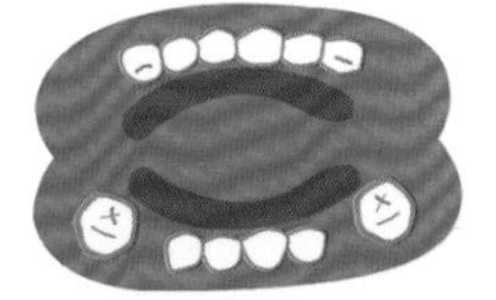

❻ 18个月萌发出幼犬牙

在第一颗幼臼齿萌发出来后，一般的上下四颗幼犬齿（紧挨着幼切齿）也会接着萌发出来。牙齿的数目不断地增多，能够进行很熟练的咀嚼动作。

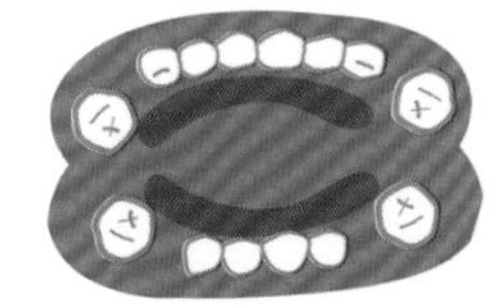

## 刷牙的方法

❶先刷上下排牙齿的外侧面，把牙刷斜放在牙龈边缘的位置，以两至三颗牙齿为一组，用适中力度上下来回移动牙刷。

❷刷上下牙齿外侧时，要将横刷、竖刷结合起来旋转画着圈刷，即上牙画“M”形，下牙画“W”形。

❸接下来再刷牙齿的内侧面，重复以上动作。

❹刷门牙内侧时，牙刷要直立放置，用适中的力度从牙龈刷向牙冠，下方牙齿同理。

❺要刷咀嚼面，把牙刷放在咀嚼上面前后移动。

## 如何选择适合宝宝的牙具

### 牙刷的选择

宝宝开始学刷牙时，妈妈应根据宝宝的具体情况进行选择。先给宝宝选择一支合适的牙刷，此时的宝宝选择日常使用的普通牙刷的要求是：牙刷的全长以12～13厘米为宜；牙刷头的长度为1.6～1.8厘米、宽度不超过0.8厘米、高度不超过0.9厘米；牙刷柄要直且粗细适中以便于宝宝握持；牙刷头和柄之间称为颈部，应稍细；牙刷毛要软硬适中、富有弹性，毛太软不能起到清洁作用，毛太硬容易伤及牙龈及牙齿，同时毛面应平齐或呈波浪状，毛头应经磨圆处理。

### 牙刷的保护

牙刷保护得好，不仅可以使牙刷经久耐用，而且也符合口腔卫生要求。正确使用牙刷，不仅有利于牙刷，也能保护牙刷、延长牙刷寿命。分开家长和宝宝的牙刷，以防止疾病的传染。通常每季度更换一把牙刷，如果刷毛变形或牙刷头积储污垢，应及时更换。不要用热水烫、挤压牙刷，以防止刷毛起球、倾倒弯曲。

### 牙膏的选择

牙膏是刷牙的辅助卫生用品，它包含摩擦剂、洁净剂、润湿剂、胶黏剂、防腐剂、芳香剂和水等成分。牙膏虽不是清洁口腔的主要元素，但它有增强机械性去除菌斑（黏附于牙齿表面无色、柔软的物质）、抛光牙面、洁白牙齿、爽口除口臭等功能。在选择和使用牙膏时，应注意以下几个方面：

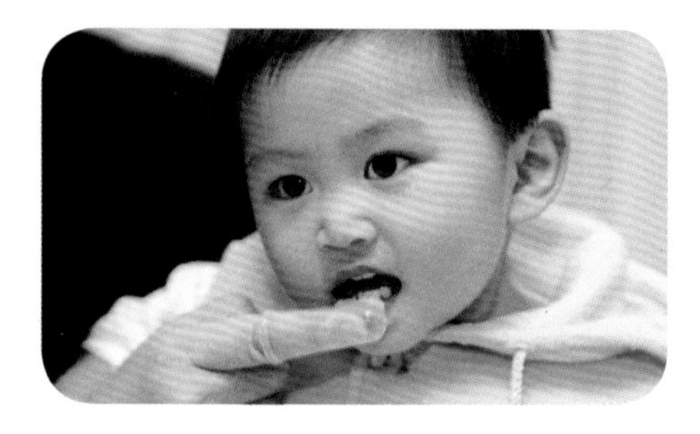

❶选择宝宝喜爱的芳香型、刺激性小的牙膏；

❷选择含粗细适中摩擦剂的牙膏；

❸合理使用含氟和药物牙膏；

❹选择产生泡沫不太多的牙膏；

❺不要长期固定使用一种牙膏；

❻不使用过期、失效的牙膏；

❼选用性能稳定、使用保存方便的牙膏；

❽宝宝尚未能掌握漱口动作时，暂不要使用牙膏，可改用淡盐开水。

## 六招让宝宝爱上刷牙

**1 示范族：你刷刷，我刷刷**

宝宝学会刷牙后，常会偷懒，在晚上宝宝睡觉前，爸爸妈妈可以和宝宝一起刷牙。宝宝看着爸爸妈妈一副认真的样子，也会煞有介事地刷了。

**2 互助族：有人欢喜有人愁**

在给宝宝刷牙时，允许他也给爸爸刷牙，这样，宝宝总闹着要帮爸爸刷牙。帮宝宝刷牙时，宝宝的注意力都在帮爸爸刷牙上面，自然就愿意刷牙了。

**3 装备族：武装到牙**

宝宝很早就对爸爸妈妈的刷牙行为感到很有趣，还常常将小手比作牙刷，放进自己嘴里，上上下下地刷着。让宝宝自己刷牙前，爸爸妈妈可以挑选一些卡通图案的牙刷、颜色鲜艳的水杯、造型独特的牙膏，这样便可吸引他的注意力，让他对刷牙感兴趣。从此，刷牙成了宝宝最爱的一个游戏。

**4 故事族：编编造造**

爸爸妈妈可以编一些故事给宝宝听，上面可以讲宝宝不爱刷牙，成为了蛀牙大王，很多小朋友都不爱和他一起玩，后来，在医生的帮助下，蛀牙大王修好了牙齿，天天刷牙牙齿健康的故事。宝宝会很感兴趣，可能还会常要求再听。这样，宝宝就不敢不刷牙了。

**5 反例震慑族：宝宝自觉去刷牙**

在其他小朋友掉牙的时候或者面对爷爷奶奶牙齿稀疏的时候，宝宝会好奇地问："妈妈，他们的牙齿怎么了？"妈妈就可以说："他们不注意刷牙，牙就坏了。"以后宝宝刷牙不用再提醒，自己主动就会去，还不时地说：小朋友不刷牙，牙坏了，不能吃好东西了。虽然说了一点小谎，但能让宝宝认真刷牙，妈妈会觉得值得。

**6 竞赛族：比比谁最棒**

宝宝不爱刷牙，可以开展全家刷牙大赛——每天早上和晚上临睡前，一家三口争先恐后地来到卫生间刷牙，比比谁刷牙最积极、最认真、最彻底，获胜者能得到一朵小红花。这样，宝宝就会成为刷牙最积极的一位了。

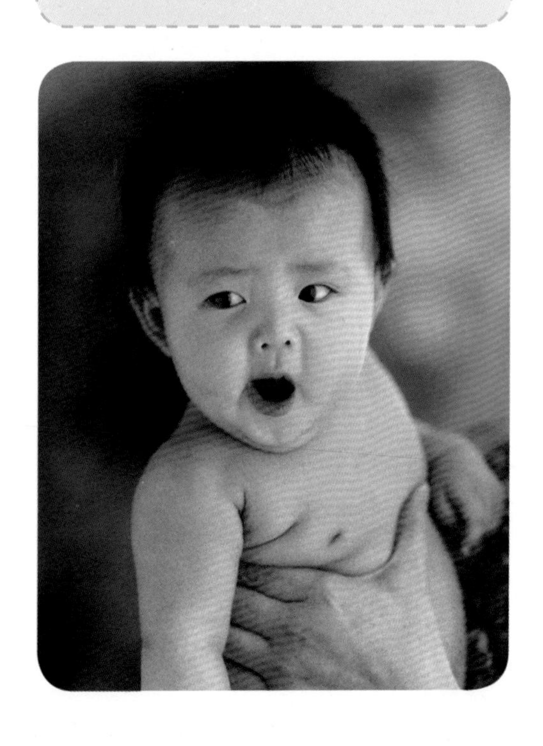

## 清除宝宝的鼻屎

### 宝宝为什么容易有鼻屎

新生儿鼻腔分泌物，有一部分为羊水和胎脂；另一种常见的垢物，多半是因宝宝吐奶或溢乳时，乳液从鼻腔出来后遗留下来的奶垢。

如果宝宝鼻子里经常有少量的鼻涕流出，干燥后结成痂皮形成鼻屎，颜色呈淡黄色，这也属于正常情况。

### 清除宝宝鼻屎的操作步骤

❶将宝宝置于灯光明亮之处，或者使用手电筒照射。

❷轻轻固定宝宝的头。

❸用棉棒蘸一些开水（冷却后）或生理盐水。

❹将蘸了水的棉棒，轻轻地伸进宝宝鼻子内侧顺时针旋转，即可达到清洁的目的。

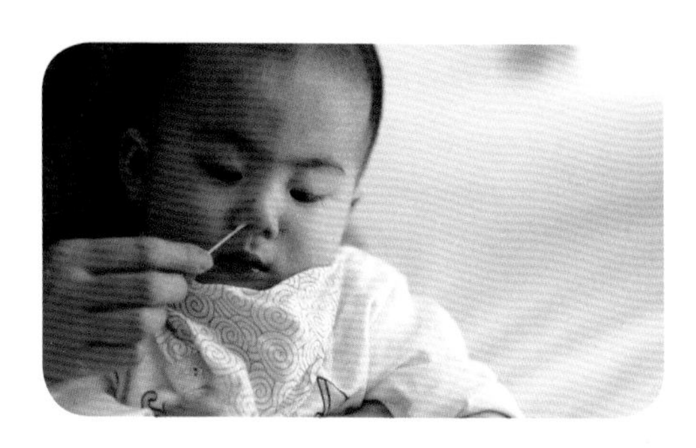

有时宝宝鼻塞并不是因鼻屎造成，而是因异物堵塞。宝宝好奇心强，有时玩一些小石头、小积木块、小哨子、扣子、小橡皮头、瓶盖、纸团，爱把这些小东西往鼻子里边塞；有时会边吃葵花子、花生米、炒豆、果仁，边把这些东西塞入鼻腔。因宝宝的鼻腔小，这些东西塞进去，宝宝自己又取不出来，结果就表现为一侧鼻腔堵塞，通气不畅；继发感染，黏液逐渐变为脓性；如果异物停留过久，可造成鼻黏膜糜烂，长出肉芽，流出血性鼻涕，发出臭味。

**小贴士**

✕ 清理鼻屎的错误做法

很多妈妈一看到宝宝鼻腔中的“脏污”，就会忍不住用手指挖，请一定要“戒急忍”，因为这样的动作较容易使宝宝鼻黏膜受伤。

## 耳部的清洁与保养

在平时，耳朵主要用水清洗即可。在洗澡的时候，要用起泡的香皂仔细地清洗耳后及耳周围，用浸湿的纱布或者浴巾小心地擦拭。特别要注意用纱布或浴巾仔细地擦洗耳沟或耳孔。正常来说，耳垢会随着身体的移动，自行脱落出来，而宝宝的耳垢，即使不去清理，也不会对宝宝的听力造成任何影响。

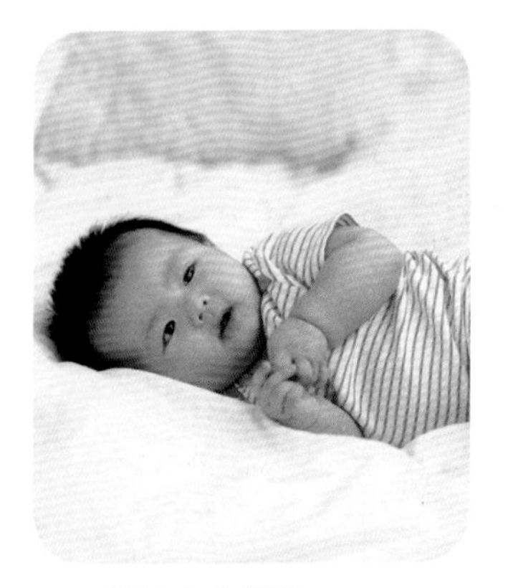

**❶让宝宝侧卧**

为了不让宝宝感到紧张，要边跟他说话，边使其侧卧。

**❷仔细清洗宝宝耳郭周围**

妈妈将涂有香皂的纱布或浴巾缠在手指上，仔细地擦洗宝宝的耳郭及周围。

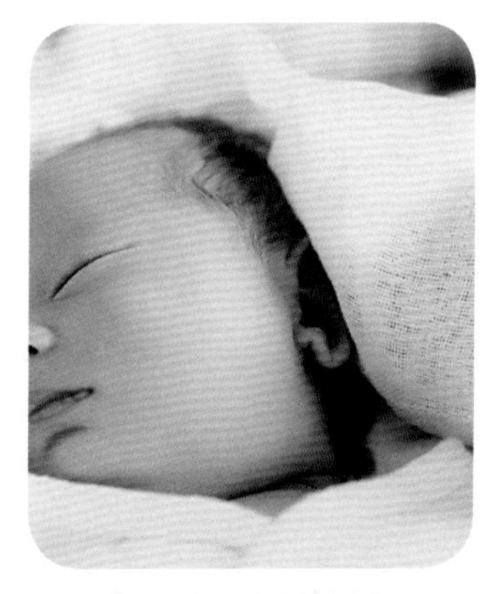

**❸稍稍用力地擦拭**

用浴巾或者棉签轻轻用力清除残留在耳部的水珠。

## 如何给宝宝剪指甲

剪指甲时宝宝往往会很不配合，使妈妈无从下手，这里就有好多技巧要学。

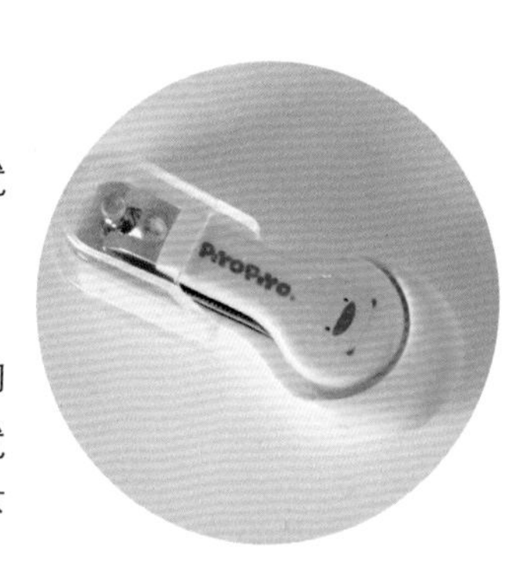

### 勤剪指甲很重要

宝宝的指甲以平均每星期0.7毫米的速度生长，而他们的手指头本来就比较小，所以按照这样的生长速度，指甲很快就会超过指尖。如果不及时修剪过长的指甲，就可能会导致以下这些后果：

长指甲容易藏污纳垢，滋生细菌，成为疾病的传染源。

宝宝在用长指甲抓痒时，很容易划伤皮肤，而指甲里的细菌就会趁机而入。

宝宝活泼好动，而新生指甲又薄又软，长指甲就很容易在活动中被翻起并折断，严重的还可能会伤到手指皮肤。

月龄小的宝宝喜欢握紧小拳头，长指甲就会在他们的手掌心上掐出深深的伤痕。

### 修剪指甲的频率

一般来说，手指甲的生长速度较快，建议1周内修剪2～3次；而脚指甲生长则慢得多，一般1个月修剪1～2次。

指（趾）甲的合适长度是：指（趾）甲顶端与指（趾）顶齐平或稍短一些。

### 修剪指甲的技巧

**最佳时机**

0～1岁，建议在宝宝熟睡时进行修剪。因为熟睡中的宝宝对外界敏感度大大降低，妈妈就可以放心进行修剪工作了。

1～2岁，熟睡后当然还是一个好时机，但这个阶段的宝宝睡眠时间逐渐减少，妈妈也可以尝试在他喝奶或做安静游戏时给他修剪。

2～3岁，这个阶段的宝宝已经能领会家长的意图了。妈妈不妨明确告诉他剪指甲的目的，并要求他配合，在剪完后给予鼓励和表扬。

**小贴士**

尽量不要剪伤宝宝或在宝宝情绪不佳时强行剪指甲，以免他对剪指甲产生反感或抵触情绪。

### 给宝宝剪指甲的操作步骤

**正确的姿势**

❶剪手指甲：趁宝宝熟睡时，把宝宝放在身体的旁边，也可以抱着。用拇指和示指牢牢地夹住宝宝的手指尖儿。

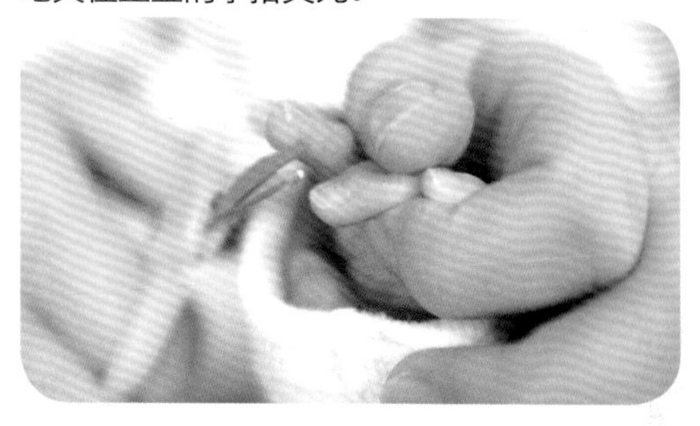

❷剪脚趾甲：将宝宝的小脚放到妈妈的手中，稳稳固定住。在皮肤和指甲之间留出一定间隔后再剪。

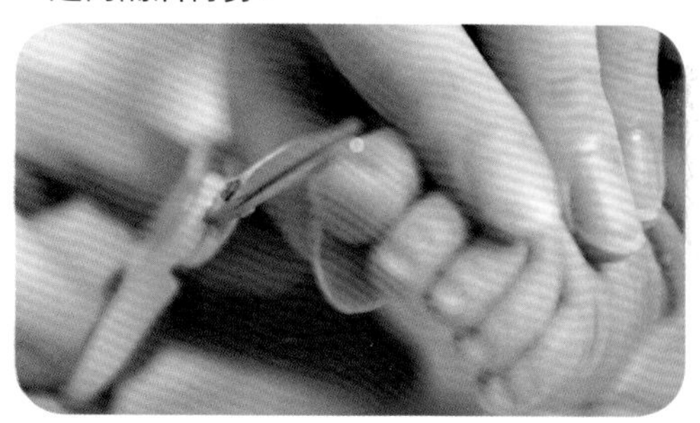

**握手的方式**

分开宝宝的五指，重点捏住其中一个指头剪。剪好一个换一个。最好不要同时抓住一排指甲剪，以免宝宝突然一排手指一起动起来，力大不易控制，而且也容易让剪刀误伤其他指甲。

**修剪的顺序**

先剪中间再修两头。因为这样会比较容易掌控修剪的长度，避免把边角剪得过深。

**修圆的工作**

两次修剪过后可能会把指甲剪出尖角，务必要把这些尖角再修剪圆滑，避免此尖角长成为抓伤宝宝的“凶器”。

**检查**

妈妈可用自己的手指肚沿宝宝的小指甲边摸一圈，进行一次检查，发现尖角就及时清除掉。

**肉刺处理**

及时发现并处理宝宝指甲边出现的肉刺。千万不能直接用手拔除，以免拉扯过多，伤及周围皮肤组织。仔细用剪刀将肉刺齐根剪掉。

**清洁污垢**

对于一些藏在指甲里的污垢，最好在修剪后用清洗的方式来清理，不宜使用尖硬物来挑。

**避免“嵌甲”**

指甲两侧的角不能剪得太深，否则新长出来的指甲容易嵌入软组织内，成为“嵌甲”。嵌甲会损伤指甲周围的皮肤，造成皮下组织的化脓性感染，引发甲沟炎或其他炎症。

## 剪指甲时需做的护理工作

❶给宝宝的手涂上一些油脂含量较高的润肤油（尤其是在干燥的秋冬季节），在保护手部肌肤的同时也保护了宝宝的指甲，使指甲保持光亮、坚韧。

❷为宝宝做一些简单的手部和指部的按摩，既可给予一定的感官刺激，又可促进手指的血液循环，供给指甲充足的养分。

❸观察宝宝的指甲，如果指甲边缘的肉发红、发烫，宝宝表现出疼痛，不让碰，那就要留心是否患甲沟炎了。早期发现，基本可以通过热敷、涂红霉素软膏等方式治愈；但如果妈妈粗心，未在早期及时发现或治疗，则可能发展为皮下或甲下脓肿，那就要通过手术来解决了。

❹构成指甲的主要成分是蛋白质和钙。如果发现宝宝指甲易碎、易剥落，就要注意及时为宝宝添加豆类、鱼类、谷物等蛋白质和钙含量高的食物来补充养分。

# 护理宝宝的脐部

宝宝出生剪断的脐带，一般来说需要1～2周的时间才会脱落。在这期间，倘若脐部潮湿且护理不洁净，宝宝很容易受到感染，严重的还有可能引起败血症、腹膜炎等疾病。因此，妈妈必须在这一特殊时期，仔细做好宝宝的脐带护理工作。

## 宝宝脐部的日常护理

面对新生儿的小肚脐，很多妈妈都会不知从何下手进行护理。拿着棉签棒的手哆哆嗦嗦，生怕自己弄痛了宝宝，或是拉扯到脐带而对宝宝造成伤害。所以，学会为宝宝做脐带护理，是每个妈妈的必修课程。如何进行脐部护理才是“正确”的?

**脐部护理只要做到保持洁净干爽，避免潮湿即可**

❶日常护理时，用酒精进行消毒，以加速脐带的干燥，避免细菌感染。

❷宝宝每次洗澡完毕后，肚脐部位的水分要以棉花棒擦拭干净，保持肚脐干净。再以棉签蘸取酒精，由脐带根部或凹处开始，然后向外擦至肚脐周围皮肤止。

❸若发现脐带潮湿或被尿液、粪便污染，要及时清理、消毒。妈妈在操作时要注意手势的轻重，但也不必害怕伤到宝宝，因为脐带不会这么容易就被拉掉，所以只要胆大心细地做就好了。

❹等到脐带脱落之后，也要继续做好脐带护理，因为刚脱落的肚脐处，可能渗出一些血水，容易引发炎症，所以脐部护理要进行到它痊愈为止。

在照顾新生儿肚脐时，要记得随时留意宝宝的脐带处是否潮湿，或是脐带处有无渗血，渗出清黄色液体或粪便颗粒等异常现象。

如果发现宝宝有任何脐带异常现象时，务必及时就医，才能及早发现问题，及早治疗。

## 护理宝宝脐部的操作步骤

宝宝的脐部需要特殊的呵护，妈妈们更要熟悉护理脐部的操作步骤。

**未完全干燥的脐部护理**

❶准备消毒液：用棉签蘸取消毒液（75%酒精）。

❷用消毒液消毒：轻轻地将未脱落的脐带拿起，用蘸有消毒液的棉签仔细地擦洗周围。尤其是脐带的根部，要用消毒液擦洗一遍。

**完全干燥的脐部护理**

❶用香皂清洗脐部：洗澡时可以用妈妈的手指或者浴巾，使用香皂清洗脐部，强度同洗肚子时类似。

❷用浴巾仔细清洗脐部的周围：洗澡之后，将身体及脐部擦拭干净，再用纹理细致的浴巾或纱布吸干脐部的水分。

❸擦净脐孔中的水分：将浴巾或纱布缠绕于手指上，擦除脐孔里残留的水滴。注意用力要轻。

# 第七节 宝宝抚触

轻轻地抚摩宝宝，是父母与宝宝建立深厚纽带的关键环节，对于宝宝身心的发展有着极为重要的作用。

## 抚触开始之前

每次的抚触，所有部位的全程时间总计控制在15～20分钟。可以从任何部位开始，也可以反复地抚触同一部位。基本是在身体裸露的状态下抚触，当然也可以穿着尿布。室温大约控制在25℃即可。抚触的过程中妈妈别忘了和宝宝说笑。

## 头部

神经科学家发现，生命最初的3年是大脑迅速生长变化的关键时期，宝宝3岁时的大脑估计有1 000万亿个突触连接——几乎相当于成人的2倍。

❶额头

双手固定宝宝的头，双手拇指指腹由眉心部位向两侧推依次向上滑动，止于前额发际。

1

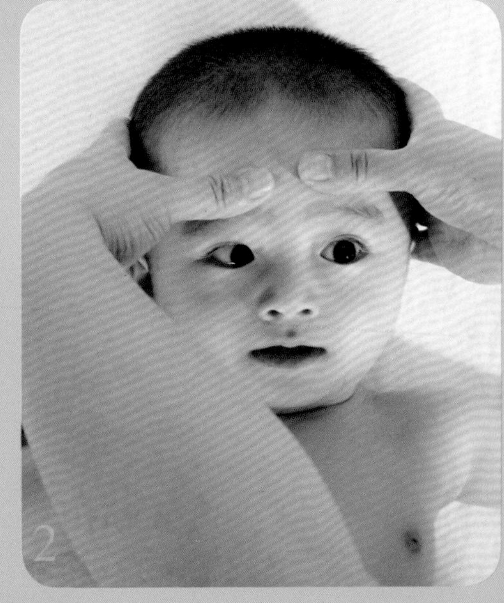

2

❷下颌部

双手拇指由下颏中央分别向外上方滑动，止于耳前。并用拇指在宝宝上唇画一个笑容。

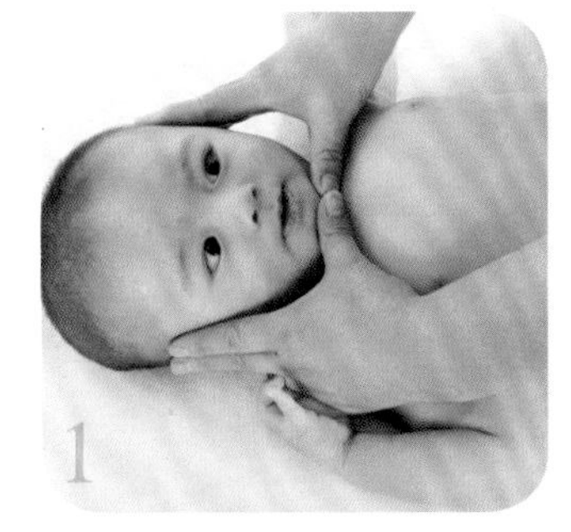


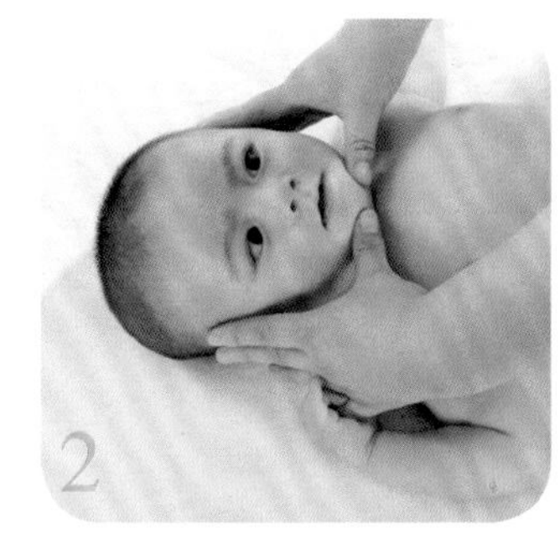

**小贴士**

对宝宝进行头部抚触可以使宝宝的神经得到放松，从而体验到更大程度上的安逸与享受。当我们面对着宝宝那双充满无知与幼稚的双眸，那张不住地在吮吸着寻觅着食物的小嘴时，总会有一股爱的激流涌上心头。

## 胸部

左手放在宝宝的胸廓右缘，左手示指、中指腹由右胸廓外下方经胸前向对侧锁骨中点滑动抚触。

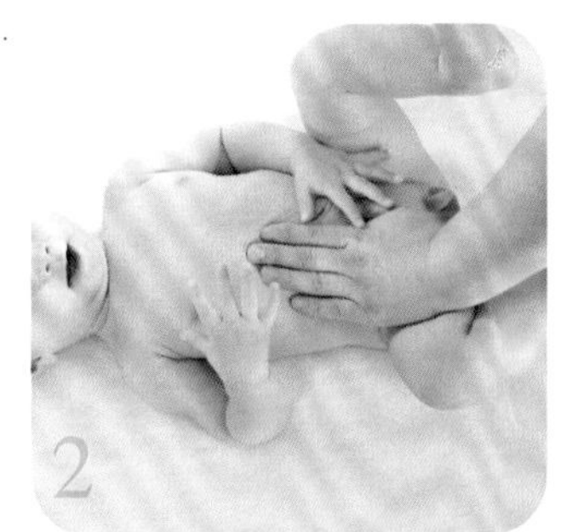


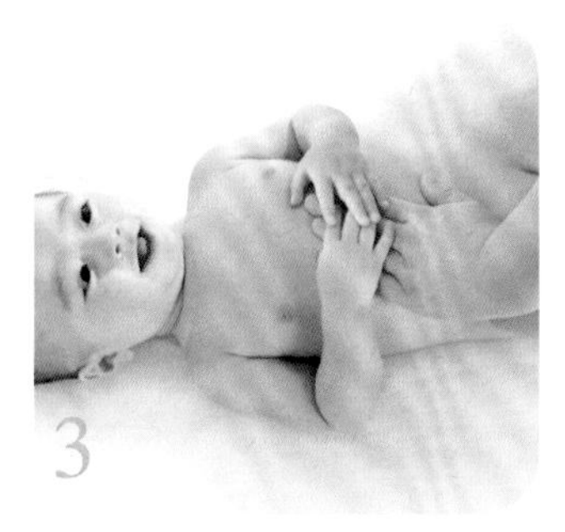


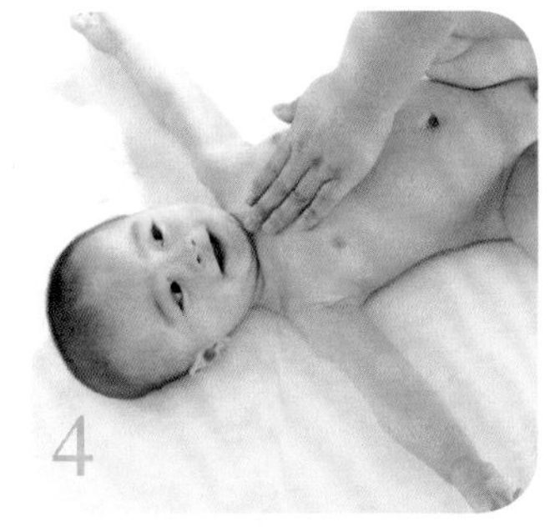


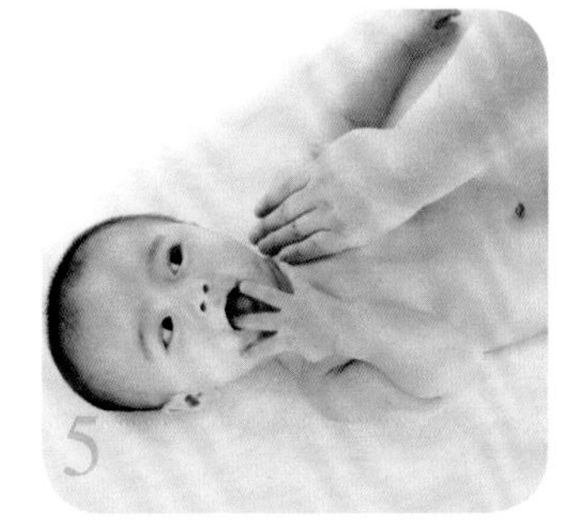

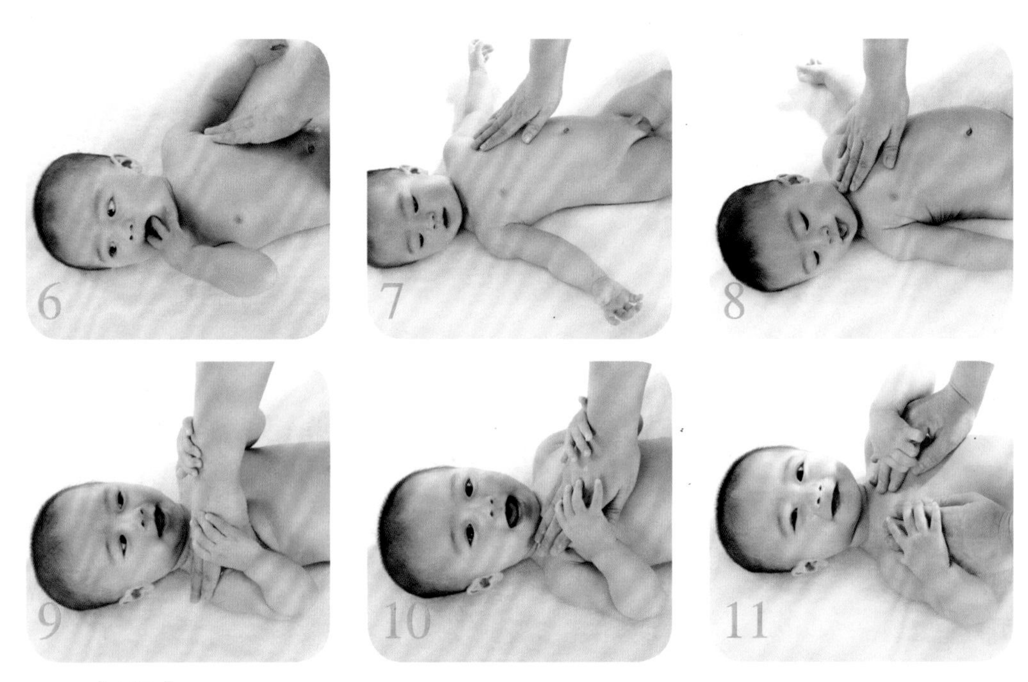


**小贴士**

避开新生儿乳腺。重复动作，右手放在宝宝胸廓左缘，右手示指、中指腹由左胸部外下方向对侧上方抚触。

## 腹部

腹部抚触可以增强肠激素的分泌，让迷走神经活动更旺盛，有助于增加宝宝食量，促进消化吸收和排泄，加快体重增长。

**❶“∩”形按摩**

左手固定宝宝的右侧髋骨，右手示指、中指腹沿升降结肠做“∩”形顺时针抚触，避开新生儿脐部。右手抚在髋关节处，用左手沿升降结肠做“∩”形抚触。

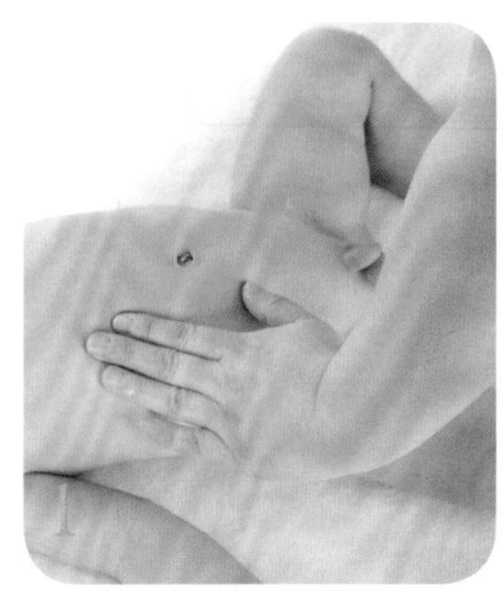

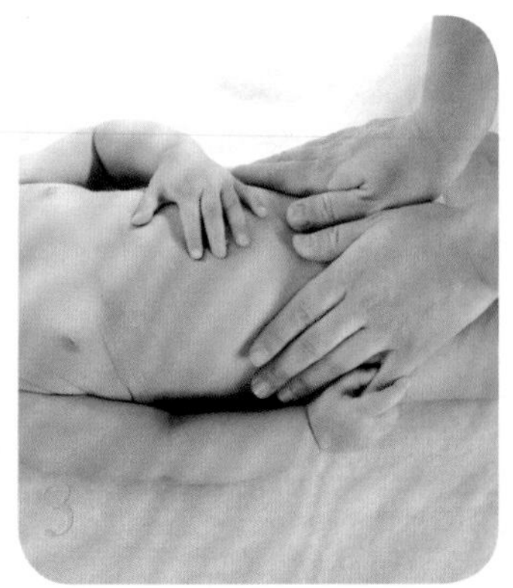

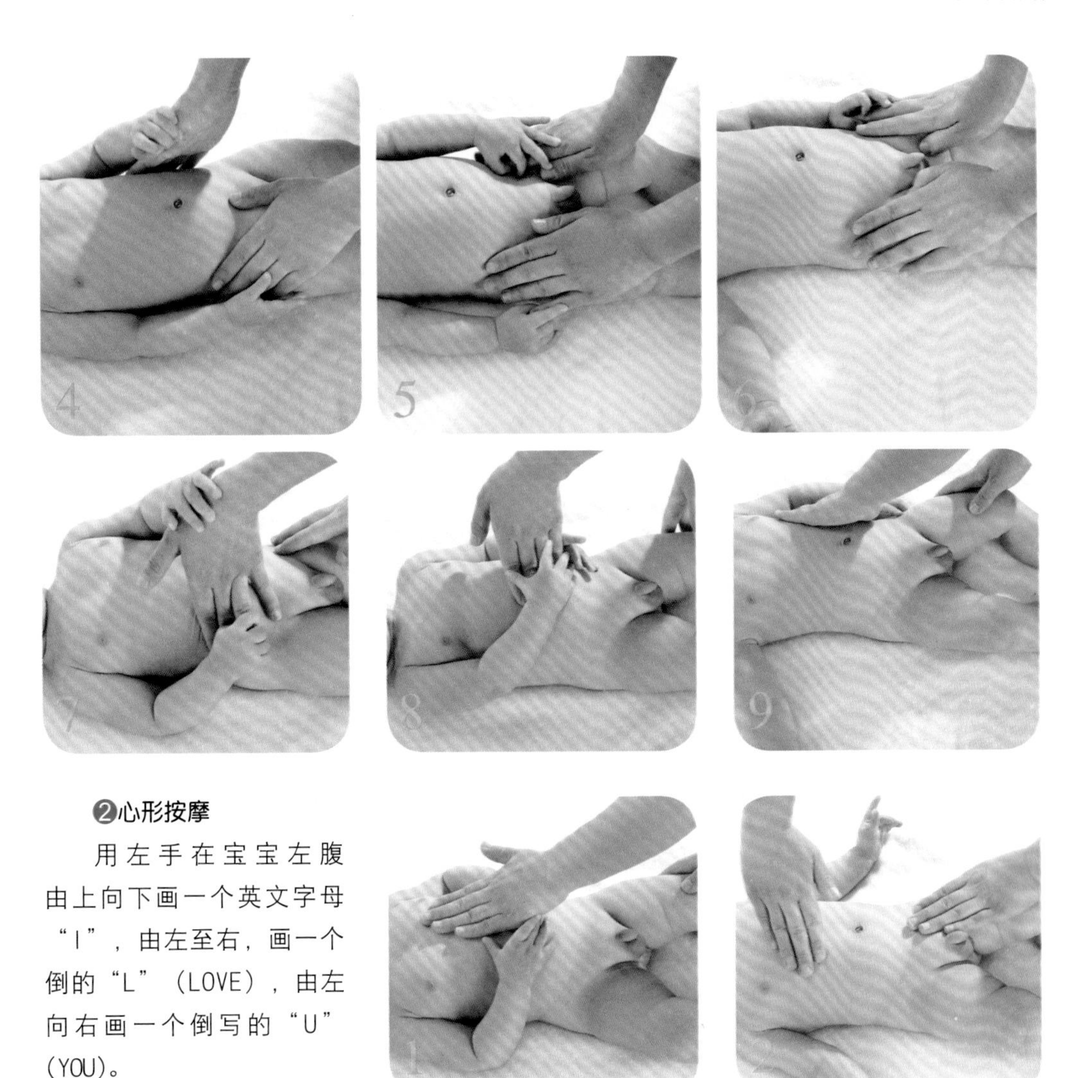

❷心形按摩

用左手在宝宝左腹由上向下画一个英文字母“I”，由左至右，画一个倒的“L”（LOVE），由左向右画一个倒写的“U”（YOU）。

## 四肢

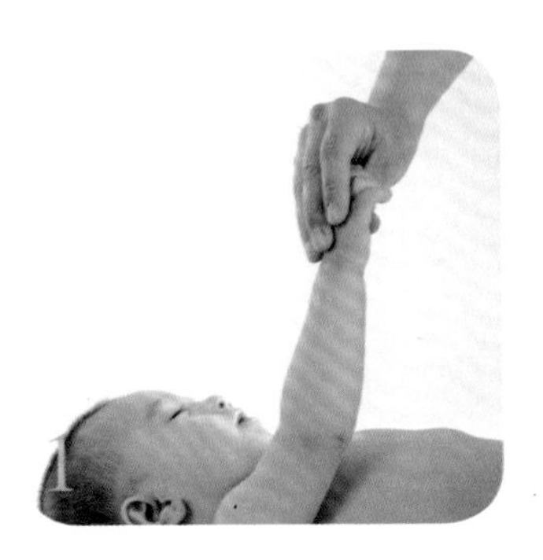

四肢的抚触是功能的唤醒，这有利于宝宝精细动作的发展，有助于宝宝的血液循环，促进皮肤的新陈代谢，增强宝宝皮肤抵抗疾病的能力，从而促进宝宝皮肤的健康。

❶上肢

用右手握住宝宝右手，虎口向外，左手从近端向远端螺旋滑行达腕部。反方向动作，左手拉住宝宝左手，右手螺旋滑行达腕部。

**❷手部**

从近至远抚触宝宝的手背，沿着宝宝手纹的方向抚触宝宝的手心，再轻轻揉搓牵拉每根手指。

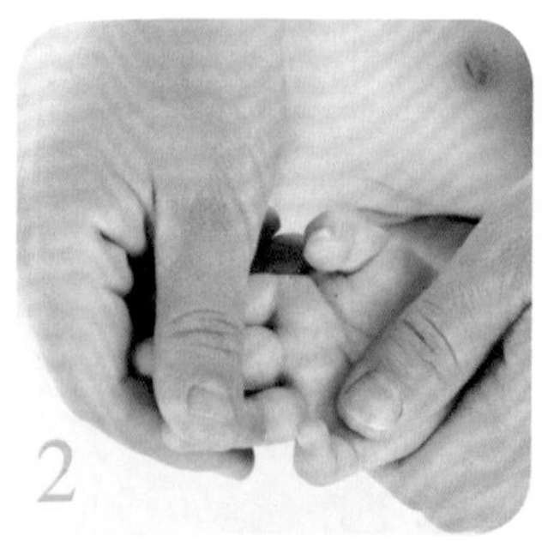

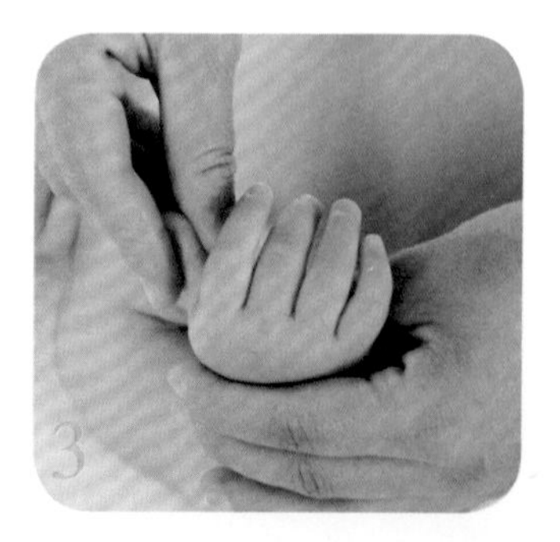

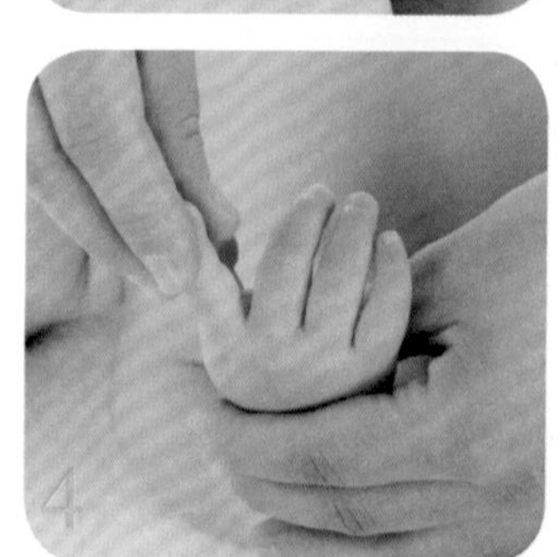

❸下肢

用右手拎住宝宝的右脚，左手从大腿根部向脚腕处螺旋滑行。

用左手拎住宝宝的左脚，右手从大腿根部向脚腕处螺旋滑行。

如上肢动作，过程中阶段性用力，挤压肢体肌肉。然后从上到下滚搓。

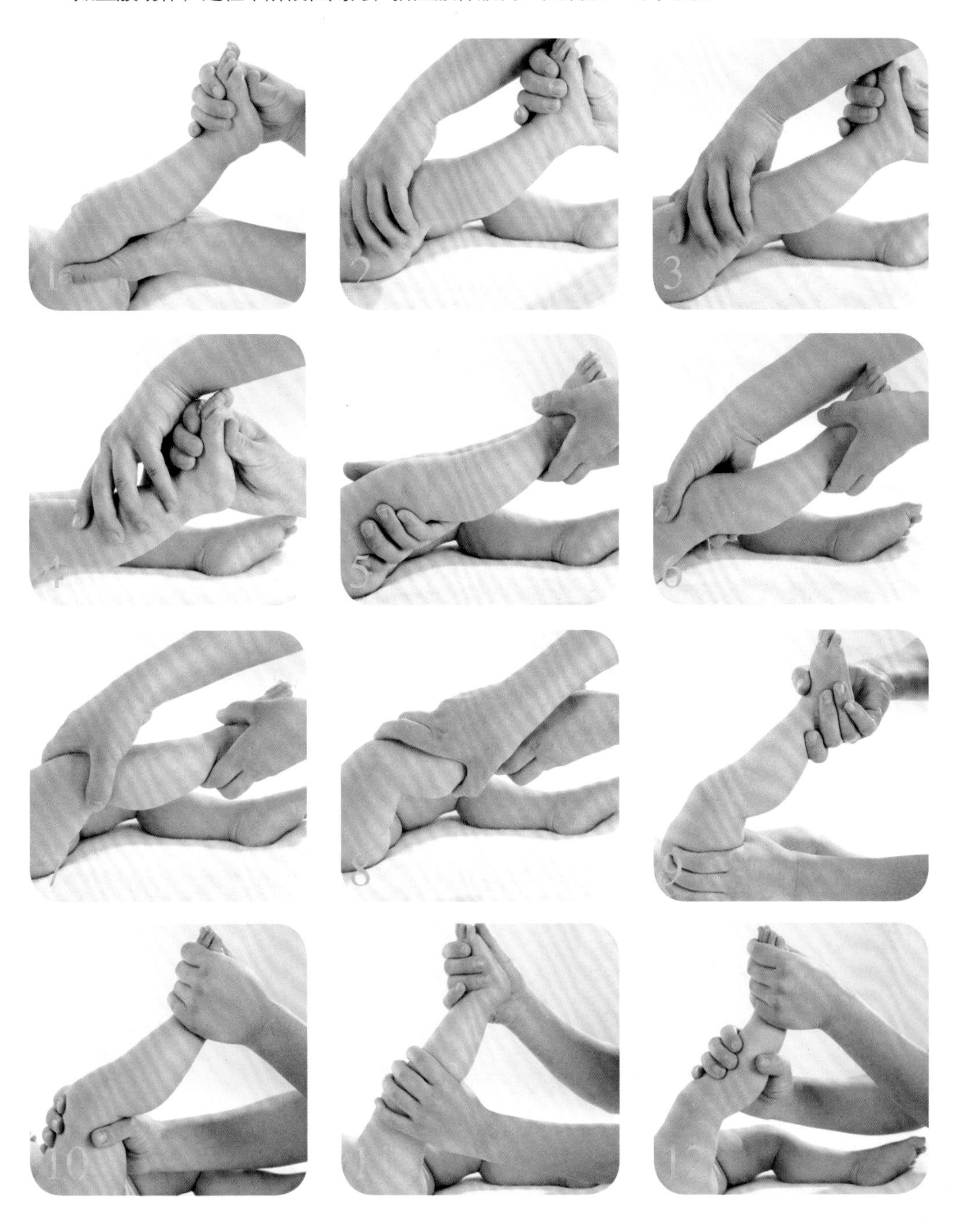

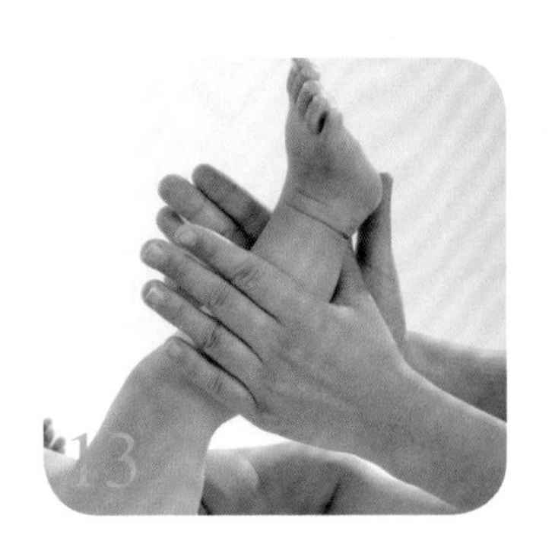

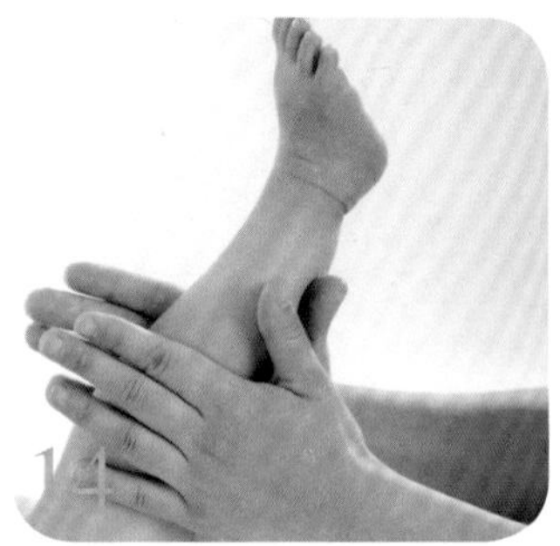

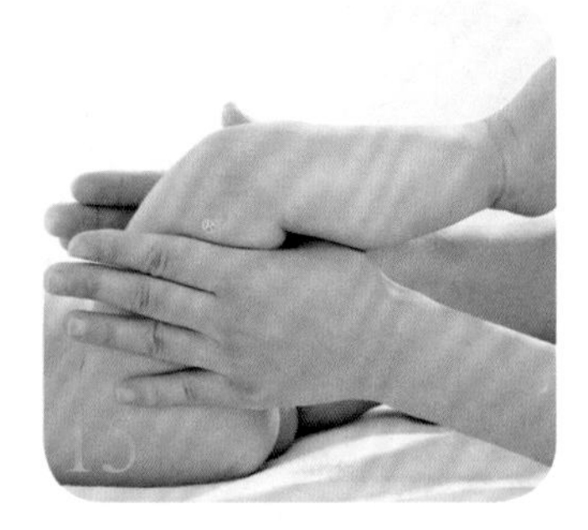

**小贴士**

宝宝到了爬的时候，可以适当减少抚触量，教宝宝多爬，学走路的时候，给宝宝做些腿上和脚丫的抚触。

❸足部

沿着宝宝的脚纹方向抚触宝宝的脚心，用拇指的指腹从脚跟交叉向脚趾方向推动。然后轻轻揉搓牵拉每个脚趾。

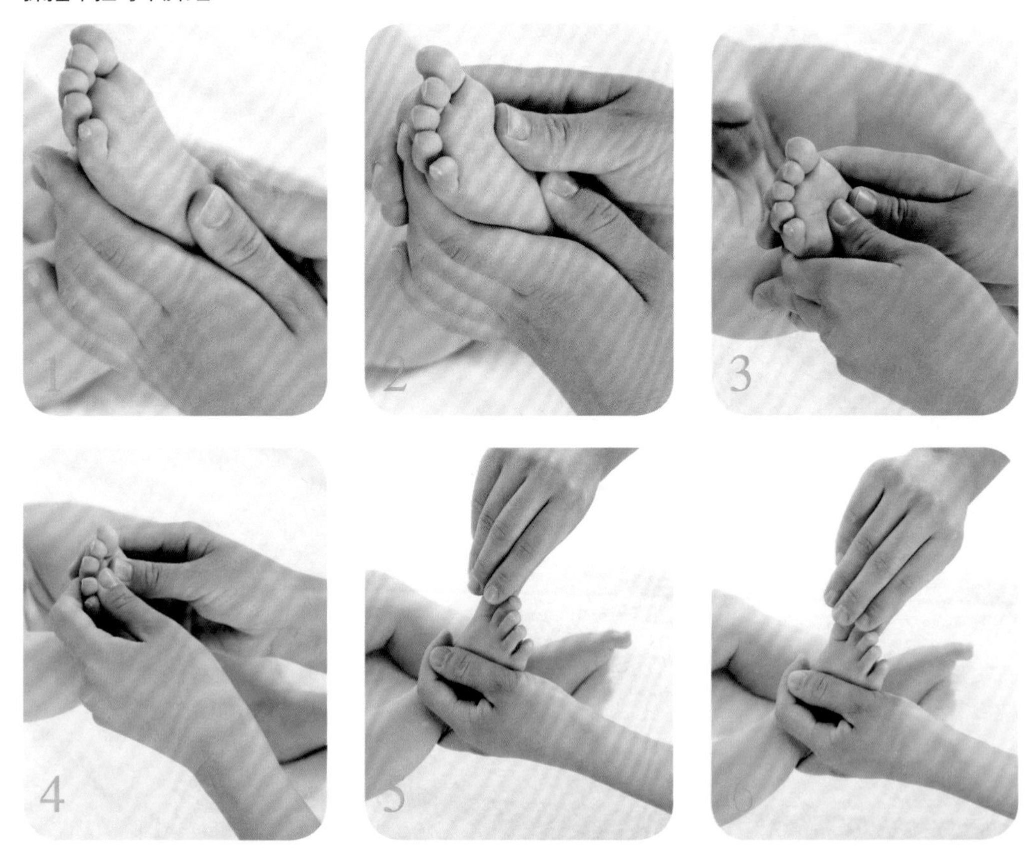

## 背部

背部抚触时由于宝宝看不到妈妈的身影，在抚触过程中，不仅要注意手法稳、准，始终保持一只手与宝宝的肌肤接触，更重要的是，妈妈要不断地与宝宝说话，与宝宝保持身体的接触和情感的交流，让他消除疑虑。

让宝宝呈俯卧位，以脊柱为中点，双手手指指腹向外滑行，从上滑向骶尾部。

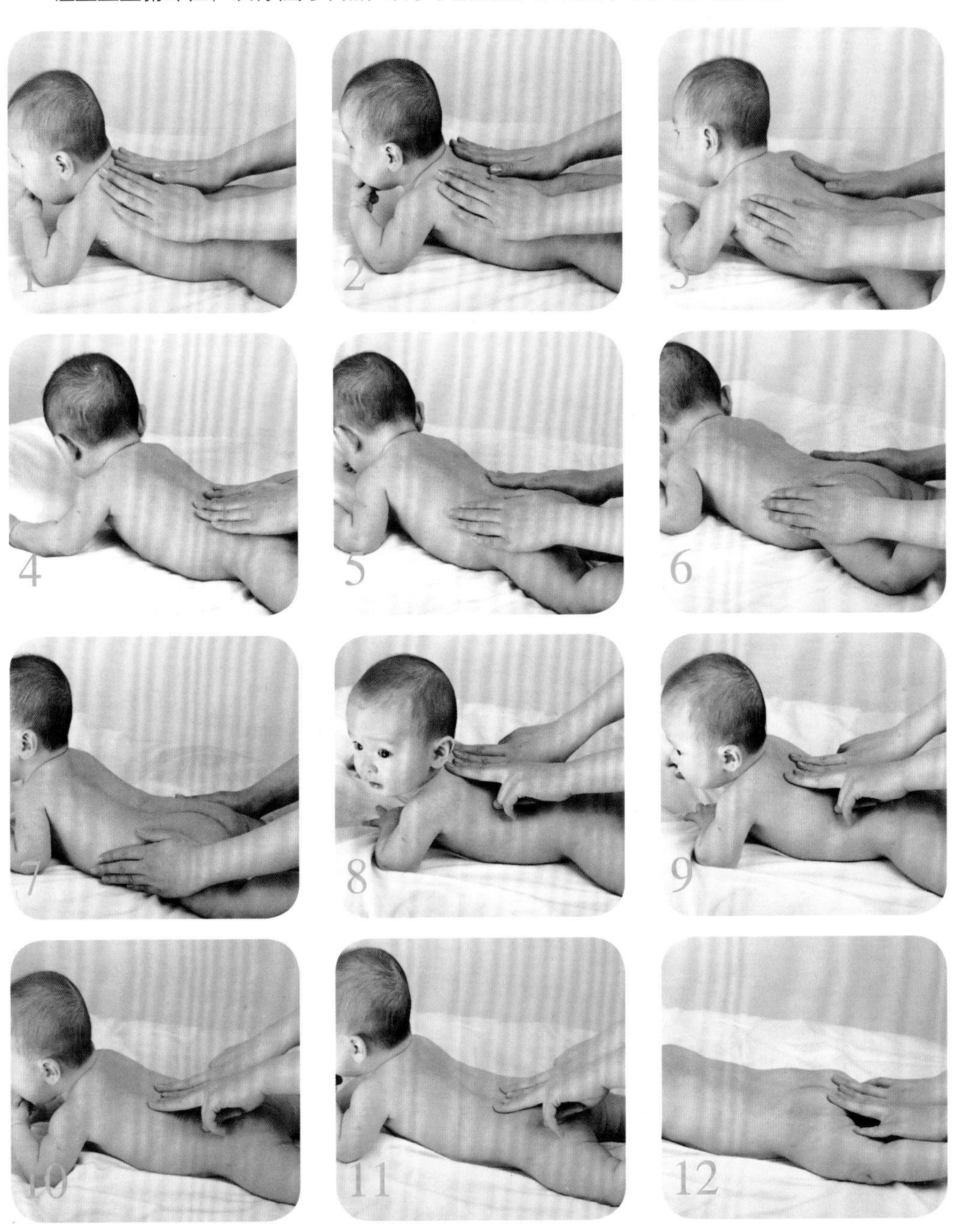

## 臀部

新生儿臀部皮肤被尿液、粪便污染后，容易出现臀部皮肤的感染，这会使宝宝感到非常不适，因而，为宝宝做臀部抚触既是一种关爱，也是一种治疗。

双手掌心分别按住宝宝臀部左右侧，均向外侧旋转，“心”形揉搓宝宝的臀部。

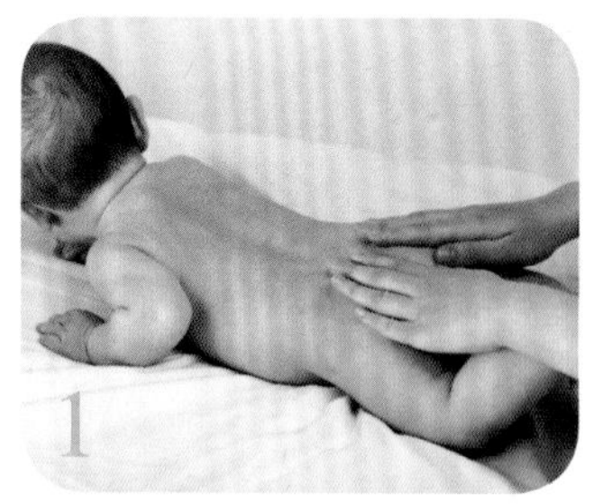

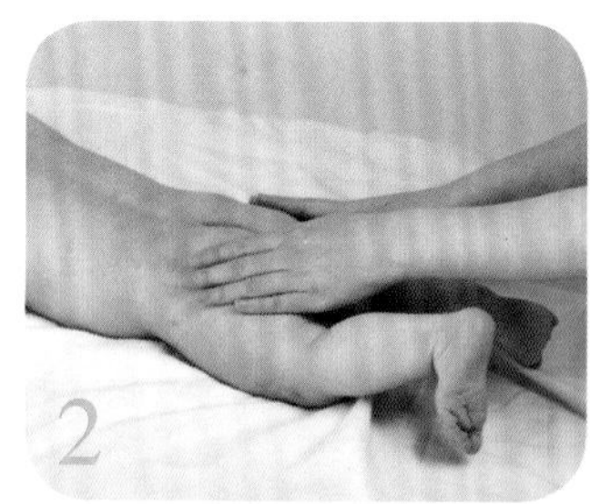

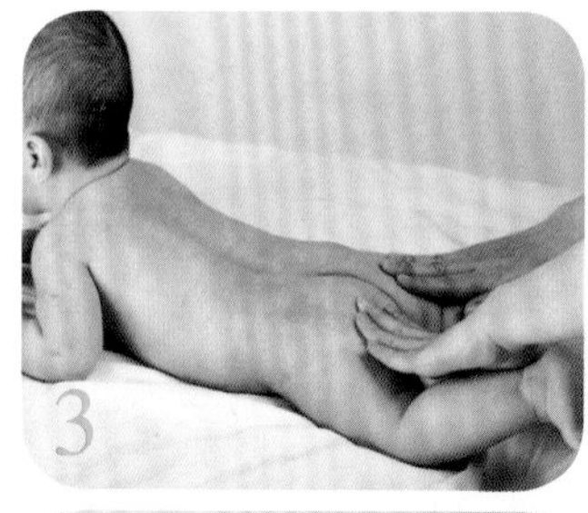

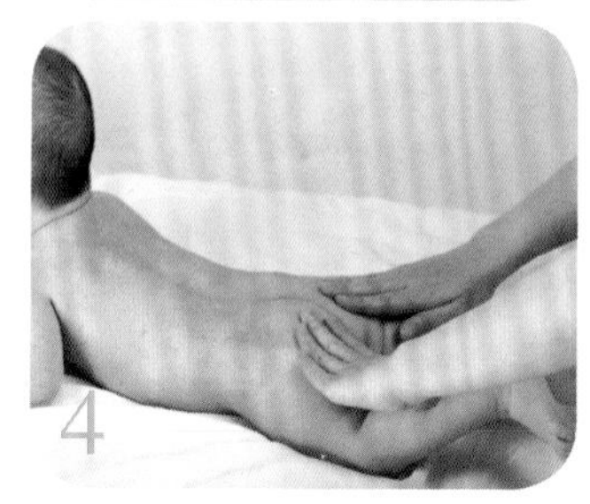

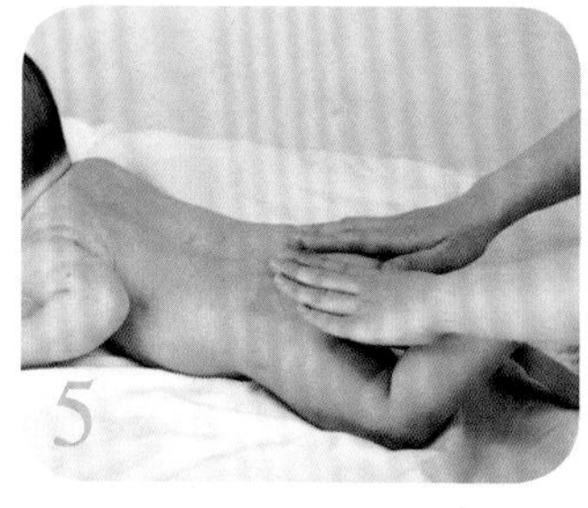

**小贴士**

宝宝对抚触的需要是天生的，爸爸妈妈为了宝宝的健康，一定要坚持抚触。

## 抚触结束

按按宝宝的鼻梁，沿着鼻梁向下抚触至上唇。再敲敲宝宝的脸蛋，让宝宝放松一下，告诉他，我们的抚触结束了！

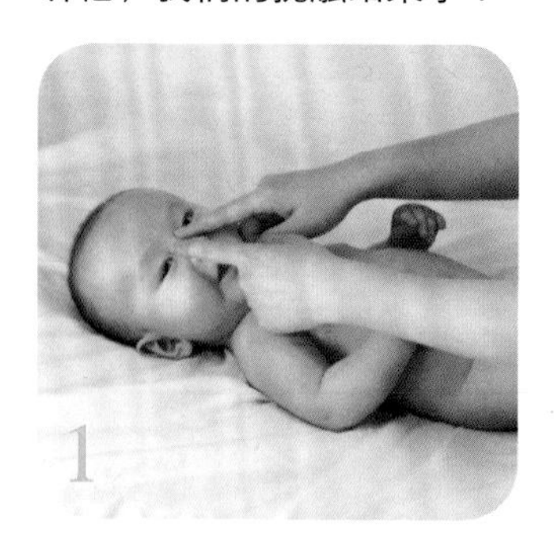

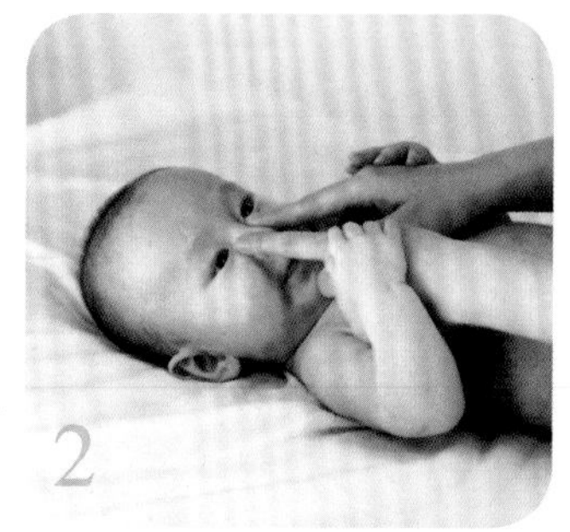

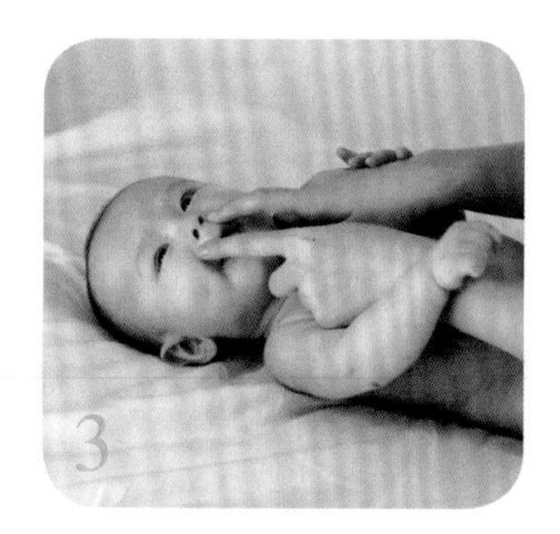

**小贴士**

接触结束以后，要记得对着宝宝说“是不是很开心啊”。按摩能够加速新陈代谢，会造成嗓子的干渴，所以每次抚触之后要及时地补充些凉开水，妈妈哺乳也可以。但是如果宝宝在抚触后睡着了，就暂时没必要叫起来喝水。

# 婴幼儿早期教育

## 早期教育培养聪明的宝宝

如何开发宝宝的智力、促进宝宝的能力发展、发掘宝宝的潜能？我们帮你做到游刃有余。

# 第一节 0～6个月：宝宝大变化

## 第一个月：需求多多

### 让宝宝握住妈妈的手指

这是锻炼宝宝把握反射的能力。这个反射可以将宝宝手上接触的刺激传达到大脑，从大脑中送出“动”这个命令，引起肌肉收缩。宝宝出生后两个月，这种反射运动就要出现抑制性的倾向，渐渐消失。所以，要趁反射还没有消失，让宝宝好好地学习握东西的能力。

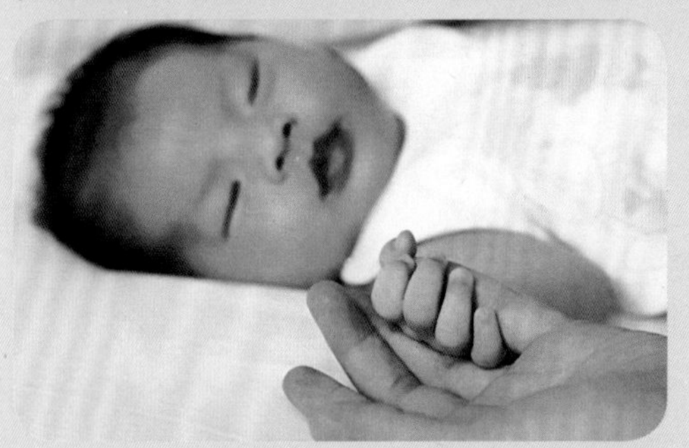

让宝宝握住妈妈的小手指，慢慢地摇动，注意手指不要脱离。让宝宝紧紧地握住，反复进行练习。

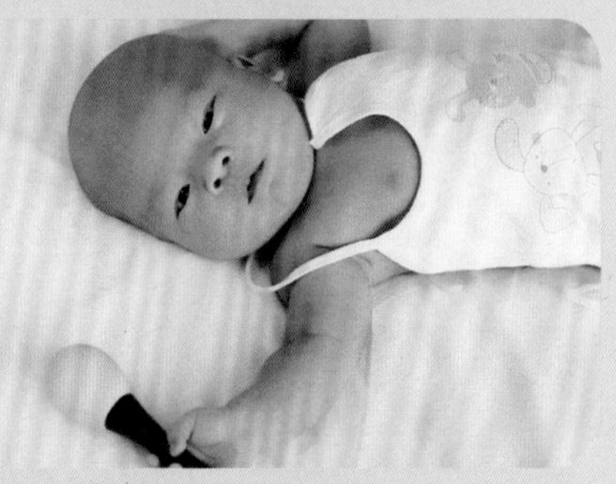

不仅是妈妈的手指，使用合乎宝宝手指尺寸的棒子、标签笔等，也可以练习宝宝的双手握住能力。

### 训练宝宝对声音的反应能力

宝宝哭了，是为了让妈妈知道他的需求。当宝宝哭的时候，父母可通过仔细观察，了解他哭声的含义究竟是不舒服了、饿了，还是只想得到关注。当宝宝哭的时候去照顾他，这并不是在宠他，因为这样做能够让宝宝感受到爱并获得安全感。尽可能多地与他交谈，多对他微笑，多抚摸他。父母可探究性地询问宝宝：“哦，宝宝饿了呀，妈妈给你喂奶。”同时配合喂奶的动作，或如“宝宝想让妈妈抱了呀，来妈妈抱一抱”，同时配合抱的动作。

| | |
|---|---|
| 和宝宝说话 | 发出轻微的声音，如咕咕声，让宝宝知道你在附近，你正关注着他；或者和宝宝说话 |
| 放音乐 | 给宝宝播放一首优美的轻音乐或活泼欢快的儿歌 |
| 轻摇宝宝 | 轻摇宝宝，边摇边哼着儿歌。可以把他抱在怀里摇，也可以把他放在摇椅上摇，但最好是抱在怀里摇 |

### 认认灯

★游戏物品　灯

★游戏方法　妈妈手指天花板上的吸顶灯让宝宝看，一边指一边嘴里念着“灯”，让宝宝形成初步的印象。

给妈妈的话

这个阶段的宝宝还不能够认识物体，但是爸爸妈妈可以潜移默化地训练，等到宝宝5个月以后就会逐渐认识了。

### 寻找声音来源

★游戏物品　橡皮捏响玩具、八音盒、动物琴、拨浪鼓等。

★游戏方法　在宝宝的视线内弄响给他听，缓慢、清晰、反复地告诉他名称，待其注意后，再慢慢移开，让他追声寻源。

给妈妈的话

注意视听训练的声响不能太强、太刺耳，要柔和，否则形成噪声，妨碍宝宝听觉统合的健康发展，甚至造成日后的拒听。

## 第二个月：笑容多多

### 逗引宝宝伸手拿玩具

自己伸手拿玩具对这个月的宝宝来说不仅仅是简单的手部运动，还是宝宝按照自己意志行动的第一步。宝宝趴着、躺着时，父母可以拿一个彩色的玩具在宝宝的头前部摇响，引逗宝宝把手伸出来。当宝宝表现出不感兴趣的时候，可以先让宝宝休息一会儿，或者选择一些带声响的玩具。

### 通过小手认识世界

在发育成长的过程中，宝宝的小手比嘴先会“说话”，他们往往先认识自己的手，有许多时候他们会两眼盯着自己的小手很仔细地看个没完。因此，手是宝宝认识世界的重要部位。

### 拨浪鼓

★游戏物品　拨浪鼓或其他可以抓握的玩具。

★游戏方法　妈妈将宝宝放在床上，用拨浪鼓柄碰触宝宝的手掌，让宝宝的小手握住拨浪鼓2～3秒钟不松手。也可以换一些其他的玩具让宝宝抓握。

给妈妈的话

妈妈可以通过这个游戏训练宝宝手指的灵活性，如果手指灵活性的练习不够，他的精细动作发展能力可能会因此落后。

### 笑一笑

★游戏方法　妈妈可以抱着宝宝轻轻地、缓慢地前后摇摆着，同时轻轻地抚摸宝宝，当宝宝朝你微笑时，要表扬他、亲吻他，并让他知道这样使你很开心。或者用宝宝喜欢的玩具逗宝宝，让宝宝在这个游戏过程当中开心地笑起来。

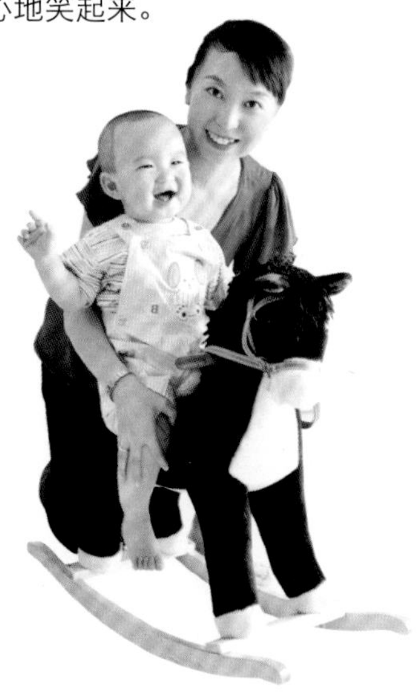

给妈妈的话

这个游戏能让宝宝笑口常开，让宝宝在婴儿时期就能每天保持开心的心情和状态，为以后宝宝的健康成长和乐观的人生态度的形成，创造一个良好的开端。

## 第三个月：运动多多

### 进行蹬腿练习

先让宝宝脚尖着地进行练习，很快就能够爬行了。当宝宝俯卧时，父母可以用手抵住宝宝的足底，虽然此时宝宝的头和四肢尚不能离开床面，但宝宝会用全身力量向头方蹿行。训练宝宝蹬踏的时候要有节奏地数着1、2、1、2的节拍。

### 用玩具诱使宝宝爬行

在宝宝前面放置宝宝感兴趣的玩具，来促使宝宝爬行。最初，宝宝可能仅是拍手脚，不能前行，这时要父母帮助宝宝做蹬腿练习。如果宝宝能够稍稍向前了，父母可将玩具远离宝宝一点，延长爬行距离。

## 把船划起来

★游戏物品　垫子或枕头。

★游戏方法　妈妈坐在地板上，伸开两条腿呈“V”形，如做拉伸练习。然后让宝宝面对着妈妈坐着，用结实的垫子或枕头稳稳支撑在宝宝背后，让宝宝可以保持平衡。紧紧抓住宝宝的手，轻轻拉他的胳膊，让他向妈妈方向倾斜，而妈妈自己微微向后仰，接着反方向，妈妈向前的时候，宝宝向后。

给妈妈的话

在接下来的一个月里，宝宝也许会第一次在没有帮助的情况下独自坐起来。而这个划船游戏就可以使宝宝的背部肌肉得到锻炼，为学坐做准备。

## 双手拿积木

★游戏物品　两块积木。

★游戏方法　妈妈拿着一块积木递给宝宝，让宝宝用左手接住，然后再拿起另一块积木给宝宝，观察宝宝是伸出右手来接，还是将积木转到右手里，腾出左手来接。

给妈妈的话

如果宝宝不会将左手的积木转到右手里，再伸出左手来接积木，妈妈应该诱导宝宝去转换，让宝宝知道两只手是可以协调使用的。在宝宝抓积木的时候妈妈可以轻轻将宝宝的大拇指和其他四指分开，让宝宝用抓握的方式拿东西，而不是大把抓。

# 第四个月：玩具多多

## 宝宝玩具的选择

| | |
|---|---|
| 镜子 | 6个月以前的宝宝视线会追随着镜子的移动而移动，给他准备一个镜子，宝宝看到镜子中的自己认为是个“小伙伴”，对这个小伙伴会做出亲昵友爱的反应。这对培养宝宝社会的亲和性和对丰富宝宝的视觉体验都很有好处 |
| 便于抓握的小玩具 | 这时他会抓住桌面上眼前的玩具，但还不准确。可给他准备一些各种质地，便于抓握的小玩具，如摇铃、乒乓球等 |
| 色彩鲜艳的玩具 | 可选用一些大的彩色的圈、手镯、脚环、软布球和木块，可击打、可抓握、可发声的彩色塑料玩具等 |
| 毛绒玩具 | 宝宝需要温暖的母爱和安全感，可以选一些手感温柔、造型朴实、体积较大的毛绒玩具，放在宝宝手边或床上 |

## 做个热情的宝宝

### 逗笑能提高宝宝的交际热情

妈妈站在宝宝面前，宝宝看到妈妈，在无人逗引的情况下会开心地笑起来。宝宝3个月时，当有人走近他的时候，他便会笑脸相迎了，和他逗笑或轻触前胸、肚皮，可咯咯笑出声来。

### 培养具有幽默感的宝宝

具有幽默感的宝宝大多开朗活泼，更容易融入周围的环境，同时也能拥有更加快乐、积极的人生。宝宝的幽默感大约有三成是与生俱来的，其余七成则是靠后天培养的。父母应该多给宝宝提供一些有趣的小游戏，更好地培养宝宝的幽默感。

### 多接触人，缓解认生的恐惧心理

❶抱着宝宝，主动和陌生人打招呼、聊天，让宝宝感到这个陌生人是友好的。

❷想要接近宝宝，最好拿着他最熟悉、最喜欢的玩具，这样他会慢慢转移注意力。

❸平时要多带宝宝到户外去，多接触陌生人和各种各样的有趣事物，开拓宝宝的视野。

❹遇到宝宝认生时，妈妈要马上让宝宝回到安全的环境，比如抱到自己怀里或放回到婴儿车里，不要强迫他接受陌生人的亲热，这样只会让他更加紧张，因此，要及时安抚宝宝的情绪。

### 拉扯小环

★游戏物品　一根小绳子，一个小圆环（塑料或者不锈钢的都可）。

★游戏方法　爸爸或妈妈拿来一根小绳子，在绳子前边绑上一个可爱的小环，妈妈先在宝宝面前拉扯小物，待到宝宝感兴趣后，引导宝宝来拉扯这个小物。

给妈妈的话

通过妈妈在宝宝面前演示游戏，来吸引宝宝对新事物的好奇心和尝试新事物的能力。绳子不要有毛刺，要柔软，小物不要用玻璃等易碎品来做。

### 破坏大王

★游戏物品　广告纸、包装纸、玻璃纸、卫生纸等各种类型的纸张。

★游戏方法　把不同的纸张分别递给宝宝，让他自由地揉搓，撕掉。爸爸妈妈可以做一些演示，慢慢地撕，让宝宝听纸的声音。把两种硬度不同的纸给宝宝，让他自己去感受纸的不同，每种纸都让他多感受几次。

给妈妈的话

通过宝宝对各种纸张的多次触摸，体验纸张的感觉，以及在揉、撕的游戏过程中听不同纸的声音，来让他对各种纸的不同有初步的认识。不要用那种有毛边的纸，以免划伤宝宝。

## 第五个月：“坐”位多多

### “坐”练习

这个时期宝宝的脖子能够竖起来了，所以，可以让宝宝进行坐练习。最初的时候宝宝可能会前倾、后仰，不能很好地完成这个动作。训练一段时间后，宝宝就会很好地完成。

### 和宝宝一起做表情游戏

4～5个月的宝宝微笑得很频繁，甚至假装咳嗽来引起妈妈的注意，并且从宝宝闪亮热切的眼神中，妈妈也应该读明白宝宝特别想与你交流，此时，应该积极地回应宝宝。妈妈可以和宝宝面对面做各种表情游戏。这样可以刺激神经元系统发育。开始的时候，妈妈要将微笑、吃惊的表情反复做给宝宝看。在不知不觉中，宝宝也会渐渐地模仿。

### 小鸡小鸭到我家

★游戏物品　一段长长的毛线或彩带，宝宝的绒毛玩具。

★游戏方法　爸爸或妈妈把软软的毛线或鲜艳的彩带绑在玩具上，让宝宝一边拉着玩具爬，一边模仿小鸭或小鸡的叫声“嘎嘎”“叽叽”。也可以让宝宝一直爬呀爬，妈妈或爸爸可以在旁边模仿小动物的声音，顺便引导宝宝正确地爬下去。

给妈妈的话

在玩耍的同时培养宝宝理解发音与练习发音，促进宝宝声带的发育，加快宝宝语言的发展。因为是刚刚开始，宝宝发音不会很准确，但是妈妈不要着急，要在一旁耐心纠正。

### 滚小球

★游戏道具　一个柔软的布制的小球或者小皮球。

★游戏方法　妈妈和宝宝一起坐在地面上，和宝宝保持着面对面的姿势。首先要把球滚给宝宝，然后拉着宝宝的手，告诉他怎样把球再滚回来。宝宝会觉得很有趣，并且只要对他稍加鼓励，他就会很快学会将球滚回来的。

给妈妈的话

这个游戏的互动性比较强，一方面可以改善宝宝的情绪，让他更加愉悦地享受和别人互动游戏的感觉，另一方面也促进了宝宝和别人的互动交往能力。

# 第六个月：爬行多多

### 进行爬行练习

较好的爬行是指宝宝可以迅速地向前运动。首先对宝宝进行平面爬行的练习，如果这个能够完成的话，就练习一下斜坡爬行、断坡爬行。这个练习可以锻炼宝宝膝盖以下和腕部的肌肉。较好地使用这些肌肉，是行走的必备条件，所以一定要多加练习。

### 独立爬行

将不同质地的东西散放在地板上，让宝宝爬过去。如把一小块地毯、泡沫地垫、麻质的擦脚垫、毛巾等东西排列起来，形成一条有趣的小路。这样，就诱导宝宝沿着“小路”去爬，体会不同质地的物质。妈妈要先整理一块宽敞干净的场地，拿开一切危险物，四处放一些玩具，任宝宝在地上抓玩。但要注意的是，必须让宝宝在妈妈的视线内活动，以免发生意外，妈妈把玩具放在宝宝面前，吸引他爬过去取。待宝宝快拿到时，再放远一点，妈妈先把有趣的玩具给宝宝玩一会儿，然后当着宝宝的面把玩具藏在他的身后，引诱宝宝转向爬。

### 攀越小山峰

★游戏物品　一床卷紧的被子。

★游戏方法　妈妈搂着宝宝顺势平躺下来，让宝宝从一侧爬越妈妈的身体到另一侧，“宝宝爬山喽！”“宝宝好厉害！”然后进一步，妈妈侧躺着，增加山的高度和爬的难度，再让宝宝爬过去。

给妈妈的话

锻炼宝宝的爬行能力，促进宝宝的四肢协调能力和锻炼宝宝的身体平衡能力，促进宝宝小脑的发展。选择在地毯上玩比较安全，玩起来也更自在，而且还能鼓励激发宝宝继续玩的意愿。

### 打转够东西

★游戏物品　小球。

★游戏方法　宝宝趴在床上，妈妈在宝宝的眼前拿一个宝宝喜欢的小球，逗引宝宝用手去够，在宝宝伸手够的时候，妈妈将手里的东西移动到另一边，宝宝也会跟着移动。这时候，宝宝的身体就会依赖腹部为支点在床上打转。

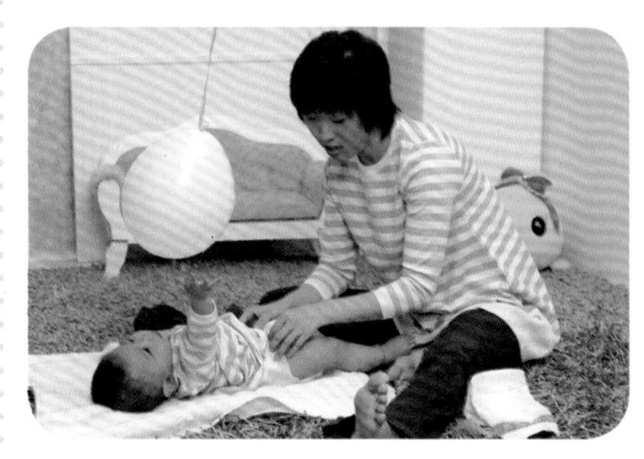

给妈妈的话

这个游戏可以锻炼宝宝的四肢，为爬行打下基础。同时宝宝也会被妈妈的喜悦感染，从游戏中体会到乐趣。

# 第二节 6～12个月：迅速发展

## 语言能力大开发

### 增加对话次数

通过和妈妈等周围亲人的接触和对话，可以发展宝宝的语言能力。这个时期的宝宝，常常会主动与他人搭话，这时无论是妈妈还是家里其他亲人，都应当尽量创造条件和宝宝交流或“对话”，为宝宝创造良好的发展语言能力的条件。随着语言能力的发展，也提高了宝宝的交往能力。

### 扩大交流范围

8个月时，父母要经常带宝宝外出去玩，到公园和邻居家里都可以。可把变化的环境指给宝宝，并且要尽量争取邻居和儿童跟宝宝“交流”和做游戏的机会。随着接触面的扩大，宝宝听到和感受到的内容也在不断增多，不但创造了宝宝语言能力发展的条件，也对增强宝宝的交往能力有益。

### 积极练习发音

可以继续训练宝宝发音，如叫“爸爸、妈妈、拿、打、娃娃”等，家长要多与宝宝说话，多逗引他发音，还要引导宝宝用动作来回答问题，如“再见、欢迎”等，这样可以积极地训练宝宝发音，促进宝宝的语言能力的发展。

### 培养语言美

培养宝宝的语言美要从这时开始，这个时期宝宝的模仿能力很强，听见骂人的话也会模仿，由于这时宝宝的头脑中还没有是非观念，他并不知道这样做对不对。因此，当宝宝第一次骂人时，爸爸妈妈要严肃得制止和纠正，让宝宝知道骂人是错误的。千万不要因为宝宝可爱，认为说出骂人的话也有趣就纵容他。这样宝宝会把骂人的事当做好玩的事来做，养成坏习惯。

# 视听能力大开发

## 视听能力培养方案

**听力训练**

要定时用录放机或VCD给宝宝放一些儿童乐曲，提供一个优美、温柔的音乐环境，以训练宝宝的听力，并提高对音乐歌曲的语言理解能力。

**辨认颜色**

将准备好的各色雪花纸片放在盒子里。过一会儿，妈妈从纸盒里任意取出一片雪花纸片，让宝宝说出其颜色，或者妈妈说出颜色的名称，让宝宝在纸盒里找出，并交给妈妈。刚开始玩游戏时，最好以红、黄、蓝、绿这四种基本颜色为主。通过这个训练，可以提高宝宝的语言理解能力、语言表达能力，帮助其建立颜色感官。

## 阅读识字教育训练

书籍是宝宝的快乐伙伴，使宝宝从书中感知世界，认识和了解生活。从零岁开始，书籍就应该走入宝宝的生活，另外，识字对宝宝来说也很重要。汉字是瑰宝，婴幼儿是探宝的“天才”，只要给予识字环境，使用恰当的教育方法，他们就能像学会口语一样，掌握汉字，开展阅读。家长应该及时开发宝宝阅读与识字的能力。

**早期阅读能力开发**

早期阅读从9～12个月开始最适宜。对于宝宝阅读的引导，要根据宝宝身心发展的特点而进行，家长不能操之过急。

通常，9个月到2岁的宝宝活泼好动，往往会把书作为玩具，喜欢撕书、咬书、玩书，这时父母不必干涉。因为，这一阶段正是宝宝的潜阅读时期和语言的萌芽期，父母的任务就是让宝宝对书感兴趣，让宝宝从小就喜欢书，不要以成人的要求去约束宝宝。

色彩鲜艳、图文并茂，并且其中的故事内容通俗易懂、富有幽默感，语言要浅显生动，朗朗上口，易学易记的图书，都很适于宝宝去阅读。

有的家长，往往很伤脑筋地买了很多看起来很适合宝宝的书，结果宝宝却不爱看，因为为宝宝买书最重要的是选择宝宝喜欢读的，书内容要浅显、有趣，能吸引宝宝入胜。

**教宝宝学看书**

在宝宝情绪愉快时，爸爸或妈妈要让宝宝坐在自己的怀里，打开一本适合宝宝读的图书，妈妈先打开书中宝宝认识的一种小动物图画，引起宝宝的兴趣，再当着他的面把书合上，说“大熊猫藏起来了，我们把它找出来吧！”妈妈要示范一页一页翻书，一旦翻到，要立刻显出兴奋的样子：“哇，我们找到了！”然后再合上书，让宝宝模仿你的动作，打开书也找到大熊猫。

起初，宝宝只能打开、合上，但渐渐地就会一次翻好几页。这种训练能培养宝宝对图书的兴趣。

### 聆听声音

★游戏物品　不同材质的纸、豆子、米。

★游戏方法　在不同材质的纸上面淋豆子、米等杂物。该游戏能让宝宝听到“沙沙沙”“沙啦啦”等不同的声音，而且能体验到随着杂物量的变化而带来的声音差异。

给妈妈的话

此游戏能锻炼宝宝眼、手和耳的协调能力。

### 晚上的小故事

★游戏物品　图画书。

★游戏方法　妈妈让宝宝坐在自己的膝盖上，给宝宝讲图画书上的故事。妈妈可以这样开头：“从前，有一个……”然后，妈妈可以稍微停顿一下，等着看宝宝的反应。故事中的事情或人物都应该是宝宝日常所熟悉的。

给妈妈的话

这个游戏锻炼宝宝的视听和语言能力，调节宝宝的情绪，让宝宝学会与成人交流。

### 汽车嘟嘟嘟

★游戏物品　玩具汽车或画有汽车的图画册。

★游戏方法　妈妈拿着玩具汽车或汽车图案，然后学汽车喇叭的声音“嘟嘟”，让宝宝模仿妈妈去发音。妈妈可以顺便教宝宝区分不同的汽车声音。例如“滴滴”等。有机会时，带宝宝听一下真实的声音最好。

给妈妈的话

条件允许时，可录下汽车喇叭的声音或从电视上让宝宝多听相关声音，会有意想不到的效果。

## 站立及运动能力大开发

### 宝宝站起来了

10个月的宝宝已从坐位发展到站位了，并且在这段时间内完成从扶站、独站到扶走，甚至可以独自迈步摇摇晃晃向前走了，这是宝宝动作发展的一个飞跃阶段。站立不仅仅是运动功能的发育，同时也能促进宝宝的智力发展。当宝宝会站立了，视野就更加广阔，看得多了，摸得多了，新奇的探索会使宝宝增加更多的尝试，有利于宝宝的健康成长。

当宝宝能很自若地坐着玩时，他就开始不再满足于坐了，他会主动地想学站，他会向上站起，这时候学站的时机已经成熟了。父母应抓住宝宝运动发育的时机，在此阶段帮助和训练宝宝站立。

### 鼓励宝宝迈出第一步

学会行走是宝宝大运动能力发展的一个重要过程，宝宝从床上运动发展到地面运动——学会走路，这是宝宝生长发育过程中的一次飞跃。宝宝学会了走路，就意味着他的活动范围、接触范围以及视力范围广泛多了，增加了对脑细胞的刺激，对宝宝智力发育有很好的促进作用。所以，当宝宝到了该走的时候，父母要大胆让宝宝锻炼独立走路的能力。

### 我要站起来了

★游戏物品　无。

★游戏方法　让宝宝先坐好，妈妈抓着宝宝的双手轻轻地拉让宝宝站起来。然后妈妈再轻轻地扶宝宝坐下去。

给妈妈的话

让宝宝练习伸屈曲膝盖，控制脚底脚跟的重心和力量。经常玩这个游戏可以锻炼脚和腰的力量，有助于宝宝学习走路。

### 我会走路了

★游戏物品　无。

★游戏方法　妈妈在背后扶着宝宝腋下，让宝宝练习站立，然后带动他向前迈步。当宝宝可以独自站稳并能摇晃着迈步时，妈妈可以站在宝宝对面，伸出双手鼓励宝宝走到妈妈怀里来。

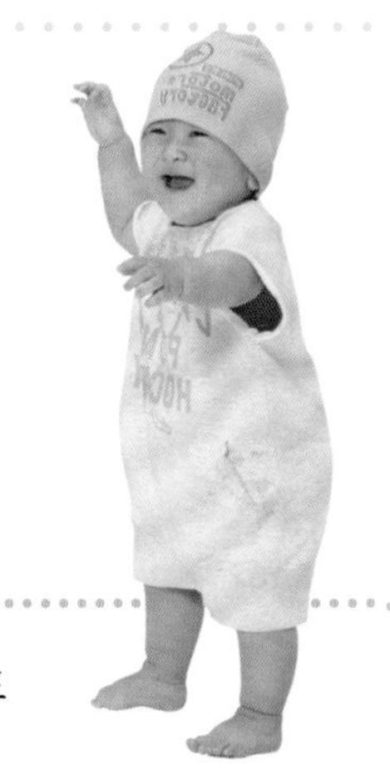

给妈妈的话

妈妈在训练宝宝走路时，一定要注意地面要平坦，不要在过软的地面上进行训练，还要把容易将宝宝绊倒的东西拿开。

### 小小“搬运工”

★游戏物品　小玩具箱子1个，各种类型的玩具若干个。

★游戏方法　把玩具箱子打开，把玩具都放到宝宝可以抓到的地方，妈妈可以引导宝宝把散落在地上的玩具一件一件放回箱子中。

给妈妈的话

训练宝宝玩完玩具后整理好东西的良好习惯。不要在地面上放可能会伤害到宝宝的东西。

### 蹦蹦跳

★游戏物品　无。

★游戏方法　把住宝宝腋下，让宝宝在膝上学习蹦蹦跳，边跳边念“爸爸抱，宝宝跳，一跳一跳哈哈笑”，蹦跳一会儿爸爸握紧宝宝的腋下悬空举起说：“摆，摆！”让宝宝左右摆动，宝宝会适应摆的方向，配合爸爸的摆动，最后将宝宝举高。

给妈妈的话

提高宝宝与爸爸妈妈的亲密度，同时还可以锻炼宝宝的身体。安全第一，宝宝在被举起来的时候可能会动，爸爸一定要有把握不会脱手，还可以配上舒缓的音乐。

### 跳高投篮

★游戏物品　一个篮筐和几只小皮球。

★游戏方法　准备一只小篮筐，让宝宝将小球投入篮筐中，练习跳起来投球。

给妈妈的话

可以锻炼宝宝手和动作的控制、空间距离的判断，利于宝宝的右脑开发。小心不要让宝宝撞到硬物。

# 社交能力大开发

## 培养宝宝的社交能力

通常，9个月的宝宝对陌生的成人普遍有怯生、不敢接近的现象，但他们较易接受与自己同龄的陌生小伙伴。因此，父母应陪宝宝多与小朋友交往，让宝宝积累与同伴交往的经验，同时也可以教宝宝怎样懂礼貌。

### 认识新朋友

★游戏物品　无。

★游戏方法　当家里面有客人来的时候，妈妈可以把宝宝抱到客厅当中去，让宝宝看到这些来的客人，妈妈可以一边抱着宝宝，一边向宝宝介绍这些客人，还可以抓住宝宝的小手向客人们打招呼，客人也要向宝宝打招呼，或者跟宝宝一起玩耍。

给妈妈的话

锻炼宝宝最早期的交往能力，可以帮助宝宝在以后的成长过程中不认生。

### 打电话

★游戏物品　电话。

★游戏方法　妈妈把电话放在自己耳边，并同宝宝讲话：“喂，是你吗？”然后妈妈把电话放到宝宝的耳边，重复同样的句子。这样重复几次后，可以用长句同宝宝交谈。在说话的时候，要尽量多使用宝宝的名字和宝宝能听懂的词语，然后把电话放到宝宝的耳旁，看宝宝是否也会对着电话说话。

给妈妈的话

锻炼宝宝的听力，促进宝宝的语言能力发展，锻炼宝宝同别人交往的能力和自立的能力，对宝宝今后的成长具有重要意义。

# 第三节 12～24个月：从婴儿到幼儿

## 数学思维及想象力开发

关于数学思维发展，对1岁多的宝宝来说，父母应注意从他们的大脑结构发育及游戏中锻炼宝宝的数学思维。因为如果能在发育的关键期得到科学系统的训练，宝宝的数学能力会得到理想的发展，一旦错过这个关键期，将给以后的发展造成障碍。

## 生活自理能力开发

1岁之后，宝宝的自理能力要进一步完善。要使吃、睡、排便规律化，这几方面是中枢神经系统发育成熟的表现，能促使宝宝体格和大脑正常发育。因此，父母要在这个时期训练宝宝学会用语言表达吃、睡、排便的要求，会用杯子喝水，会用匙子，会自己用手拿东西吃，会自己去排小便，并能控制排大便。此外，还应注重个性的培养。

## 音乐与艺术智能开发

1岁多的宝宝，开始学习说话、走路，参与音乐活动的机会也更多一些。在听音乐的过程中，一些节奏鲜明、短小活泼的乐曲，会帮助宝宝随音乐合拍地做拍手、招手、摆手、点头等动作，然后逐步增加踏脚、走步等动作。这时，如果给宝宝一盒蜡笔，宝宝不再抓到就送到嘴里，而是开始尝试把手里的物品拿来敲、扔、拍、舞动等，如果这时候给宝宝提供画具，宝宝会拿起笔在纸上涂鸦，以上这些说明，宝宝已展露出艺术潜能了。

## 寻找心爱的小玩具

★游戏物品　一样宝宝很喜欢的小玩具，然后再准备一些其他的小玩具，比如玩具小熊、小汽车、拨浪鼓等。

★游戏方法　妈妈可以带着宝宝坐在地上，拿出一个他喜欢的玩具让他玩一会儿，然后让宝宝转过身去。宝宝答应并且转身之后，用衣服盖住那个玩具，当然那件衣服是宝宝容易够到的。再让宝宝转回身来，帮助宝宝把藏起来的玩具找到。可以稍微变换几个方向重复做这个游戏，边玩边问宝宝“玩具在哪儿？”并装作很是迷惑不解的样子。做过几次以后，宝宝就会知道玩具在哪儿，并能自己把它找出来。然后还可以换成其他的玩具或物品来重复做这个游戏。

给妈妈的话

妈妈在适当引导之后注意还要把更多的机会给宝宝，让他自己更加主动地去掌握这种能力。

## 玩娃娃

★游戏物品　准备一个布娃娃、小床、小被子等。

★游戏方法　可以以时间为序设置情境，妈妈念儿歌：“喔喔喔，公鸡叫，娃娃要起床。”妈妈和宝宝一起照顾娃娃，给娃娃穿衣服，边穿边念：“乖娃娃，起床来，太阳公公把他夸。”然后，妈妈又念儿歌：“乖娃娃，娃娃乖，不哭也不闹，吃起饭儿来。”教宝宝喂娃娃饭，边喂边说：“娃娃吃饭”以及“娃娃洗澡”“娃娃睡觉”等。

给妈妈的话

游戏可极力渲染情境性，如“哎呀！娃娃怎么哭了呢？”启发宝宝想问题，然后说：“哦，原来是娃娃饿了，我们来给娃娃喂饭吧。”可以让宝宝关心他人，为他人着想，培养宝宝良好的性格。

# 第四节 2～3岁：个性形成了

## 宝宝个性培养

对于2～3岁的宝宝来说，许多令人兴奋的事情都发生在这个阶段，所以该阶段对宝宝是一个挑战。对于父母来说，这并不是一个令人讨厌的阶段，而是一个令人惊奇的阶段。

这个阶段的宝宝会处处模仿成人——妈妈扫地他也扫地；爸爸擦桌子他也擦。在自理能力上，开始学着成人的样子拿起牙刷刷牙。在个性上，这时宝宝既独立又依赖，因此好多做家长的都抱怨说："我家的宝宝快成了'小尾巴'了。"

| 不同个性宝宝的培养方案 | |
|---|---|
| 好动的宝宝 | 好动的宝宝动个不停，睡眠不多，爸爸妈妈要适应他的这种特点，并且鼓励宝宝在其他方面也要有所发展 |
| 情绪化的宝宝 | 情绪化的宝宝爱哭闹，爸爸妈妈要细心地照料、支持、直到和抱住，这样才会让宝宝觉得更安全，也就不会那么易于激动了 |
| 爱交际的宝宝 | 爱交际的宝宝与好动的宝宝一起玩游戏能帮助他集中注意力，并延长他集中注意力的时间 |

## 宝宝的自我意识

不要以为宝宝每天除了吃就是睡，这个阶段的宝宝还担负着一项重要的任务：认识自我！培养宝宝良好的自我意识，就是以后良好的社会交往能力的开端。

### 关于宝宝的自我意识

**什么是宝宝的自我意识**

自我意识是人类自身认识自己的第一步心理过程。经过心理上的自我意识的发育，婴儿才能把自己和自己以外的人、物相互区别开来。本文带你了解什么是自我意识，跟随自我意识的发展历程，用不同的方法，帮助宝宝认识自我。

**提升宝宝自我意识有什么好处**

良好的自我认识包括了独立性的发展，所以从小教会宝宝认识自我，有助于将来自理能力的培养。

提升宝宝的自我意识，宝宝也许不会很“乖”，但会更有主见。宝宝的自我认识程度比较高，他不但认识自己的身体、认识自己的能力，还能认识到自己和其他人的关系。

**自我意识没有形成时，宝宝会有怎样的表现**

有些宝宝经常把自己的手伸在眼前凝视，似乎是在观察研究皮肤表面的纹络，又好像在观看奇异的手指。或是宝宝在啼哭时会把手指伸到自己的嘴里，自己玩耍时也会把手指伸进嘴里，不断地吮吸，似乎是要得到与吮吸奶乳头一样的满足，这种现象提示我们这时的宝宝并没有把手指当做是自己身体的一部分，而是当做一种玩具，说明自我意识尚未形成。

**自我意识形成时有什么表现**

1. 宝宝认识8～12个身体器官，只要能指认就可以，不要求宝宝说出名称。

2. 让宝宝闭上眼睛，让他用手分别摸摸头、鼻子、嘴巴、屁股、脚，宝宝至少能完成3～4样。

3. 宝宝知道自己的性别。

4. 宝宝会自己表达要求，比如想吃什么，想玩什么，想穿什么衣服等。

5. 宝宝和其他小朋友在一起的时候，能区分自己的物品，并能保护自己的物品不被损伤。

## 提升宝宝自我意识的办法

**家人可以帮助宝宝促进自我意识提升**

心理学家认为，宝宝认识自我的过程是可以促进的，这在很大程度上取决于外界对宝宝的刺激。关于宝宝的自我意识来自环境，成人要有意识地促进宝宝认识自己，用多种方式让宝宝了解自己的变化，意识到自己的成长。

**制造环境**

给宝宝创造一个合适的环境，利用各种机会让宝宝认识、熟悉周围环境中的同龄伙伴和其他人，逐步让宝宝适应陌生的环境，以培养最初的社会行为。

**确定自己**

宝宝从3个月开始就会对自己的影像感兴趣，渐渐通过镜子等物品确定自己是个独立的个体。

**选择合适的玩具**

选择一些适合宝宝年龄段的玩具，让宝宝能自己驾驭某件物品，并且自己制造出动听的声音，进一步觉察自己的存在。

## 培养宝宝识字能力

3岁左右的宝宝具有承受语言文字的能力，这一时期的教育不论是对宝宝识字习惯的养成，还是对宝宝行为习惯的养成都起到了决定性的因素。而且教宝宝认字有很简单、很有趣的方法，例如“情境识字”法。

### 关于情境识字法

**概念**

脑科学研究证明：出生不久的新生儿已能知觉形状。随着宝宝年龄的增长，形状知觉识别能力在视觉、听觉的协同作用下，又有了进一步的发展。这为宝宝早期识字提供了生理、心理基础。汉字是方块字，每一个字都像一幅美丽的小图画。在科学方法指导下，小孩会在无意注意情况下，像看美丽的画、认识亲人的面孔一样，来认识这些“图形符号”。

父母可以边念，边做动作，让宝宝对事物有个初步的认识。时间长了，宝宝虽然不会用语言来表达，但是当你说什么东西的时候，他能指给你看或者用肢体语言来表达。这就是创设学习环境，运用形象直观的表述让宝宝识字的过程。这样的方式会让宝宝在下次碰见“青蛙”这个词时，能模仿小青蛙。这就是学以致用。

**好处**

情境识字采用的是游戏化、生活化、综合化的多种感知方式，用宝宝能接受的语言环境为基础，让宝宝认识汉字。较之其他识字教学法，情境识字的优点有：

**❶ 教育的机会多**

生活中处处有文字，处处有教育机会，逛超市的时候，宝宝总喜欢看着那些家禽，“鸡”“鸭”“猪”很快便被宝宝收入脑中。做个有心的父母，会有“教者有心，听者无意”的收获。

**❷ 更有趣**

生活中，妈妈在和宝宝游戏时，就处处藏有契机。给宝宝买来玩具消防车，宝宝玩得兴致勃勃时，妈妈拿出盒子念了两遍“消防车”；后来再玩时，母子俩进行“现场演习”，宝宝就学会了“水”“火”“119电话”等，有时候宝宝偶尔在电视上看到还会念出来，让成人大吃一惊呢！

### 最佳识字年龄

最佳识字年龄是2岁左右：1岁半以后，宝宝处于“电报句”阶段，经常说“宝宝吃，爸爸拿”。到19个月左右，宝宝会出现语言的“爆发期”，开始学习交流，妈妈肯定会为宝宝准备一些阅读材料。当宝宝接触阅读，并对某些事物有浓厚的兴趣和好奇心时，便是最佳的识字年龄。

### 情境识字13招

教宝宝识字的过程中，妈妈要创设各类游戏、生活情境来诱导宝宝，使宝宝感到识字能获得欢乐，把识字当做每天必不可少的游戏活动，在不知不觉中识字。

**❶ 小猫钓鱼**

把磁铁粘在字卡背后，把字卡当做鱼撒在地上，让宝宝去“钓”，钓来一个字卡教一个字，可把宝宝认过的字当做“鱼”让宝宝钓。妈妈读一个字，宝宝必须钓到那个字，读出那个字才算钓到了“鱼”。也可以请小朋友来比赛看谁最快钓到“鱼”。这方法用来复习巩固效果好。

**❷ 念儿歌识字**

儿歌朗朗上口，生动有趣，一旦记住便永久难忘。念儿歌时父母不妨“装模作样”地点着字来念。遇到重复的字了，要加强语气，给宝宝心理提示。

**❸ 吃喝玩乐识字**

宝宝在吃东西时比较开心，情绪也比较高涨。如在吃早餐时，倒出牛奶，可以用先前学过的“牛”，提示宝宝学习“奶”；吃零食也是有教育机会的，糖果巧克力上的文字方便宝宝辨认，要注意积累。

**❹ 认名字识字**

宝宝对自己的名字、其他小朋友的名字都非常敏感，几乎是不经意间就认识了好朋友的名字，用这些字做成字卡，拿来玩“找朋友”的游戏，比诵读“百家姓”要学得快。

**❺ 动物回家**

宝宝手持“小鸟”“小鱼”“蝴蝶”等字卡，家长手持要去找“蓝天”“小河”“花丛”，让宝宝为这些小动物“找家”。

**❻ 亲子模仿秀**

家长在教感情色彩的动词和形容词时，要有脸部表情。如教“笑”字，要带动宝宝哈哈大笑，教“哭”字要和宝宝一起装作哭的样子；动作、表情适当夸张，宝宝就能较快掌握。

**❼ 表演识字**

让宝宝表演他最喜欢做的游戏，如宝宝喜欢当小大夫，就让他坐到写有“医生”字样的位置上，对“病人”字词，用听筒听，开“药方”“打针”等。这时候教育他识读，“医”“药”“病”“针”等，就不会太难。

### ⑧ 青蛙过河

地上画两条平行直线当做是一条河，河中间放若干个字卡当做“桥”，教宝宝学做小青蛙的动作，要走“桥”过“河”去，先要读出一个字才能上前跨，踩中这个字，读错了要重读。过了“河”还要从“桥”上返回来，再一个字一个字读过来复习一遍。能做到一字不错返回来，妈妈要大大地表扬。

### ⑨ 讲故事识字

给宝宝讲故事，边讲边把故事中主要人物、关键情节在纸上写下来，讲完故事后，让宝宝复述时再认一认。这样既不影响讲故事又认了字，还可使宝宝把故事情节记得更牢。不过得养成好的习惯，坚持是关键。

### ⑩ 出门之前识字

从阿姨家做客出来，牵着宝宝的手走出楼道，看看阿姨家住在“玫瑰苑”，又坐落在“桂林路”口，这么做可以帮宝宝认识亲戚朋友家的地址。

### ⑪ 找准字识字

家里的报纸非常值得一用，拿出宝宝比较熟悉的识字卡，来玩找字的竞赛，看谁在报纸找出的字多，可以有点小的奖励。说不定宝宝还会问“妈妈，旁边这个字怎么念呀？”这可是意外收获哦！

### ⑫ 外出游玩识字

父母经常会带宝宝去各种场合，商场、超市、动物园，可别错过这些机会。从动物园回来以后，可以把家里的动物(字卡)请出来，给它们安个家，和宝宝一起回忆一天的行程，然后可以做游戏，如找找动物的邻居。

### ⑬ 实物识字

买回来的新鲜玩意，宝宝总是很好奇，比如玩具“小木马”，宝宝拿起玩具来玩，父母可以点一点包装上的字。至少买回来的宝宝最喜欢吃的饼干（曲奇），拆下的盒子就可以施展教学了。

## 专家点评

### 创设适合的语言环境

人类学习语言是需要在一定的语言环境中进行的。每个字词、句子都必须与一定的语言情境结合在一起才有其实际的意义。学习语言更不能脱离一定的语言情境。把一个字或词写到纸上，虽然也能使宝宝强化记住，但宝宝不一定能在日常交往中运用。因为这些字词是脱离了情境学来的，而且这样的学习方式会造成宝宝厌恶学习，对宝宝的学习心理产生不良影响。所以要在轻松、自然的情境下，用游戏的方式引导宝宝在生活中识字。

### 掌握宝宝识字的原理，了解宝宝的兴趣

每个汉字都有音、形、义三部分，教宝宝识字，要从宝宝已掌握了词义和发音的字着手。心理学中有个记忆规律叫联想规律，这个规律指出，需要记忆的新材料如果同已记住的材料有某种联系，那么这个新材料就很容易记住。由于宝宝已掌握了词义和发音，很容易记住字形，而且宝宝学会这个字后又能够运用。如果宝宝还不理解某个字的意义，虽然认识了这个字，但却不会用，不但学习起来困难，而且很容易忘记。

### 选择正确的内容和教学方法

最好先教宝宝那些他们常常能用到的、有实际意义的词，不要教那些抽象的名词或形容词、副词等。因为这些词宝宝可能会讲，但却不解其意，学起来会感到很困难。当识字达到一定水平后，再教宝宝认识这类词。

# 第五节 这些幼儿行为正常吗

## 解开宝宝怕生人的秘密

### 宝宝怕生的原因

宝宝刚一生下来，不会有认生的概念，因为宝宝的视力及智力还不能辨别哪个是父母、哪个是阿姨，这时候，无论是谁抱他，他都不会害怕，因为没有意识记住每个见过的人，只要有人在身边，他就很安静。在宝宝6～9个月的时候，宝宝只能应对发生在眼前的事情，他的世界基本上都在眼前。所以，当宝宝的面前出现一个生人的时候，他就无法理解为什么他不熟悉这个人，而且他也想象不出这种情况会产生什么结果，所以宝宝的表现就会是害怕得哭了。

| 基本上1岁前的婴幼儿都有不同程度的怕生现象，其产生和程度取决于很多因素 | |
|---|---|
| 父母是否在身边 | 如果有父母或亲密的养育者在身边，宝宝对陌生人就不那么怯生 |
| 宝宝对环境的熟悉性 | 宝宝在熟悉的环境中产生怯生的程度，比在不熟悉环境中的怯生程度要小得多 |
| 陌生人的特点 | 宝宝怯生主要是对陌生的成人，而对陌生的幼儿则较友好，容易亲近。脸部表情较悦目、慈善，温和者也不会使宝宝感到很胆怯 |
| 与人接触的机会 | 很少与家庭以外的人接触的宝宝容易怯生，尤其在三口之家，宝宝怯生现象更为突出。一般来说家庭成员较多的宝宝，怯生要少些、轻些 |
| 从小受到各种感官的刺激 | 宝宝听得多了、看得多了就习惯去接受各种新的事物，对物或人有了较强的适应性 |

## 减轻宝宝怕生人的程度

也许上文的说法已经让妈妈们舒了一口气，但一想到宝宝在客人面前涕泪横流的烦人样，心头必定又会一紧。还是把怕生的程度稍稍减轻点吧。以下几个方法可以减轻宝宝怕生。

**妈妈陪在身边**

如果有妈妈或其他亲密的养育者在身边，宝宝对陌生人就不那么害怕。所以，在未熟悉前，尽量不让生人突然接近独处的宝宝，以免宝宝受到惊吓而畏缩。应由妈妈陪着循序渐进地接触生人，先抱着让宝宝在远处观望生人，然后离得近一点让他与生人接触，慢慢地接近陌生人可以使他的焦虑或恐惧程度降低。

**处于熟悉环境中**

宝宝在熟悉的环境中，产生怯生的程度比在不熟悉环境中的怯生程度要小得多。可以在家里宴请客人时，增加宝宝与人交往的机会，扩大他们的交往范围，不断增强他们的感知能力、识记能力和记忆储存能力；让宝宝与经常见面的左邻右舍打个招呼，问个好；再慢慢过渡到走亲访友；带宝宝去公园和同伴嬉戏；利用乘车、散步的机会让宝宝和陌生人接触等。

**对生人有选择**

宝宝怯生主要是对陌生的成人，而对陌生的儿童则较友好、容易亲近；此外，脸部表情较悦目、慈善、温和的陌生人也不会使小儿感到很胆怯。所以应尽量避免让宝宝一开始时就接触态度不佳或讲话很大声的长辈，以免吓到宝宝。

**通过游戏增加交往经验**

很少与家庭成员以外的人接触的宝宝容易怕生，尤其在三口之家，由于种种原因(如父母本身少交际，怕宝宝外出遭意外而关在家中)，宝宝怕生现象就更为突出。相反，如果宝宝受到各种感官的刺激越多，怕生程度就会越小。

妈妈可以拿宝宝平时喜爱的布偶，陪宝宝玩角色扮演的游戏，如“陌生人来我家做客”，“宝宝去小朋友家玩”等，利用一些已经发生或还未发生的小故事玩一场布偶剧，以增加其交往经验。宝宝听得多了、看得多了，自然就会习惯去接受各种新的事物，从而对物或人有较强的适应性。

## 怕生——记忆出现的开始

**识别记忆（出生～6个月）**

宝宝能认识自己的父母，并且喜欢他们。但是却无记忆保存能力，当父母不在宝宝的视野之内的时候，宝宝并不能想起他们来。

**检索记忆（6～12个月）**

随着检索记忆能力的产生，能在看不见父母的时候想起他们的形象来，并且能够拿他们的形象同面前的生人进行比较。如果宝宝在记忆里检索不到面前生人的形象，他心里就会想："这个人会是谁呢？"7～9个月的宝宝表现为见陌生人就显得紧张；9～12个月的宝宝见到熟悉的人表现出亲近、愉快的样子，见到陌生人则会感到不安、哭吵或躲避。这个阶段的宝宝怕生就说明宝宝的感知能力和识记能力在发展，是心理发展的一个正常过程，也是一种天生的自我保护能力。

**真实记忆（9～15个月）**

宝宝到了15个月的时候，由于接触陌生人的机会增多，"见多不怪"，宝宝会逐渐消除对陌生人的恐惧感，怕生现象逐渐消失。

由此看来，怕生是一种可以预测，而且常见的成长发育现象。它在宝宝9个月的时候达到高峰，在大约15个月的时候消失。

## 正确面对宝宝的怕生表现

怕生现象说明宝宝的感知能力和识记能力在发展，是心理发展的一个正常过程，也是一种天生的自我保护能力，所以父母不要因为宝宝有怕生现象，而单纯地以为宝宝胆子小，没出息。

**避免因为宝宝怕生而责骂宝宝**

父母不要把宝宝见到陌生人哭泣、怕生、躲避、害怕，甚至吵闹，误以为"无理取闹""不懂礼貌"，而去责怪或打骂宝宝，这样做不仅无济于事，反而会强化宝宝怕生心理的延续，要顺其自然，否则宝宝会哭吵得更加厉害，以至造成不必要的见生恐惧症和隐性焦虑症。

**避免急于扩大怕生宝宝的社交范围**

有的父母为了让宝宝从小就学会与人交往的本领，常常喜欢带他们到同事家或公共场合去接触更多的陌生人，其出发点和用心是好的，但不宜操之过急。1岁以内的宝宝要以培养与父母交往为主，然后再扩展到爷爷、奶奶、外公、外婆和亲戚、四邻及同伴。

有研究表明，两岁以前宝宝对陌生人及陌生环境的警觉和恐惧心理依然存在。所以，本阶段培养宝宝的交往能力要逐步扩大交往面，让他在自然的社会交往中，多接触社会与熟悉他人，尤其要多和小朋友接触，让宝宝在与同伴的游戏中，增长社交能力。

当然，个别怕生严重的宝宝长大后很可能是一个腼腆、内向的人。父母也可以做一些辅导。

## 改善宝宝的分离焦虑

妈妈要上班，宝宝不愿和你说再见，离别的阵痛让他抽泣、尖叫，也会让你工作不安。这是宝宝特有的分离焦虑，父母该怎么办呢?

### 关于宝宝分离焦虑

**什么是分离焦虑**

所谓“分离焦虑”是指，当宝宝和对他亲近的人面临分离时，会产生一种不适应行为。

**分离焦虑有哪些表现**

抱着父母不放、有惧怕表情出现、情绪不稳定、害怕、非常爱哭、耍赖、躺在床上不起来等。但并不是每位宝宝都有分离焦虑，有些宝宝面对陌生人或陌生环境丝毫无害怕情形，而且还能不惧生地玩得很开心。

**宝宝多大时会出现分离焦虑：**

| | |
|---|---|
| 6～7个月 | 宝宝开始出现分离焦虑的征兆 |
| 12～18个月 | 宝宝在父母离家工作或出差的时候出现分离焦虑。在晚上睡觉时、被单独留在围栏里也会表现出焦虑情绪 |
| 18～24个月 | 达到高峰。而且是大部分宝宝有都有的普遍的反应 |

**分离焦虑对幼儿有什么不好的影响**

美国一位心理学家研究发现，早期的分离焦虑如果比较严重的话，会降低宝宝智力活动的效果，甚至会影响其将来的创造力以及对社会的适应能力。

### 改善宝宝分离焦虑的方法

分离焦虑并非不可改善，只要父母有意识地做到以下两点，宝宝的情况是可以好转的。

**培养幼儿独处的经验和能力**

让宝宝独处，并不是指丢下他一人，让他真正的“独处”，而是在喝过牛奶换过尿片之后，把宝宝安顿在父母的房间里或客厅中，让他自己玩。刚开始宝宝可能会玩自己的手，或注视某一个物体；慢慢地父母可以帮宝宝准备一些玩具，只要他有专注于自己的活动，父母都不要去打扰他。

**让宝宝学会面对挫折**

如果宝宝在游戏和学习过程中遭遇挫折，尽量让他自己面对。如宝宝吵闹，父母可先和他说话，用和缓的声音安慰他，让宝宝知道父母对他的需求并不是毫无反应，但也让宝宝知道，父母有其他需处理的事情，等把事情告一段落后会去抱他，他必须学习等待。

而父母则需遵守诺言，只要忙完了，一定过去抱抱他，好好陪他玩，使他对等待深具信心。

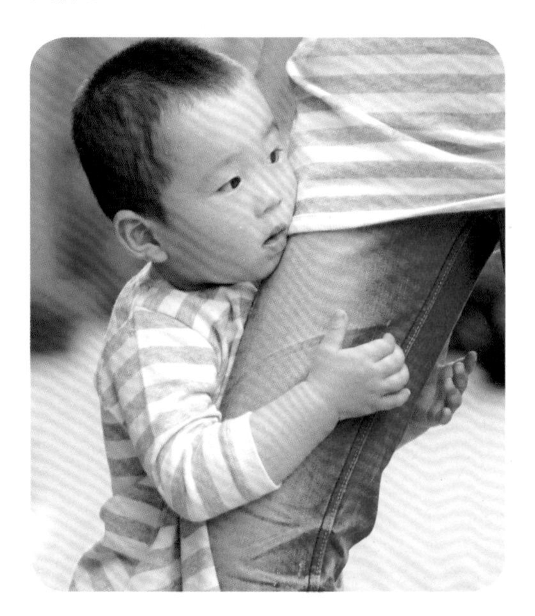

## 改善宝宝的坏情绪

成人尚且控制不了情绪，何况宝宝呢？当宝宝突然变成暴躁惊人的小魔鬼，你需要明确原因，冷静地实施对策。

### 引起宝宝坏情绪的原因

虽然引起坏情绪的事情有很多，但究其本质，不外乎三种：无理取闹、遭遇失败、要求未得到满足，针对这3种原因我们来一一分析。

**坏情绪原因之1**

无理取闹——一般都是比较小的宝宝容易犯的错。起因可能有很多，比如，宝宝不喜欢刷牙，所以每次刷牙的时候，他就故意捣乱或吵闹；宝宝不让父母离开，爸爸妈妈急着去上班，他就是不让；到了商店里，他一定要买和家里一模一样的玩具，不买就大吵大闹等。

**应对招数——转移注意力**

宝宝比较在乎自己的感受。如果态度强硬地逼宝宝就范，也会搞得家长、宝宝都非常生气。比较好的办法就是转移宝宝的注意力。既让宝宝有新鲜的感觉，又不会违背父母的原则。

**坏情绪原因之2**

遭遇失败——一般宝宝的心非常简单和单纯，但是也非常脆弱，经不起一点打击。比如，宝宝很用心地在拼拼图，但是拼了半天都不成功；或是很努力地搭积木房子，搭得很高的时候，房子突然塌了。宝宝觉得自己没有想象当中那么能干，就会情绪低落。

**应对招数——同情并给予鼓励**

告诉宝宝，其他小朋友也可能发生过类似的情况，也无法完成这个任务，让宝宝觉得“这件事情很多人都遇到过”，以此缓解宝宝的压力和自责的情绪。

父母同情的表达可以拉近与宝宝之间的距离，而拉近距离之后的劝慰效果会更佳。不要吝啬你的亲情，轻吻一下宝宝或抱抱他，都是让宝宝摆脱坏情绪的好方法。等宝宝情绪稍稍稳定后，再帮他找到失败的原因，一起完成原先的任务。

**坏情绪原因之3**

要求得不到满足——宝宝终归是宝宝，不懂得控制自己的欲望和情绪，当他在街头因为得不到想要的玩具当众哭闹，甚至躺在地上耍赖时，父母要如何控制自己的情绪呢？很多父母也许都会忍不住厉声呵斥，但这对控制场面毫无用处，对安抚宝宝的情绪也是没有帮助的。宝宝会很长时间愤愤不平，他不觉得自己做错了什么，觉得是父母对他不好。

**应对招数——保持冷静教导宝宝**

宝宝闹情绪，有时是带点试探性质的，家长表现得愈在乎，他可能愈是过分。建议这时，先深呼吸，由1数到10，平静自己的情绪，稳定下来再跟宝宝说话，这也是给宝宝一个调整情绪的时间。宝宝见你如此冷静，就可能觉得无趣而收敛了。

如果宝宝仍然无法冷静，就告诉宝宝“我们现在要走”，然后抱走他，等到了无人的场所，就试试让他哭够了自己安静下来吧！当然，也可以在安全的前提下，离开他一会儿，宝宝“打仗”找不到对手，过一会儿他自己就会感到没有意思，发脾气也就停止了。

### 避免宝宝坏情绪的五个方法

虽然我们对宝宝突发的情绪应对有招，但仍应该尽量避免这种情况的发生，况且让宝宝学会控制、调节自己的情绪也是成长过程中的必修课。以下五个方法，可有效避免宝宝坏情绪的爆发：

**预告法**

事先说明，宝宝就不好意思临时“耍花招”了。可以在出门以前，最好先说明当日安排，比如会到玩具店去，但是只能陪他半天，下午妈妈要去工作。

**决定法**

如果明知宝宝不喜欢洗澡，就不要去问：“我们现在去洗澡好不好？”他一定选择不洗，勉强行之，哭闹无疑。应该直接告诉他，我们现在要洗澡了，要让他明白有些事是必须要做的。

**倾吐法**

当发现宝宝情绪有变时，就要问他，“今天你不舒服吗？”让宝宝把心中的不快全倒出来，而不是埋怨他。

**画画法**

对于不能很好地表达自己感受的宝宝，可以让他试着把自己心中的不满情绪尽情地画在纸上。在画画过程中，宝宝慢慢地就会冷静下来。接下来，问题就好解决了。

**记录法**

给宝宝作记录，今天比昨天少发火几次，一旦有进步就表扬他。或者给宝宝录音，让他听听自己发脾气时难听的声音。

## 宝宝闹情绪的正确处理方法

**冷静面对**

当宝宝情绪不稳定时，父母需成为宝宝的好榜样，先控制、处理好自己的情绪，不表示任何看法，慢慢走到宝宝面前，让哭闹中的宝宝感觉到家长的冷静，降低哭闹情绪。千万不要在宝宝情绪不稳定时，反而让自己更生气，这样对解决问题于事无补。

**利用辅助工具安抚宝宝**

宝宝闹情绪时，可以利用一些宝宝平常喜爱的玩具、布偶，让他抱在怀中，暂时安抚宝宝失控的情绪，然后再进行安抚、询问动作。

**抱在怀中，安定情绪**

当宝宝情绪失控时，可将宝宝抱至怀中，轻拍以安抚情绪，或是放一些轻柔音乐、宝宝平常喜欢听的歌，借以安定情绪。

**用温柔的语气对宝宝说话**

用温柔的语气对宝宝说："宝宝怎么了，为什么这么生气，还哭得那么伤心?""你很难过，哭一下没关系，等会儿告诉妈妈为什么会难过，让妈妈帮助你。"如此会让宝宝感觉到妈妈对他的关心和尊重。

**一杯水、一条毛巾，让宝宝感觉妈妈的关心**

拿水给宝宝喝，或是拿一条毛巾，拭宝宝脸上、额头上的泪水以及汗珠，让宝宝得到照料，感觉到妈妈对他的关心和注意，降低哭闹不安的情绪。

**站在宝宝的立场去思考问题**

当宝宝闹情绪时，需要了解宝宝发脾气、哭闹的真正原因，站在宝宝的立场去思考问题，而当宝宝对妈妈诉说他的感觉和想法时，除用心倾听外，妈妈可以重复宝宝所讲的话，让宝宝感觉到妈妈是了解他的。

**适当的管教**

如果发现宝宝每一次都是以闹情绪为手段，来达到引起父母的注意或需求的目的时，父母就需给予宝宝适度的管教，并且非常严肃地让宝宝了解，他这样的行为是不对的。

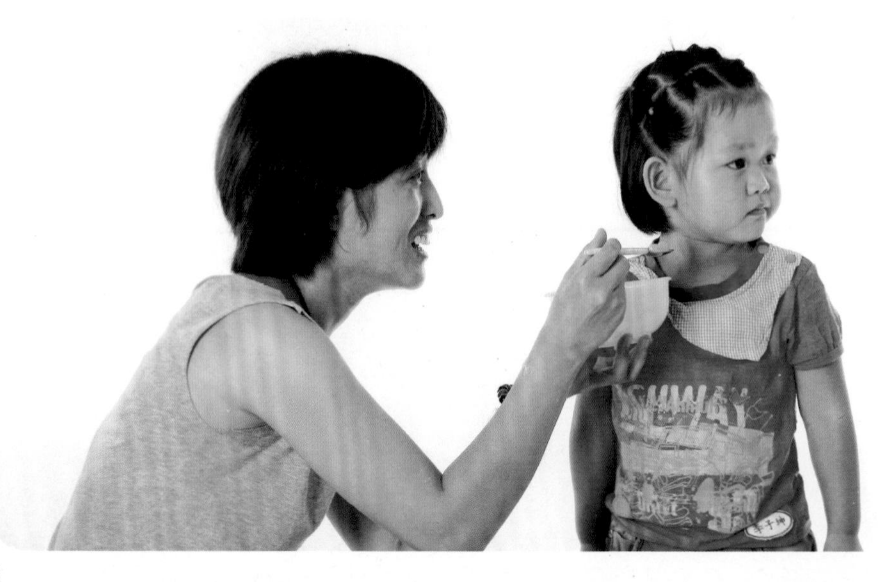

### 宝宝闹情绪时如何安抚

父母在安抚宝宝哭闹情绪时，“爱”的表达是很重要的，一个关怀的眼神、一句温柔的话语，都可有效减缓宝宝哭闹情绪。但是相反的，如果使用了错误的安抚方法，不但不能解决问题，反而让这场亲子战争愈演愈烈。包括：

❶冲动地责怪宝宝，或嫌宝宝动不动就爱哭哭闹闹“真是讨厌”，甚至生气地破口大骂，叫宝宝立刻停止哭闹举动。

❷以威吓的方式，强迫、限制宝宝不准再哭闹、丢东西。“宝宝，我数到三后立刻坐好，不准再乱丢东西，不然妈妈就要打了。”

❸对宝宝哭闹情绪反应完全视若无睹、不加理会，继续做自己的家务，放任宝宝在一旁。

❹父母随意拿起吃的、玩的东西给哭闹中的宝宝，希望他能就此停止哭闹的举动。

❺过于宠爱、溺爱宝宝，宝宝一哭，就急忙将他抱住和安慰他，如此举动，容易造成宝宝日后经常以“哭闹”的方式来获得需求和注意。

## 宝宝不合群怎么办

父母都希望自己的宝宝合群、善于交往，所以一发现自己的宝宝似乎更喜欢独自游戏，便有些紧张。其实宝宝的“不合群”有些是受年龄、心智发育水平所限，无须过于担心。

### 如何判断宝宝是否合群

不同年龄的宝宝合群性有所不同，若宝宝的表现是在该年龄层的正常范围内，其实父母可以不必太担心宝宝不会分享的行为，因为0～3岁的宝宝本来就只有“我”的概念，以自我为中心，完全没有与别人分享的概念。不同年龄的宝宝合群性有不同的表现。

2岁以前：旁观行为——当其他宝宝在玩时，他只在一旁观看，偶尔向正在玩的宝宝提供意见或交谈，但自己不参与游戏。

2～2.5岁：单独游戏——宝宝在活动中身体和心理都是独立的，都在自己的世界中玩耍，与身旁他人没有交谈等任何社会互动。

2.5～3.5岁：平行游戏——两个宝宝在相同时间、相同地点玩同样的活动时（或成人为尽量接近宝宝而与其玩同种玩物时）彼此各自游戏，互不干扰，没有互动（指没有目光接触及任何社会行为）。平行游戏是介于社交不成熟的单独游戏及社交成熟的合作游戏之间的一个转折点。

3.5～4.5岁：联合游戏、协同游戏——宝宝虽与其他宝宝在一起玩，但彼此之间没有共同的目标或相互的协助，仍以个人的兴趣为主，从事个别的活动之后，其间仍有相当程度的分享，加入同伴的活动和广泛的语言交流。

4.5～7岁：合作游戏——两个宝宝有共同目标，且所有参与者均能扮演各自的角色，彼此有分工及协助时，即会产生此类型的玩法。

7～11岁：规则性游戏——此时期的宝宝会遵循一些可被了解、认同及接受的规则来游戏。此游戏在本质上可以是感觉动作的，如玩打弹珠或抛接球游戏；也可以是各种类型的智力游戏，如玩跳棋、扑克牌或大富翁等。并均具备两个特点：一是此游戏需在两人或多人间竞赛；二是游戏过程中大家必须遵守事先同意的游戏规则，不可任意更改。

### 培养宝宝合群性的建议

为了培养宝宝独立处理问题的能力，父母就要把学习的空间腾出来，在没有成人参与的情况下，让宝宝自己去面对各种从未遇到过的问题：要让同伴接纳自己，和自己一起游戏，那就要表现得很积极和友好；要保护自己的利益不受到侵害。给宝宝独立的机会，才能不断地激励他们向前探索，让他们通过各种途径提高自己的交往能力，这些都不是父母陪着玩玩就可以学到的。

比如小伙伴在荡秋千，宝宝也很想玩一下，这时候宝宝自己肯定在动脑筋该怎么说，还要自己主动开口，学着跟伙伴商量。此时，身体的接触、友好的语气这些社交策略就会慢慢灌输进他们的意识中。一开始有的宝宝可能不会，但是别忘了，宝宝可是有超强的学习能力的，他们能从多次交往以及观察中慢慢摸索出人际交往的技巧。

# 只爱别人的玩具怎么办

宝宝通过玩玩具，可以增加宝宝的想象力，扩大宝宝的眼界，同时也丰富了宝宝的知识。在日常生活中，宝宝们互抢玩具的戏码似乎天天上演，不少妈妈总是不明就里，为何宝宝有自己的玩具，仍然要去抢别人的玩具。

## 宝宝为什么喜欢别人的玩具

### 缺乏“物权”观念

宝宝爱玩别人的玩具是由宝宝的年龄特点所致。婴幼儿对于“物权”观念还未建立，不理解“从属关系”，分不出“你的”“我的”，不管谁的想要就伸手。

### 喜新厌旧

宝宝对于玩具多半是喜新厌旧，价值观念和成人不完全相同，只要是新奇的、没见过的或是没玩过的，对他来说都是好玩的。

### 玩具不是自己所喜欢的

也许妈妈购买给自己的玩具很美丽、价值很昂贵，但不一定是宝宝需要的。既然是宝宝要玩的，家长应当尊重他的选择，在购买玩具时，也让宝宝参与意见，对宝宝来说，这也是一种学习。

### 家中的玩具太多

现在家里的条件都比较好，所以家中玩具太多，引不起宝宝的兴趣，该怎么办呢？可以把一部分玩具暂时收藏起来，过些时候再拿出来玩，以增加玩具的新鲜感。

### 不知道玩具的多功能玩法

一般来说，妈妈买了新玩具给宝宝，都不会先教宝宝新玩具的玩法或是陪宝宝一起玩，使宝宝对新玩具的接触，只有外表新奇漂亮、单一玩法，待新鲜感过后，即抛弃一旁，再也不去理会。如果看到其他宝宝在玩相同性质玩具或展现出更多功能的玩法，立刻会被吸引，此时便不会对自己的玩具感兴趣，而会想要别人的玩具。

## 爱玩别人玩具没有出息吗

其实，宝宝喜欢玩别人的玩具和有没有出息没有必然的联系，也不是什么道德问题。宝宝喜欢要别人的东西是一种很普遍的现象，同样的东西总是觉得别人的好。随着宝宝年龄增长和知识范围扩大，这种现象就会消失的。

但是妈妈决不能因此而放任自流，等待宝宝的自然过渡和消失，而是要采取正确的态度和处理办法。放任自流和管得过严都会使宝宝形成对他人所有物的占有欲，看见别人有什么东西都想据为己有，那是一种危险的人格特征，甚至会导致犯罪。

## 正确教导宝宝玩玩具

### 动动脑筋变花样

旧物新玩是一个很好的方法，换个方式来玩旧有的玩具，慢慢地引导宝宝。这样一来，不但能满足宝宝的好奇心，发挥他的想象力，更可培养惜物爱物的好习惯。

### 父母要为宝宝树立榜样

成人有意识地为宝宝树立模仿的榜样。模仿是幼儿阶段主要的学习方式，特别是行为习惯方面。成人有意识地为宝宝树立榜样是有效的教育方法，比如当有的宝宝听了对方的请求仍然不能把玩具给同伴玩时，成人则应以和宝宝平等的身份，去帮助宝宝进一步商量共同游戏的方法，如："咱俩一起玩吧。""你先玩，过一会儿再给我们玩。"等，让宝宝从简单地模仿，逐渐变为与他人成功交往。与此同时，宝宝负面的行为自然会得到相应的改善。

### 自己动手乐趣多

除了购买现成的玩具，妈妈可以尽量协助宝宝自己动手制作玩具，在制作过程中，培养创作的兴趣和能力。而妈妈多陪宝宝一起制作，与宝宝同乐，增进亲子关系。

日常生活中很多东西都可以利用，例如：洗发精空瓶可以当成水枪；铁罐可以做高跷；线轴可以做汽车轮；纸盒可以设计成各种玩物；塑料泥、面团可以捏成各种玩偶等。这些自己创作出来的玩具，对宝宝来说，比起那些很昂贵，而不能乱动、乱摸的汽车、娃娃，就要有趣得多了。

### 利用故事

在教育中教给宝宝简单的交往语言，喜欢听故事是学前宝宝的共同特点，但对于年龄小的宝宝认识水平低、理解能力差的特点，如果我们把想教育的内容含在故事情节当中，他们仍然不能理解。我们可以把解决实际问题的具体方法反复地讲在故事当中，如：小鸡对小鸭说："你的大皮球让我玩一会儿好吗？"小鸡对小猴说："你的小汽车让我玩一会儿好吗？"让宝宝知道说这样一句话，对方就能够高兴地把玩具给自己玩，然后在生活中，成人要提醒宝宝去使用这样的语言，并帮助他感受成功，让宝宝在潜意识中产生抢玩具不对的印象。

### 试用交换法

交换玩具或食物可以满足宝宝的好奇心，还可以防止宝宝独霸和占有欲的产生。如宝宝要别人的玩具，就让宝宝自己拿着玩具用商量的口吻、友好的态度和小朋友交换着玩，使双方都受益。

## 宝宝说谎怎么办

家长大多都讲过“狼来了”这个故事，那个说谎的宝宝最终被说谎的行为所害，于是父母、老师以及所有的长辈都告诫宝宝，一定要听父母的话，要说真话不能说假话，说谎是极其不对的。但是事情往往是不如人愿，也许“人之初，性本恶”，也许人类基因就是这样，当宝宝学会了说话，在开始漫漫人生之路时，也就开始了说谎的经历。

### 3岁宝宝说谎的原因

2～3岁的宝宝根本不知道什么是说谎，没有目的地说了不符合实际的话，只是表达自己的想法而已，抑或只是思维产生混乱罢了。

### 说谎和记忆有密切关系

对于宝宝常常偏离现实的说法，这种非谎言的谎言最大原因是记忆力的混乱。

#### 宝宝多大开始“说谎”

宝宝并非在有了理解能力之后才开始说谎。“从宝宝一会说话开始，就说起谎来。宝宝在两岁半到三岁时就会讲十分完整的谎话了。”

#### 2～3岁宝宝记忆力的特点

2～3岁是宝宝记忆力超常发挥的时候，就像在一张白纸上画画一样，宝宝看到的都会记录下来，但也常常会发生错位。比如，宝宝老为玩具吵架，其实有时候可笑，早玩了5分钟玩具的宝宝会单纯地认为这就是他的玩具，记忆力告诉他，这就是我自己在玩的，后来要还给主人或有其他小朋友来玩时，他就会不乐意了。又比如，宝宝会像模像样地形容一件今天没有做过的事，其实只不过是记忆力告诉他，曾经有过这件事，但他没有概念什么是今天，什么是昨天而已。

#### 正确对待这类说谎的做法

纠正错误：无论是时间上的错误，还是认识上的错误，要用宝宝能理解的语言解释给他听，告诉他错在哪儿。这种情况会经常出现，需要父母耐心重复同样的说教。

不要谴责：3岁以内的宝宝并不知道何为说谎，所以完全没有必要大惊小怪地批评他，他也许只是忘了，也许把时间混淆了而已。父母一定要知道，3岁的宝宝记忆力跟成人是不一样的。

不要事后追究：有些父母在责怪宝宝把饭打翻，弄得满地都是的同时，顺带指责宝宝在刚送来的报纸上乱写乱画，这时宝宝可能会矢口否认，于是父母以为宝宝是在说谎、抵赖。其实，宝宝很可能根本就忘了这回事，父母这样责怪他，他反而会觉得很委屈，不知自己究竟做错了什么。

不要采用体罚：虽然对幼小宝宝而言，体罚是最有效的手段，但这种手段不能滥用，更不能以家长制的身份用。了解宝宝的生理特点，了解宝宝说话的前因后果，不要认为他说的和现实有冲突，就自以为是地界定为“说谎”，为这件事而体罚2～3岁的宝宝是错误的。

## 宝宝打人怎么办

几乎每个妈妈都会碰上这样的事情：宝宝过了两岁，不知从哪天起，他只要一生气，就给你一下子，养成了习惯后，更是频频出手，不分场合，随时随处都有可能以迅雷不及掩耳之势袭击别人。

### 打人的定义

打人在心理学上称之为儿童攻击行为，多是因为欲望得不到满足，采取有害他人、毁坏物品的行为。一般在3～6岁出现第一个高峰，10～11岁出现第二个高峰。父母要针对不同的原因，想出制止的破解招数。

### 阻止宝宝打人的8大妙法

#### 不再溺爱宝宝

打人原因：自我意识开始萌发。事事都是“我”字当头，这是宝宝爱打人最主要的原因。

**妙法详解**

需求性攻击行为主要是由于家长的溺爱造成的。父母平时对宝宝有求必应，当宝宝的愿望不能满足时，就会有攻击性行为。这种情况下，父母要对宝宝的行为及时制止，并可作适当惩罚，如立即取消目前他最想得到的奖赏或者游戏。但是要注意控制程度，尤其是有外人在场时。更要讲究方式方法，不要挫伤宝宝的自尊心，从而使宝宝产生逆反心理，使攻击性行为得以强化。

#### 打造平和环境

打人原因：宝宝社交能力差。有些宝宝想要一样东西，别人却不给，他又不懂如何“要”，于是就打人。

**妙法详解**

打造平和环境听上去很玄，其实很简单，就是提供足够的玩具及宽广的活动空间，避免宝宝们因碰撞或抢夺玩具产生攻击性事件。

最重要的是别给宝宝具有攻击性的玩具，玩具手枪、弹弓等。

#### 大声制止

打人原因：父母娇惯开始打人的时候没有严厉制止，形成了习惯。

**妙法详解**

很多宝宝一而再、再而三地打人，往往是因为刚开始的几次“尝试”没有受到立即有效的制止。因此父母面对有暴力倾向的小霸王，最好要大喊一声“住手，宝贝！”立即制止其打人行为。

但是，不要体罚宝宝。体罚会给宝宝带来不良的影响，使他感到委屈、无助，甚至产生抵触情绪。

### 远离电视

打人原因：模仿。看电影、电视上有打人的镜头，觉得好玩，于是就模仿。

**妙法详解**

电视节目大多是针对成人而设计的，不可避免地会出现很多争吵和打斗镜头。最简单的办法就是让宝宝远离电视，只在少儿节目时间开机，其他时间让给弥足珍贵的家庭活动，如陪宝宝搭积木、给他讲故事、和老人交谈……沐浴在轻松和睦家庭气氛中的幸福宝宝，怎么会挥起他的小拳头？

### 经常表扬宝宝

打人原因：宝宝希望被别人注意。父母或幼儿园老师忙于其他事务时，往往会忽略宝宝，宝宝就会用比较强烈的破坏性举动来引起注意。比如家里有客人来访时，大家的注意力集中在客人身上，宝宝感到失去了平日的焦点地位，产生了失落感，很容易寻衅闹事了。

**妙法详解**

要经常表扬宝宝的良好行为，让他明白，只有做好宝宝才能被人喜爱、关注。这样，当他想引起别人的注意时就不会动用暴力。另外要适时给予宝宝一些体贴的询问，如“你是不是不高兴了？妈妈和阿姨说话，忘记和你说话了。”“告诉妈妈发生什么事情了？”倾听宝宝的诉说，让他觉得自己并没有被遗忘。

### 帮宝宝发泄

打人原因：身体不舒服。一些生理因素导致烦躁，比如在饿了、累了、生病、出牙不舒服等情况下，宝宝可能会通过打人发泄。

**妙法详解**

父母要懂得帮助宝宝宣泄情绪，让心情由阴转晴。选择适当的场合，让宝宝把心头的不快发泄出来，避免进一步发生攻击行为。父母可以和宝宝说：“我知道你很难受，你可以跟妈妈说说是什么让你不舒服了，或者喊叫，或者把不愉快的事情画出来。但绝对不能打人。”甚至可以让生气的宝宝捶打一件无关紧要的东西，总之要给宝宝打开一个疏泄情绪的窗口。

#### 帮宝宝减压

打人原因：生活变化大，不能适应，比如搬迁、换保姆、上幼儿园等。宝宝不了解怎么回事，又不会表达，于是出现打人现象。

> **妙法详解**
>
> 有些宝宝对生活环境的变化非常敏感，会有些心理压力，给宝宝减轻压力最好的办法是缓解宝宝紧张的心情。有个以不变应万变的办法是常带宝宝走出家门，暂时离开几间房、几个人的小环境。在户外跑一跑，阳光、蓝天、新鲜空气、肢体运动胜过千言万语。眼界打开了，心胸也拓宽了，更容易形成开朗和乐观的性格。

#### 家人和睦

打人原因：父母或家人的“榜样”可能令你没想到的是，也许你就是宝宝打人的“老师”。你有没有因为心情不佳，粗暴地回应别人友善的言语？你有没有和爱人为了一本有趣的杂志争抢不休？在宝宝的思维中，存在即是有理。他的眼睛看到的一切，都将转化为他的行为。

> **妙法详解**
>
> 家庭就是宝宝的主要生活环境，他在观察和模仿这个小世界里发生的一切。因此，要营造良好的家庭氛围，建立一种平等、民主、和谐的关系，父母争吵时要尽量避开宝宝，家庭成员之间绝不能有攻击性行为。

## 破解宝宝打人

### 以牙还牙

若是哪次小霸王被别人打痛了，要抓住机会边安慰边教育他：“痛吗？是不是很痛？这就是妈妈上次说过的为什么不可以打人，你要记住！”让宝宝从自己的疼痛中亲身体会到打人是不好的行为。这样他以后就会注意不再去打人了。

### 约束法

如果发现宝宝打人，你可以立即让宝宝坐下并面对着你，抓住宝宝的手臂和肩，告诉宝宝错在什么地方，大约1分钟后松开。连续1周使用这种约束法，就能改善宝宝的打人行为。

### 冷处理

有时，没有行动也是一种行动——“冷处理”的效果比简单地呵斥、打骂好。可以请宝宝到一旁静坐，同时不可开口说话，旁人也不要与他交谈。但要注意，不宜将宝宝关在密闭或黑暗的空间内，以免产生反效果。

一般而言，15分钟之后，宝宝的情绪就能恢复正常，主动与家人搭讪着说话。虽然你早已经原谅了他，但是为了增加教育深度，还可以再保持几分钟的缄默，然后及时地进行教育。

### 被动承诺

替宝宝表个态，如“小彬向爸爸说对不起，以后不打人了”“皮皮知道自己错了，以后再也不打了。有错就改的宝宝爸爸妈妈一样喜欢”等，尽管当时宝宝心里未必真的这样想，但这些话还是会留在他心里，渐渐从一个不情愿的应承变成比较深刻的警醒。

# 让宝宝健康不生病

## 父母是宝宝最好的医生

提前掌握一些常见疾病的症状及处理方法，做一个勇敢的、有有常识的、有理性的父母，助宝宝健康成长。

# 第一节 给宝宝安全的居家环境

## 厨房安全自检

| 厨房 | | | |
|---|---|---|---|
| 1 | 宝宝的餐具是易碎物品吗 | 是 | 否 |
| 2 | 刀具收拾好了吗 | 是 | 否 |
| 3 | 厨房瓷砖有没有铺防滑地垫 | 是 | 否 |
| 4 | 橱柜上有没有准备安全插销 | 是 | 否 |

## 客厅安全自检

| 客厅 | | | |
|---|---|---|---|
| 1 | 客厅地板上有无让宝宝窒息的小物件，如纽扣、硬币等 | 是 | 否 |
| 2 | 各种电线及灯绳等有无整理 | 是 | 否 |
| 3 | 桌子和墙角有无加防撞护条 | 是 | 否 |
| 4 | 电源插座有无准备安全插销 | 是 | 否 |
| 5 | 有无把落地窗关好 | 是 | 否 |
| 6 | 窗户有没有锁好 | 是 | 否 |
| 7 | 客厅的植物有无有毒的 | 是 | 否 |
| 8 | 电视柜里有无危害宝宝的药品或物品 | 是 | 否 |

**※注：在是或否的下面打“√”，如果自检中发现存在不安全因素，需立刻改正。**

# 第二节 常见疾病的家庭护理

## 发热

一见宝宝发热，多数妈妈会急得像热锅上的蚂蚁，只求迅速退热，吃的、塞的、贴的、挂的，只要能用的招数通通上。事实上，发热并没有想象中的可怕，处理起来也不必那么“从重从严”。

### 发热对健康有利的一面

通常认为——发热对宝宝的健康是一种伤害，一点儿好处都没有。

事实上——发热是一种症状而不是疾病。它是机体对抗侵入的细菌病毒的正常反应，有利于消除病原体，恢复健康。所以，发热对健康也有有利的一面。细心的妈妈会发现，宝宝经过一场发热后，好像长大了，思维能力、语言能力均明显提高了。这是因为发热加快了脑细胞的代谢和新生。

### 发热并非都是严重疾病

通常认为——发热肯定表示宝宝的病很严重，弄不好还有生命危险。

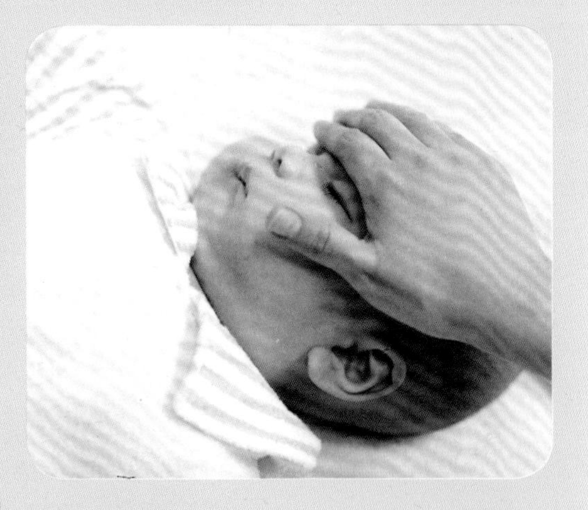

事实上——宝宝之所以容易发热，主要是因为他们的体温调节中枢系统发育还不成熟，再加上身体的抵抗力比较差，受到感染的概率比较高，所以常会有发热的情形出现。造成宝宝发热的原因非常多，并非总是严重的不得了。

外在因素：宝宝体温受外在环境影响，如天热时衣服穿太多、水喝太少、房间空气不流通。

内在因素：感冒、急性呼吸道感染、扁桃体炎、咽喉炎、结核或其他疾病。

其他因素：如预防注射，包括麻疹、百白破等疫苗反应。

### 发热总需要持续一段时间

通常认为——只要给予了处理，宝宝的体温就应该很快降下来，否则就是病情加重了。

事实上——因加以治疗并辅以适当的休息，那么发热的频率和体温通常就会明显趋于正常。但是退热终究需要一个过程，所以一般的发热症状也会持续3天左右，而且可能会出现体温时高时低的情况，不过只要病情在好转就没关系，不必太过焦虑，只要记得做好护理、监护即可。

### 体温不同，处理方法也不同

**体温37℃～38℃时**

发热本身有帮助杀菌及提升抵抗力的作用，所以不太高的发热是不必急着退热的。盲目退热往往引发很多不良反应，由于退热快、出汗多，易导致虚脱，循环系统出现问题。

**体温38℃～38.5℃时**

将宝宝衣物解开，用温水(37℃左右)毛巾搓揉全身或泡澡，如此可使宝宝皮肤的血管扩张，将体热散出；另外，水汽由体表蒸发时，也会吸收体热。每次泡澡10～15分钟，4～6小时一次。多给宝宝喝水，有助发汗，此外水有调节温度的功能，可使体温下降及补充体内流失的水分。

**体温38.5℃以上时**

一般当宝宝在体温达38.5℃以上时才开始考虑使用退热药，而且每次服药中间一定要间隔4～6小时。常用退热药包含水剂、锭剂、栓剂和针剂：

**栓剂**

用来塞肛门，由直肠吸收，效果快速，当小孩拒绝吃药时也能退热，但使用次数要少，因密集使用易退热过度，使体温降得太快，或是反复刺激肛门，造成腹泻。

**锭剂**

由于给宝宝喂药比较困难，很少使用这类剂型的退热药，大部分已经被各种退热糖浆代替。

**针剂**

打退热针是最不安全的，有的宝宝甚至会过敏休克。然而目前并没有针对退热针所做的过敏试验，因此除非无法使用口服退热药（如严重呕吐或禁食中）且无法使用肛门塞剂（如严重腹泻），用尽方法仍无法退热，最后一步才会考虑打退热针。

**水剂**

较温和而安全，最普遍使用的是含扑热息痛的糖浆，如小儿美林糖浆、小儿百服宁滴剂等。

不同的退热药最好不要随意互相并用，因为剂量不好控制，还是单独使用比较安全。

**小贴士**

退热药也不可自行增加使用次数或增加剂量。

**体温39℃以上时**

可在使用退热药的基础上加用冷水枕，利用较低的温度做局部散热。现在市面上的软冷水枕甚为方便，温度也不会太低，年龄较大的宝宝及儿童可用。但不建议用于6个月以下的宝宝，因为婴儿不易转动身体，会造成局部过冷而冻伤或导致体温过低。

**体温超过40℃时**

用温酒精擦浴可降低全身的体温，要注意一定要用“温水”加上70%的酒精，以1：1的比例稀释，稀释后的水温为37℃～40℃，再擦拭四肢及背部；若直接用酒精擦拭，会让宝宝觉得很冷，很不舒服，甚至抽搐。擦拭后可用浴巾盖一下身体，等5～10分钟，酒精蒸发得差不多的时候，体内的血液循环到了身体表面，又使皮肤变热时，再重复第二次，如此重复3次左右，体内外的温度可迅速下降。由于退热速度较快，此方法适合1岁以上的宝宝，且体温超过40℃以上不易退时使用。

**寒战时**

如果宝宝四肢冰凉又猛打寒战(畏寒)，则表示需要温热，所以要外加毛毯覆盖。

**出汗时**

如果四肢及手脚温热且全身出汗，则表示需要散热，可以少穿点衣物。

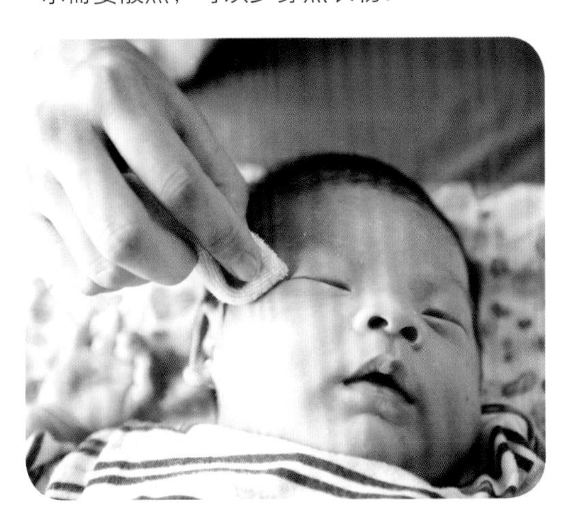

## 发热时的家庭护理

**环境要舒适**

宝宝发热时新陈代谢增快，消耗多、进食少，身体虚弱，应卧床休息；保持室内安静，避免各种刺激；衣被要适当减少；室内温度要适当，室温过高不利人体散热，会使宝宝烦躁，过低则易使宝宝受寒，一般室内以20℃左右为宜；防止空气对流直吹宝宝。

**做好口腔护理**

高热时，唾液分泌减少，使口腔黏膜干燥，口腔自我清洁能力减退，易使食物残渣滞留，便于细菌繁殖而引起口腔炎、齿龈炎等，所以对发热宝宝还应做好口腔护理，可用消毒棉蘸3%硼酸水轻轻擦洗口腔或用淡盐水含漱，早晚各1次。

**保证营养和水分**

注意多喝水，饮食给流质或半流质食物，如面汤、粥、蛋羹，以清淡为宜。适当吃些新鲜水果及果汁，水果中以梨、西瓜、等为好。避免吃油腻、辛辣及生冷食物。如果宝宝食欲减退，不能保证营养和液体摄入量，应及时到医院进行输液。

**注意病情变化**

按上述各种建议进行处理和护理的时候，要观察宝宝活动力、精神状态，以及体温变化。如果经过处理后，宝宝仍然持续发热，比如发热时间超过1周甚至更长时间，或者是原因不明的发热，则一定要引起高度重视，应马上就医。

### 高热惊厥紧急救治方案

注意：5%～15%高热惊厥的宝宝会后遗智力低下、癫痫、行为异常等神经功能障碍，所以紧急治疗十分重要！

**名词解释：高热惊厥**

高热惊厥是指宝宝在呼吸道感染或其他感染性疾病早期，体温高于39℃时发生的惊厥。其中上呼吸道感染引起的高热惊厥最为常见，体温越高越容易发作。

**各年龄的宝宝均可发生高热惊厥，90%发生于6个月至3岁，6个月前发病占4%，3岁后发病占6%，平均发病年龄为18～22个月。**

发生高热惊厥时，宝宝的情况十分恐怖，会出现两眼上翻或斜视、凝视，四肢强直并阵阵抽动，面部肌肉也会不时抽动，伴神志不清、大小便失禁等。

一般来说，大多数高热惊厥患儿预后是好的，6岁以后不再发作，不会留下神经系统后遗症。但有一部分患儿（5%～15%）可后遗智力低下、癫痫、行为异常等神经功能障碍。

**高热惊厥紧急处理**

宝宝惊厥突然发作，确实让父母手忙脚乱。由于惊厥是急症，应该立刻进行紧急治疗。

**控制惊厥**

要保持镇静，千万不要哭叫或摇晃宝宝。让宝宝静卧于床，用拇指按压其“人中穴”，多可缓解症状。人中穴位于上唇正中与鼻中连线的中点。

**侧卧**

将宝宝侧卧，以防止呕吐时，呕吐物误吸入气管，引起窒息。但要尽量少搬动患儿，并保持周围环境的安静，减少不必要的刺激。

**小贴士**

已出牙的宝宝在惊厥时，因牙关紧闭，有可能咬伤舌头，可用缠有纱布的筷子或匙柄做成牙垫，卡在宝宝上下牙之间。若不能及时准备好牙垫，可用手帕折叠后临时替代。切勿用自己的手去掰开宝宝的嘴，以免手指被咬伤。

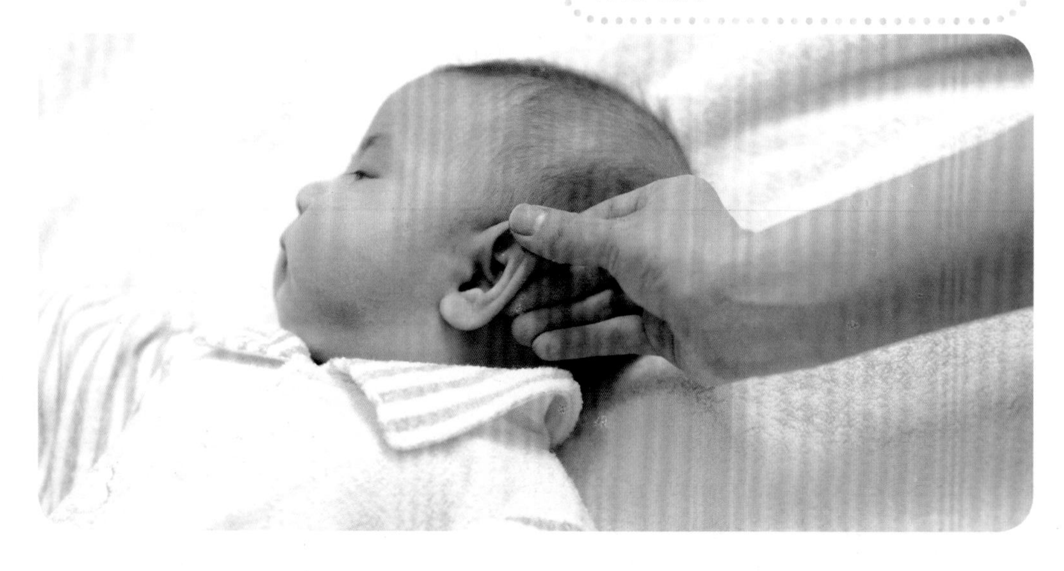

**送医院**

迅速将宝宝送往附近的医院。赶往医院的途中，应将宝宝颈部轻度后仰，以保持呼吸通畅，同时还要宽解宝宝衣服，这样既利于散热，又便于呼吸。

**配合治疗**

到达医院后，医生肯定会给宝宝肌内或静脉注射镇静和退热药物。使用镇静药物后，宝宝即可进入睡眠状态，但退热药物需一定时间才能起效。为使体温尽快下降，必须辅以酒精擦浴或温水湿敷等物理降温的方法。一定要配合医生，宽解宝宝衣服，并用酒精擦拭宝宝的前额、颈、腋窝及腹股沟等部位，达到快速降温的效果。

**小贴士**

在擦拭酒精时，有的宝宝会出现寒战反应，这是正常现象，妈妈切莫因此而终止擦拭。当宝宝体温降至38.5℃以下时，才可停止物理降温。

**不要急于出院**

若惊厥及时得以终止，也要等医生做了全面检查，待宝宝清醒后，才能离开医院。对于惊厥不止或反复发作的宝宝，应留在医院继续接受诊治。

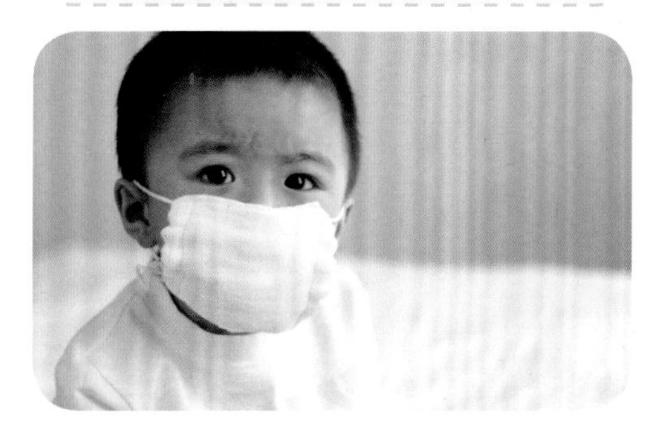

**如何护理有高热惊厥的宝宝**

处理方式——急需送医院治疗，一般需要住院。

护理方式——高热惊厥发病年龄多在6个月到3岁，又以早产儿，有家族遗传史为高发人群。

量体温：如果宝宝曾有高热惊厥史，妈妈一定要更加注意，控制宝宝的体温，若发现宝宝的体温超过38℃时，就应立即服用退热药，同时头部冷敷，也可适当服一些镇静药以防止惊厥。

家中突发惊厥的紧急处理：若发现宝宝已经有全身肌肉不自主抽动、神态丧失等高热痉挛表现，应进行紧急处理：用牙刷、筷子等包好纱布插入上下牙之间，防止牙齿咬伤舌头，可重按人中穴、合谷穴；同时应保持宝宝的呼吸道畅通，将宝宝的头偏向一侧，以防呕吐物吸入肺内。在准备送医院的同时，先用物理方法降低体温，然后急送医院，住院治疗。

送医院：在家庭做完基础护理后，要急送医院，因为从近年来的一些研究证实，高热惊厥会引起宝宝日后不同程度的智力和行为障碍，所以千万不要掉以轻心。

饮食：惊厥的患儿，禁食含有脂肪等厚味的食品，应以素食流质为主。但在惊厥发作期间，万不可强行灌水或流质食物，这样容易造成宝宝呼吸不畅，甚至窒息引发生命危机。若患儿病情好转后，可适当添加富有营养的食品，如鸡蛋、牛奶等；还可以吃一些西瓜汁、番茄汁；痰多时服白萝卜汁或荸荠汁也是不错的选择。

尽量避免高热惊厥的发生——虽然紧急处理后，高热惊厥的宝宝较少留有后遗症，但最好能避免发生。预防的关键在于要密切关注监测宝宝的体温。

正常宝宝体温在36℃～37℃，若测量腋温大于37.5℃，肛温大于38.2℃，应确认是发热了。若在家中无体温表或一时找不到体温表，可根据下列征象判断宝宝正在发热：

| | |
|---|---|
| 1 | 给宝宝喂奶时感到他口唇烫热 |
| 2 | 宝宝脸红耳赤，前额发烫，躯干皮肤温度增高，但肢体手脚发凉 |
| 3 | 宝宝不如平时活泼，身体倦懒，精神较差，食欲下降 |
| 4 | 宝宝先出现寒战、怕冷或起“鸡皮疙瘩”，然后出现口渴面赤、身体发烫 |
| 5 | 安静时呼吸频率每分钟大于35次；脉搏加快，每分钟大于110次 |

## 肺炎

早春二月，春寒料峭，乍暖还寒，正是小儿肺炎的多发季节，但有时它又与小儿感冒的症状相似，容易混淆。

### 什么是小儿肺炎

肺炎是小儿最常见的一种呼吸道疾病，3岁以内的宝宝在冬、春季节患肺炎较多，由细菌和病毒引起的肺炎最为多见。小儿肺炎不论是由什么病原体引起的，统称为支气管肺炎，又称小叶性肺炎。

### 小儿肺炎的症状

宝宝得了肺炎主要表现为发热、咳嗽、喘，肺炎的发病可急可缓，一般多在上呼吸道感染数天后发病。最先见到的症状是发热或咳嗽，体温一般38℃～39℃，腺病毒肺炎可持续高热1～2周。身体弱的婴儿可不热，甚至体温低于正常。会有咳嗽、呛奶或乳汁从鼻中溢出，普遍都有食欲不好、精神差或烦躁睡眠不安等症状。重症患儿可出现鼻翼扇动、口周发青等呼吸困难的症状，甚至出现呼吸衰竭、心力衰竭。宝宝还可出现呕吐、腹胀、腹泻等消化系统症状。

## 如何区分小儿肺炎与感冒

小儿肺炎起病急、病情重、进展快，是威胁宝宝健康乃至生命的疾病。但有时它又与小儿感冒的症状相似，容易混淆。因此，父母有必要掌握这两种小儿常见病的鉴别知识，以便及时发现小儿肺炎，及早医治。鉴别它们并不太难，可从以下几点入手：

**测体温**

小儿肺炎大多发热，而且多在38℃以上，并持续2～3天以上不退，如用退热药只能暂时退一会儿。小儿感冒也发热，但以38℃以下为多，持续时间较短，用退热药效果也较明显。

**看咳嗽呼吸是否困难**

小儿肺炎大多有咳嗽或喘，且程度较重，常引起呼吸困难。呼吸困难表现为憋气，两侧鼻翼一张一张的，口唇发绀，提示病情严重，切不可拖延。感冒和支气管炎引起的咳嗽或喘一般较轻，不会引起呼吸困难。

**看精神状态**

宝宝感冒时，一般精神状态较好，能玩。宝宝患肺炎时，精神状态不佳，常烦躁、哭闹不安，或昏睡、抽风等。

**看饮食**

宝宝感冒，饮食尚正常，或吃东西、吃奶减少。但患肺炎时，饮食显著下降，不吃东西，不吃奶，常因憋气而哭闹不安。

**看睡眠**

宝宝感冒时，睡眠尚正常。但患肺炎后，多睡易醒，爱哭闹；夜里有呼吸困难加重的趋势。

**听宝宝的胸部**

由于宝宝的胸壁薄，有时不用听诊器，用耳朵听也能听到水泡音，所以父母可以在宝宝安静或睡着时在宝宝的脊柱两侧胸壁仔细倾听：肺炎患儿在吸气末期会听到“咕噜”“咕噜”般的声音，称之为细小水泡音，这是肺部发炎的重要体征。小儿感冒一般不会有此种声音。

经过上述方法，如果出现其中大部分情况，即应怀疑宝宝得了肺炎，应及早到医院就医。

## 肺炎居家护理

冬季是幼儿肺炎的高发季，幼儿患了肺炎，如果医生认为不必住院，那么在基本的药物护理之外，家庭护理细节就变得至关重要。

**观察**

虽然不用住院，但肺炎的急发性不可忽视。

| | |
|---|---|
| 观察体温 | 基本上保证每两小时测一次体温，有持续上升现象应引起重视 |
| 观察啼哭状况 | 如果哭闹不止，烦躁不安，然后昏睡不醒，要即刻送医院就诊 |
| 观察呼吸 | 如果呼吸急促、困难，口唇四周发绀，面色苍白或发绀，说明已缺氧，应立刻就诊 |

**住**

患儿需要充分的休息，保证睡眠。创造安静整洁的居所是最重要的。

**开窗通风**

有阳光的日子里打开所有窗户，利用紫外线对宝宝活动睡眠的场所进行消毒。一般通风40分钟以上，把门窗关好，再让宝宝进入，避免冷风直吹；并隔4小时左右重复通风。

**保持湿度**

有条件的用加湿器，没有的可以在室内放上几个盛水的器皿，湿润的空气会让患儿因体热引起的呼吸道干涩得到缓解。

**不要打扰宝宝**

换衣喂药等要有计划地集中进行，尽量减少惊扰宝宝。

**保持安静**

宝宝病了，可能会有亲戚朋友来看望，要注意不要打扰患儿，控制噪声，即使是家人也不要频繁出入患儿房间，通常一个人陪护即可。

**空气洁净**

如果宝宝哭闹不止、烦躁不安，然后昏睡不醒，要即刻送医院就诊。

**舒适睡眠**

通常患儿会出现呼吸浊重，所以睡觉时可用枕头适当垫高患儿上身，能缓解呼吸困难。

**忌裸睡**

一定要穿透气舒适的内衣睡觉，切不可为让宝宝散热而裸睡，被子不能很好地贴身，容易受凉，加重病情。

**清洁**

患儿抵抗力下降，对卫生要求就比平时更高。

更换内衣——伴随有发热状况的宝宝常会出汗，要及时更换贴身衣服，并用热毛巾轻柔擦拭患儿身体。

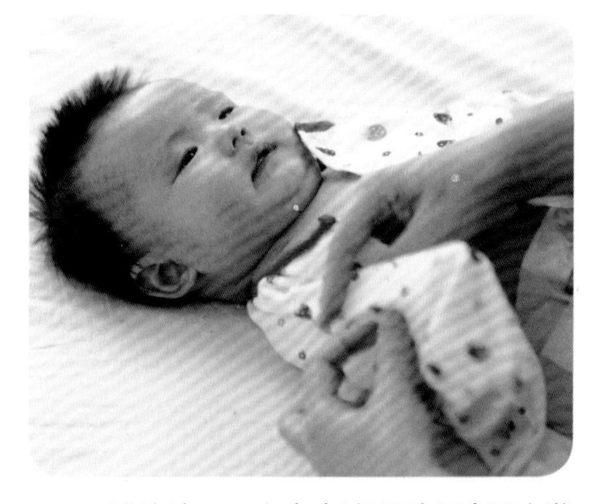

口腔清洁——在宝宝清醒时用冷开水漱口，还不会自己漱口的宝宝，家长可用厚实的棉签蘸水，细细清洗口腔。如果因发热引起了口唇皲裂，用珍珠粉敷能起到很好的效果。

眼部护理——注意观察宝宝是否有眼睛充血红肿现象，或者发现分泌物增多。如情况严重，可咨询医生后定时滴眼药水。没有上述情况，但宝宝总是表现不适，用小手碰触眼睛，可能是因为内热致眼睛干涩，可滴些眼药水，湿润眼睛。

保证鼻腔通畅——随时注意宝宝鼻腔是否通畅，发现有分泌物结块可用热毛巾稍微敷一下后，用棉签蘸水清理。

**吃**

正确地喂食、合理地搭配膳食。

吸食改用喂食——因为吸食会加重喘息，吃母乳的宝宝患病后不要让他自己吸食，改为将奶用器皿吸出来后用匙喂，奶粉喂养也一样，暂时放弃奶瓶，耐心地用小匙一口口喂。

忌口——忌高油辛辣食品，太甜的也要避免；鱼虾等暂时也不能吃。

**小贴士**

患儿会因为不适而少进食，不能因急着让宝宝进食而用味重的食物诱导，要以清淡、易消化的食物为主。

充分补水——尽量多地让宝宝喝水，凉白开水、糖盐水或稀释后的果汁等，随时准备好。如宝宝不肯进食，连水都不愿意喝，就要去医院输葡萄糖液维持肌体营养需要。

忌喝碳酸饮料——碳酸饮料有丰富的气泡，很容易造成呼吸不畅，要避免给患儿喝。

## 咳嗽

### 咳嗽是为了把痰咳出来

喉咙受到感冒病毒感染而发炎时，异物、灰尘等就会沾在支气管的黏膜上，然后黏膜分泌出来的分泌物逐渐增多又会阻塞支气管。这些分泌物就是痰，而咳嗽正是为了把痰以及喉咙内部的异物向外排出的一种身体防御性反应。

同时宝宝的喉咙黏膜又非常敏感，气温稍微降低也会引发咳嗽。如果宝宝只是单纯性咳嗽而没有其他症状暂且不需要担心。但是如果出现持续咳嗽,并且无法入睡，这时一定要尽早就医。

### 给宝宝创造一个舒适的环境

家里如果有经常咳嗽或者患有支气管哮喘的宝宝，我们就要尽量使室内整洁，仔细清扫灰尘、真菌能够藏身的地方。宝宝的床单、毛巾等也尽可能地使用棉制品，而且要经常换洗，另外还要经常晾晒被褥，并且把毛绒玩具、室内观赏植物、宠物等放在远离宝宝的地方。经常开窗通风、也可以使用加湿器使室内保持一定的湿度。最后要补充的一点是绝对不能在宝宝身边吸烟。

### 护理要点

**给宝宝喝水有利于消痰**

宝宝咳嗽的时候喂一些温水或者饮品能够润湿喉咙，帮助呼吸更加顺畅。家长可以在宝宝不咳嗽的时候适量喂一些温水，同时还有止咳化痰的功效。

**宝宝不停地咳嗽时，可以竖起来抱并轻轻拍背**

宝宝持续咳嗽不止时，可以竖着把他抱起来，轻轻地抚摩或拍宝宝的后背，这样多少也能让宝宝感觉到舒服和安心。

**宝宝睡觉时要垫高上身**

宝宝在睡觉时，上半身稍微垫高一点能让他觉得更舒服。

**室温保持在一定温度，避免室内干燥**

室内过于干燥很容易引发咳嗽加剧，因此在室内湿度比较低的时候，我们可以使用加湿器或者采取在室内晾衣服的办法来调节湿度，给宝宝创造一个舒适的空间。

**准备一些容易消化的食物给宝宝**

宝宝咳嗽时可能引起食欲缺乏，这时候就要给他准备一些容易吞咽、消化的食物，但注意不要喂生冷的东西，这容易刺激气管和食管，最好选择一些温热的食物。

**一定要禁烟**

香烟的烟雾不仅有害健康，而且容易刺激气管引发咳嗽，因此宝宝咳嗽的时候就更需要爸爸的大力协助。

**给宝宝使用药膏涂抹时要注意用法和用量**

现在市面上出售的一些止咳、顺畅呼吸的涂抹药膏效果还不错，但是在给宝宝使用之前一定要仔细咨询听取医生的意见。

**多开窗，让新鲜的空气流通**

室内应该经常通风换气，这样才有利于新鲜空气的流通。冬天更要注意勤开窗，或者也可以使用空气清新剂。

**勤打扫、保持室内环境整洁**

宝宝咳嗽的时候如果吸入了灰尘，很容易使咳嗽加剧。妈妈们在打扫房间时一定要彻底，特别是电视机等电器、床、被褥等比较容易积灰的地方更是要细心打扫。

## 就诊指南

**暂且观察**

轻微持续咳嗽

**应该就诊**

有发热、流鼻涕、腹泻、呕吐等症状，但精神状态良好；有咳嗽症状，但可以正常入睡；长时间持续咳嗽，但是精神状态良好。

**及时就诊**

呼吸时胸部剧烈起伏，呼吸困难，喉咙好像被堵塞一样突然剧烈咳嗽不止一天内反复出现剧烈咳嗽，不能正常进食轻微持续咳嗽胸部剧烈起伏、呼吸极度困难。

**紧急救治**

出现发绀现象、呼吸困难。

## 小贴士

白天宝宝轻微的咳嗽，到了夜里很容易恶化，如果发现有异常症状一定要及时就诊。就诊时向医生说明。

咳嗽的声音和是否有过敏症状，及体温变化的一些情况。

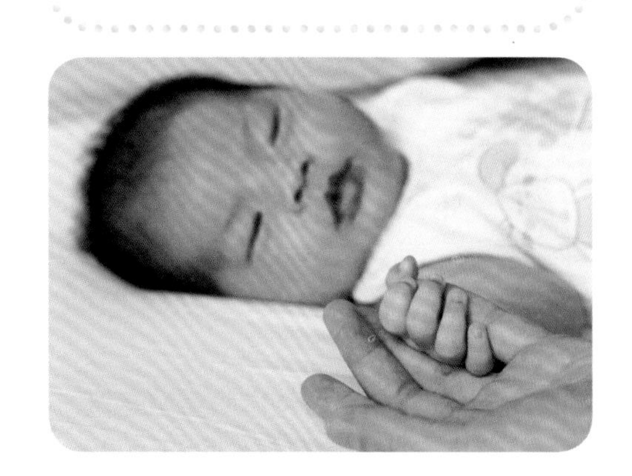

### 咳嗽症状时可能患的疾病

有发热症状

| 可能患的疾病 | 表现症状 |
| --- | --- |
| 感冒综合征 | 发热、流鼻涕并伴有咳嗽等感冒症状 |
| 麻疹 | 咳嗽、流鼻涕等感冒症状明显，发热3～5日左右全身出现红色皮疹 |
| 急性咽炎 | 出现低沉的咳嗽声 |
| 急性支气管炎 | 伴有痰，且咳嗽伴有飞沫 |
| 肺炎 | 剧烈咳嗽不断，呼吸急促 |

无发热症状

| 可能患的疾病 | 表现症状 |
| --- | --- |
| 百日咳 | 夜间剧烈咳嗽不止，咳嗽之后吸入空气急促 |
| 支气管哮喘 | 每次呼吸都伴有呼呼的响声，且有痰的咳嗽 |
| 细支气管炎 | 有鼻涕且轻微咳嗽，呼吸急促且呼吸困难 |
| 肺炎 | 剧烈咳嗽不断，呼吸急促 |

## 腹泻

### 粪便松软和腹泻是不同的

有的宝宝平时的粪便就比较松软，而在换乳期开始吃的新食物中，如果含水分比较多，就很容易使粪便更加松软。这和我们所说的腹泻完全是两回事，无需担心。

但是如果宝宝的粪便中混有血或者黏液、闻起来有酸味或者恶臭，或者粪便呈淘米水样、有剧烈腹泻呕吐、体重不增加等现象时，很可能是患有某种疾病，应该立即就诊。

### 预防脱水和臀部长斑疹

宝宝腹泻时护理的重点，要放在预防发生脱水和保持臀部的清洁上。腹泻会造成体内的大量水分同粪便一起排出，这时一定要给宝宝及时补充水分。

另外还要勤给宝宝换尿布，防止尿布疹的发生。经常用淋浴喷头或盆给宝宝冲洗臀部，保持臀部的清洁。

### 护理要点

**补充水分最为关键**

腹泻可以导致身体内的水分不断地流失，很容易引起脱水症状的发生，这时候一定要给宝宝及时补充水分，可以给宝宝喝些白开水、宝宝专用饮料等。

**不能给宝宝喝过于寒凉的东西，最好是室温饮料**

太凉的饮品容易刺激胃肠道从而加重腹泻。因此家长们应该尽量避免给宝宝喝刚从冰箱里拿出来的饮品，最好选择和室温相近的比较温和的饮品。

**母乳、牛奶可像往常一样喂食**

母乳和牛奶可以正常给宝宝喝，但是如果宝宝出现不太想进食的情况时，可以暂时先停一小段时间，然后再用多次、少量的方法喂给宝宝。

**不能随意地判断而把牛奶冲淡**

宝宝在出现腹泻的情况下，给宝宝喂牛奶的基本原则还是要按照平时的浓度，而不能仅凭妈妈的判断，随意改变牛奶的浓度。如果有其他疑问可以咨询相关医护人员。

**勤给宝宝换尿布**

宝宝持续腹泻时，屁股上常常会变红、溃烂，这时候一定要勤检查宝宝的尿布，发现脏了应立刻换上新的尿布，尽量缩短粪便与皮肤的接触时间。

**换新尿布之前，一定要擦干宝宝的小屁股**

如果宝宝的小屁股还是潮湿的时候，就换上新尿布。臀部潮湿很容易引起发炎，所以一定要用软毛巾、纱布把水分吸收干净，或者用吹风机的暖风吹干宝宝的小屁股。

**清洗臀部最好用流水冲洗**

因为用毛巾擦拭很容易擦破宝宝的屁股造成发炎，所以最好利用浴缸或者淋浴水冲洗。清洗时特别要注意仔细洗净肛门周围、大腿内侧的皮肤褶皱处。

**尿布疹反复发作时一定要就医**

腹泻时很容易引起臀部起斑疹，并且病情发展迅速，如果反复发作，一定要咨询医生，而不能根据自己的判断随便用药。辅食第一阶段要避免给宝宝吃脂肪含量比较多的肉类食品，可以选择如粥、煮烂的乌冬面、菜粥等淀粉含量较高的食物，并且要多次少量喂食。

## 就诊指南

**暂且观察**

粪便比平时稍微松软，一天内的排便次数比平时平均多1～2次。

**应该就诊**

粪便比平时松软、并且排便次数明显增多，精神状态不佳，食欲缺乏，腹泻持续时间超过1周，粪便中混有少量血迹，并且有一股酸味。

**及时就诊**

不能正常摄入水分，腹痛、血便等症状，粪便呈偏白色，粪便有异臭、恶臭。

**紧急救治**

剧烈腹泻、呕吐，除腹泻外，出现发绀、痉挛现象。

## 腹泻时可能患的疾病

**有发热症状**

| 可能患的疾病 | 表现症状 |
|---|---|
| 感冒综合征 | 发热、流鼻涕并伴有咳嗽等感冒症状 |
| 流行性感冒 | 高热、情绪非常低落 |
| 食物中毒 | 腹泻严重、并伴有高热呕吐现象，粪便中混有黏液、血等 |

**无发热症状**

| 可能患的疾病 | 表现症状 |
|---|---|
| 食物过敏 | 吃某种食物后就会有呕吐现象 |
| 单一性腹泻 | 除腹泻外无其他症状，情绪、食欲均正常 |

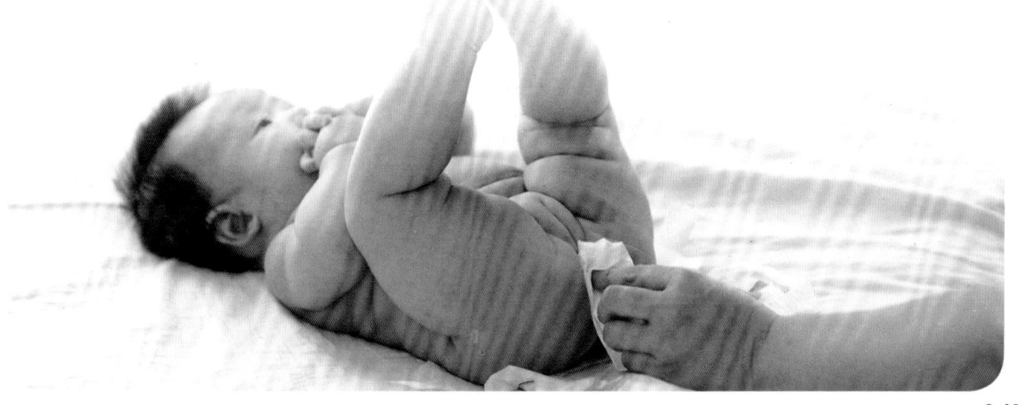

## 过敏

秋季是过敏的高发季节，哮喘、鼻炎、结膜炎、皮炎统统开始作祟，因此，从现在开始，让我们对所有可能在秋季发生的过敏性疾病做好防治准备。

### 评估宝宝是否为过敏体质

过敏体质宝宝的饮食保健是一辈子都要进行的，而且越早开始，防范的效果越好。所以要尽早地知道宝宝是否是过敏体质。

如果发现宝宝具有下列8种情形中的一种或多种，就要警惕宝宝是否是过敏体质，需尽快确诊，然后严格进行饮食上的保健措施。

| | |
|---|---|
| 1 | 有过敏疾病的家族史 |
| 2 | 有异位性皮肤炎，即刚出生时脸颊有红湿状，到满月还不消退，变化反复，身体渐渐有粗糙皮疹 |
| 3 | 每次感冒皆伴随喘息 |
| 4 | 慢性咳嗽，尤其半夜、清晨时症状特别明显 |
| 5 | 清晨起床后常会连续打喷嚏，觉得喉咙有痰 |
| 6 | 时常眼睛痒、鼻子痒、鼻塞 |
| 7 | 有较大运动量后会剧烈咳嗽 |
| 8 | 固定的皮肤痒疹，冬天或夏天流汗时特别痒 |

### 秋季是过敏高发季

过敏是一种机体的变态反应，是过敏体质的宝宝对正常物质（过敏原）的一种不正常的反应，常见的过敏原有花粉、粉尘、异体蛋白、化学物质、紫外线等几百种。当过敏原刺激不同器官中的不稳定细胞，就会表现出不同的过敏症状。如过敏物质与支气管黏膜、鼻黏膜、皮肤血管相结合，就会产生喷嚏流涕的过敏性鼻炎，喘憋不止的过敏性哮喘，瘙痒难耐的过敏性皮炎等。

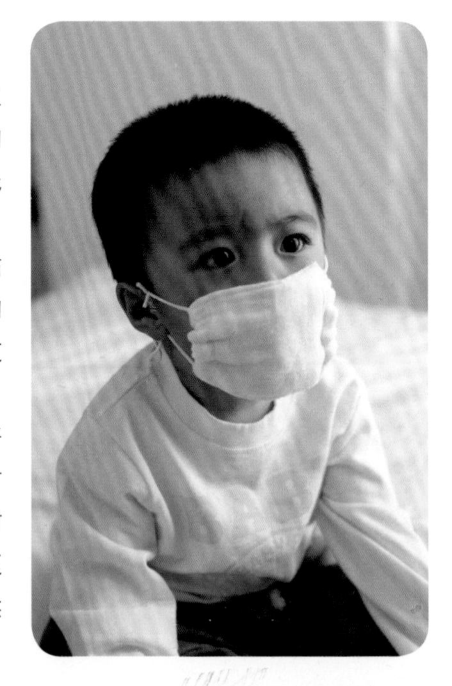

进入秋季后，节气的变化使得周围环境出现许多肉眼看不见的细微改变，如湿度相对小、浮尘相对多、温度忽高忽低，以及花草树木新一轮的新陈代谢等，这些都可能造成过敏原增加。此外，天气凉爽后，宝宝外出的机会增加了，接触过敏原的机会自然也增加了。因此宝宝在秋季更容易发生过敏性疾病。

## 对抗常见过敏性疾病

### 过敏性哮喘

症状——宝宝常在接触过敏原后出现咳嗽、呼吸急促、困难、呼吸气时带有哮鸣声；如果过敏伴病毒侵害，宝宝气管黏膜会发炎、水肿，痰液分泌物增多，阻塞呼吸道的通畅，尤其是两岁以下的宝宝久咳不愈。

预防——有哮喘宝宝的家更要注意家居清洁，吸尘打扫时应把宝宝带到室外呼吸新鲜空气，清洁完半小时后再让宝宝进来。

宝宝的毛绒玩具容易吸附尘螨，摆放时用胶袋把毛绒玩具装起来，或者每周用热水清洗玩具，也可以把玩具放在冰箱里2小时以上，防止尘螨滋生。

避免养小动物，因为它们身上的毛比较容易藏细菌，宠物中以猫带菌最多，所以宝宝如果有过敏哮喘发作，还是忍痛割爱，不要养小动物了。

秋天天气变化快，不要让宝宝着凉，进入室内要适当脱点衣服。

治疗及居家护理——宝宝哮喘发作时必须要让他停止活动，安静休息。

### 过敏性鼻炎

症状——过敏性鼻炎常表现为打喷嚏和流鼻涕，容易与感冒混淆，从而延误了治疗。其实两者之间还是有差异的：

**打喷嚏的次数**

一般来说，感冒虽然会打喷嚏，但次数并不多，更不会有连续打十几个甚至几十个的情况，而过敏性鼻炎的症状之一就是连续打喷嚏。

**鼻痒**

感冒时，鼻子并不会很痒，而是长时间的鼻塞。然而，如果宝宝患上的是过敏性鼻炎，鼻腔与咽喉部位便会奇痒无比，甚至出现眼睛、脸颊部位皮肤发痒。

**流清水鼻涕**

从感冒伴随的症状来看，流清水鼻涕一般出现在感冒初期，而且流量并不会很多。过敏性鼻炎恰恰相反，伴随着打喷嚏的同时，大量的鼻涕会倾泻而下。

预防——室内外的尘埃、真菌、尘螨、动物皮毛、羽毛、棉花絮等都可能是引起宝宝小鼻子过敏的过敏原，还有一些秋季开花的花粉也是危险因素，要尽量让宝宝不接触这些东西。

某些食物如鱼虾、鸡蛋、牛奶、花生等，还有磺胺类药物、奎宁、某些抗生素等也可能引起部分宝宝患病，妈妈一定要细心观察宝宝对哪些东西过敏，就不要给宝宝食用了。

当宝宝爱揉鼻子、揉眼睛，有时还会有清鼻涕流出鼻孔，有时爱做抽鼻动作时，妈妈就应该想想是不是宝宝的鼻子过敏了，而不要胡乱给吃感冒药来解决问题。

加强体育锻炼，提高宝宝的免疫力，减少感冒，预防过敏性鼻炎。

从小锻炼宝宝用冷水洗脸，使皮肤受到刺激，增加局部血液循环，保持鼻腔通气。

治疗及居家护理——过敏性鼻炎发作时，把容易引起宝宝过敏的羽绒枕头、羽绒被子、毛毯统统撤掉。

如果过敏非常厉害，可以用抗过敏的药，有局部用的也有全身用的，两岁左右的宝宝可以选局部喷鼻剂，在秋季容易过敏的季节使用，等过了这段时间后慢慢停用。

如果宝宝每年9～10月都要出现过敏鼻炎，就要早一些用药预防，可以征询医生的意见选择合适的药物，即使宝宝再发生过敏鼻炎，症状也会较轻。

保持室内干燥通风，注意减少室内植物也很必要；爱抽烟的爸爸应该暂时戒烟，戒不掉最好不要在室内吸烟。

**过敏性结膜炎**

症状——成人的过敏性结膜炎会表现为眼部痒感、流泪、灼热感、分泌物增多等，可宝宝不能用语言表达，他的不适最先表现为揉眼睛的动作增多，眼睛的分泌增多，且会眼睛发红、哭闹不安。

预防——要做好消毒隔离工作，用过的毛巾、手帕要用开水煮5～10分钟，要专门为宝宝准备，随时阻止宝宝用手揉眼睛的举动。

治疗及居家护理——宝宝过敏性结膜炎治疗以点眼药为主，一般常用氯霉素、利福平、吗啉胍等，晚上宝宝睡觉时可用眼药膏，白天醒时为防止宝宝不舒服或用手抓摸药膏可只用眼药水；滴眼药水的原则是勤滴，这样才能发挥眼药的作用。

**做眼部冷敷**

热敷会使局部温度升高，血管扩张，促进血液循环，致使分泌物增多，症状加重，所以，不能做热敷，可用凉毛巾或冷水袋做眼部冷敷。用过的毛巾、手帕要用开水煮5～10分钟，要专人专用。

**不要揉眼睛**

尽管过敏性结膜炎不传染，但也应避免揉眼，以防发展为细菌、病毒性结膜炎。

**多休息、多喝水**

多休息和多喝水对所有的疾病的恢复和治疗都会有帮助。

**过敏性皮炎**

症状——也就是通常说的婴儿湿疹，多在出生后2～3个月发病，1岁以后逐渐好转。

湿疹多呈对称性分布，好发于前额、脸颊、下颌、耳后等处，严重时会扩展到头皮、颈、手足背、四肢关节、阴囊等处。湿疹的特点为不规则形皮疹，先表现为针头至粟粒大的红斑点和红丘疹，进一步发展为小水疱、水疱破裂后流黄色渗液，水干后形成黄色痂皮。湿疹急性期有剧烈瘙痒，尤其在晚上，宝宝常常因此烦躁哭闹而影响睡眠和进食。如果继发感染，宝宝还会出现全身症状。

预防——预防湿疹应提倡母乳喂养，有资料表明，人工喂养的宝宝湿疹发生率远远高于母乳喂养者。

对于不能进行母乳喂养的宝宝，建议选用合适的配方奶。近来的研究发现，过敏性疾病与身体特应性体质以及机体的免疫系统功能紊乱有关，已有证明选用含有益生元的配方奶有助于调整婴儿的免疫系统和降低婴儿湿疹以及其他过敏性疾病的发生。

婴儿湿疹的发生与过敏性体质有关，患湿疹的宝宝往往对乳类制品过敏，或对鱼、虾、蟹、鸡蛋清等异种蛋白过敏，应避免给过敏儿食用这些食物。食物过敏原也可通过妈妈乳汁使宝宝过敏，所以哺乳的妈妈也要注意减少摄入致敏食物。

喂养不当导致宝宝消化不良，食物含糖分过多造成肠内异常发酵，预防接种和精神因素等也是湿疹的重要诱因。所以给宝宝添加辅食后要留心消化吸收情况；不要过多食用甜食；预防接种后要密切观察宝宝有无异常反应；保持宝宝心情愉快，不要让他长时间哭闹。

治疗及居家护理——婴儿湿疹轻者不需治疗，但要注意宝宝的皮肤护理，保持皮肤清洁，必要时可适当使用复合维生素等药物。

如果皮炎比较严重，可在医生指导下使用消炎、止痒、脱敏药物，切勿自己使用任何激素类药膏，因为这类药物外用过多会被皮肤吸收，给宝宝身体带来不良反应。

注意保持宝宝大便通畅，急性期应避免预防接种，尤其是卡介苗和流脑疫苗，稍大的宝宝忌食荤腥发物，如蛋、奶、海味食物等。

母乳喂养的宝宝如患湿疹，妈妈也应暂停吃可能引起过敏的食物。

通过合理的治疗和护理，患有湿疹的宝宝一般都能很快自愈。

### 过敏宝宝的饮食保健方法

下面将分0～6个月、6～12个月、1岁以后3个阶段分别阐述过敏宝宝的饮食保健方法。

0～6个月

原则——尽量母乳喂养或喝可减少过敏发生的配方奶。

母乳至少喝6个月——在母乳哺育期间，妈妈应避免摄取容易导致过敏的食物（虾蟹类、坚果类等），避免吸入过敏原，远离二手烟。

使用特殊的配方奶——无法哺喂母乳时，应给宝宝喝可减少过敏发生的配方奶。

适当服用可补充含益生菌的保健品。应在医生的指导下，给宝宝适当服用可含益生菌的保健品。益生菌可增加肠内的有益菌群，增加抵抗力，具有改变体内免疫细胞的功能。对已有过敏的宝宝可以减轻过敏病症状，对尚未过敏的宝宝，可以预防过敏病的发生。

勿迷信治疗过敏的偏方——有些偏方如花粉、蜂胶、草药等，并无医学证实可预防过敏的发生，有些甚至会诱发过敏，因此不宜采用，年龄较小的宝宝更不可尝试。

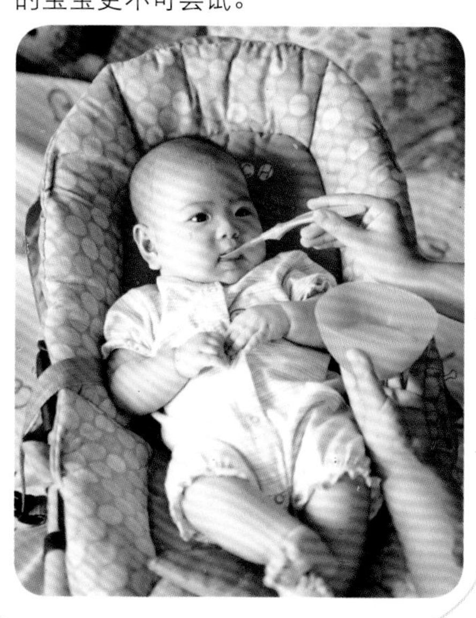

### 6～12个月

辅食期适当延后——一般宝宝在4个月大时就可以添加辅食，但过敏宝宝建议6个月大之后再添加。如果过敏症状严重，甚至可以把辅食的添加时间延至9个月以后。但如果宝宝有厌奶的情形，导致乳类摄取不足时，为了避免营养不良，可从4个月起添加较不会引起过敏的米粉。

添加辅食需循序渐进——每添加一种食物都要先从少量开始，刚开始只喂宝宝一两口，观察没有异常后再慢慢增加分量。在确定不会引起或加重过敏症状时，再换另一种新食物。若出现过敏症状，则立即停用该食物。不要一会儿给宝宝这种食物，一会儿又吃另一种食物，否则，发生过敏症状时，就难以查明究竟是哪种食物引起过敏的。应特别注意的是，包括了多种成分的混合性食物不要给宝宝食用，除非能确定宝宝对其中的每一种成分都不会过敏。

注意添加辅食的顺序——刚开始尝试时，应给宝宝吃“低过敏性”的食物，如米粉、果汁（泥）、菜汁（泥）、稀饭等。10个月大之后再开始添加蛋黄、鱼、肉、肝等动物性食物。至于容易引起过敏的食物，如蛋白、有壳海鲜（虾、蟹）、坚果类等，最好等1～1.5岁以后才食用，不过还是少吃为宜。

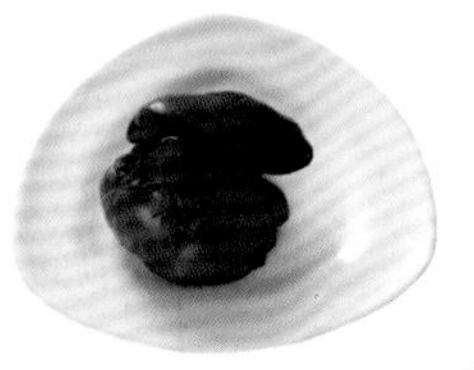

### 1岁之后

原则——在小心过敏的前提下兼顾营养均衡。

留心混合食物中是否有过敏成分——当想给宝宝吃过去未曾吃过的加工食品时，需先阅读成分说明，看看有没有会引起过敏的成分，如对蛋会过敏的宝宝，你可能会忽略有些饼干、冰淇淋、油炸粉中也有蛋的成分。

乳类、蛋白、面粉、鱼类不必再严格限制。并非所有的海鲜都会诱发过敏，有壳的海鲜才容易引起过敏。鱼类对宝宝而言是很好的营养，不应限制这类食物。虽然乳类、蛋白、面粉较易引起过敏，但这些食物遍布于各种食物中，减少摄取容易导致营养不良。因此，除非由医生判断这些食物会引起宝宝过敏，否则1岁之后不应限制这些食物。

勿吃冰冷的食物及饮料——冰冷的食物、饮料会引起神经及内分泌过度反应，导致咳嗽、打喷嚏、流鼻涕等过敏症状。

勿吃高热量或油炸的食物——这些食物会让体内的发炎物质增加，加重过敏症状。

勿吃刺激性和有人工添加剂的食物——刺激性食物（如芥末、姜、胡椒、辣椒等）会刺激气管、鼻腔，使过敏症状加重。含有人工添加剂（人工色素、防腐剂、香料等）的食物，如蜜饯、糖果、各种速食品，也应尽量少吃。

多吃富含维生素C的食物——维生素C摄入量愈低的宝宝其呼吸道发炎和敏感程度可能更严重而且显著。应让宝宝多摄取维生素C含量较多的食物，如绿色蔬菜、马铃薯、柑橘、葡萄、柚子等。

# 便秘

## 注意排便时宝宝的状态

宝宝排便的次数是有个体差异的，健康的宝宝有的可能一天内排便几次，也有的可能2～3天才排便一次。只要宝宝没有出现腹部胀大，排便时不感觉疼痛就无需担心。如果因为便秘造成宝宝没精神、食欲缺乏，可以通过按摩或者灌肠来促进排便。同时检查一下给宝宝喂的牛奶或者换乳期食物是否足量。另外，多给宝宝准备一些含食物纤维比较丰富的食物。

## 护理要点

**多给宝宝喝一些橙汁，吃一些纤维比较丰富的食物**

宝宝便秘的时候，需要多吃一些含纤维比较丰富的食物或者喝些橙汁类饮品。这时要避免吃胡萝卜等不利排便的食物。

**给宝宝做“圆”形按摩**

为了促进宝宝正常的胃肠蠕动，可以用手掌以肚脐为中心，用力向下按压宝宝的肚脐，顺时针方向画“圆”形，以帮助宝宝消化食物。

**多给宝宝吃富含纤维的蔬菜**

如果一个劲地给宝宝吃容易消化的食物，很容易造成宝宝便秘。食物要尽量多样化，多给宝宝吃些富含食物纤维的蔬菜、海藻类食物。

**宝宝无法排便时可采用棉棒润肠**

宝宝便秘时，可以轻轻按压肛门，如果还是无法排便，可以用棉棒蘸取宝宝油伸入肛门1厘米左右，慢慢旋转约10秒钟之后抽出棉棒。

## 就诊指南

**暂且观察**

精神状态良好，便秘在3日以内。

**应该就诊**

便秘时间超过1周；腹部胀大；排便时宝宝剧烈哭泣，粪便较硬；经常擦破肛门引起出血。

**及时就诊**

腹部剧烈疼痛；排出的粪便呈黑色黏稠状；有血便。

## 排便困难时可能患的疾病

精神状态良好

| 可能患的疾病 | 表现症状 |
| --- | --- |
| 便秘（纤维、水分摄入不足引起） | 粪便硬，排便痛苦，粪便呈圆滚状 |
| 肛裂 | 排便时疼痛，便中混有血 |

精神状态不好

| 可能患的疾病 | 表现症状 |
| --- | --- |
| 便秘（母乳哺乳不足引起） | 每次哺乳时间超过30分钟，但体重增加情况不好 |
| 肠重积症 | 每隔10～15分钟剧烈哭泣、呕吐，灌肠时有血便排出 |

## 便秘自查表

| 便秘程度 | 正常 | 便秘 | | |
| --- | --- | --- | --- | --- |
| | | 轻度 | 中度 | 重度 |
| 间隔 | 每周排便3～9次 | 3日一次排便 | 4日一次排便 | 5日一次排便 |
| 便质 | 正常便质 | 先干后软，干少软多 | 先干后软，干多软少 | 全部干结或带血 |
| 用力 | 不费力 | 费力 | 有不适感，便意未尽 | 痛苦感或始终便不出 |

# 发疹

## 宝宝生病常常伴随有发疹症状

发疹可以分为皮肤疾病引起的发疹和某种疾病引起的发疹两种。宝宝生病时常会伴有发疹，这也是宝宝疾病的特征之一。

家长在发现宝宝有发疹现象时，要做好记录，包括每隔两个小时测一次体温，观察疹子的扩散速度、面积、颜色、形状，以及发疹部位等。另外，有发疹症状的疾病一般传染性比较强，而且病情发展速度快，一定要做好早期的护理和预防工作，避免传染给其他的宝宝。

## 预防和护理的关键是清洁

宝宝在发疹时护理的关键点之一是要做好清洁和止痒工作。宝宝的新陈代谢要比成人快，因此皮肤也很容易堆积污垢，这时候如果再加上发热、发疹，肯定很不舒服。常给宝宝洗澡，冲掉身上的汗、污垢，宝宝的心情也一定会愉快。

## 护理要点

**首先检查一下宝宝是否发热**

发现宝宝有发疹症状，首先要检查一下宝宝是否发热，出疹是在发热之前还是之后。如果宝宝发热，要及时去医院检查。还要特别注意是否属于传染类发疹，如果是，一定要做好保护和预防工作。

**检查宝宝发疹的情况，以及是否还有其他症状**

要仔细观察宝宝发疹的颜色、形状、扩散方式，如果身体上有抓痕或者抓破的现象，通过冷敷、涂药等方法止痒。

**要把宝宝的指甲剪短，防止抓破疹子**

宝宝感觉到痒痒的时候就会用手抓疹子，很容易抓破并造成症状恶化。这时最好的办法就是把宝宝的指甲剪得短短的，防止他用手抓。

**注意宝宝内衣的选择**

我们在给宝宝选择内衣时要尽量选择对皮肤刺激小的面料。如果疹子溃破或被抓破，会有分泌液流出来，所以一定要勤给宝宝换内衣。

**宝宝退热后才可以洗澡**

汗液和污垢都会增加瘙痒感，在宝宝退热后如果精神还不错，可以用温水给宝宝冲个澡，但注意一定要用毛巾吸干身上的水。

**用丰富的泡沫轻柔地擦**

给宝宝洗澡时一定要用浴液打出丰富的泡沫再涂抹，宝宝的肌肤很娇嫩，如果用浴巾又很容易擦破疹子，所以妈妈最好用指腹轻轻地擦。

### 就诊指南

**暂且观察**

初次就诊，诊断结果为发疹，暂时没有其他症状。

**应该就诊**

持续高热不退；舌头上有红色粒状物；眼部充血；无法正常摄入水分；有脱水症状；全身有出疹现象；咳嗽。

**及时就诊**

有发疹症状；体温正常咳嗽；流鼻涕；眼部有充血现象；手脚水肿症状已经持续了一段时间。

**紧急救治**

出现痉挛呕吐后开始出现意识模糊。

### 小贴士

就诊时要向医生详细说明宝宝发热的温度，发疹的部位、颜色、形状以及最初的出疹状况。由于这种疾病多为传染性疾病，在就诊前一定要先和医生预约。

## 发疹症状时可能患的疾病

**有发热症状**

| 可能患的疾病 | 表现症状 |
| --- | --- |
| 突发性发疹症 | 高热持续3～4日，退热的同时伴有皮疹症状 |
| 麻疹 | 咳嗽、流鼻涕等感冒症状明显，发热3～5日全身出现红色皮疹 |
| 风疹 | 发热在38℃左右，同时伴有全身红色细小状疹子 |
| 水痘 | 红色疙瘩逐渐呈水疱状遍布全身 |
| 手足口病 | 手掌、足底、口腔内起水疱 |
| 疱疹性咽峡炎 | 突然发高热，喉底部发水疱疹 |
| 苹果病 | 脸颊、两腕、大腿起花边状皮疹 |
| 溶血性链球菌感染症 | 高热数日后红色皮疹开始扩散至全身，舌头上有红色粒状物 |
| 疱疹性口腔炎 | 高热，牙龈处、口腔黏膜出现水疱疹 |
| 川崎病 | 高热持续不退，身体出现形状各异、大小不等的皮疹 |

### 小贴士

宝宝易发疾病中经常伴有皮疹现象。很多感染性疾病除发热、咳嗽、流鼻涕等症状外的特征就是发皮疹。一旦发皮疹则必须就诊。通常麻疹、水疱疹传染力很强，不但要将宝宝与其他宝宝隔离，在就诊前还应主动与医院取得联系。疑似传染病的情况下应单独接受诊治。

无发热症状

| 可能患的疾病 | 表现症状 |
|---|---|
| 特应性皮炎 | 伴随瘙痒症状，反复发皮疹 |
| 荨麻疹 | 皮肤出现伴有瘙痒性突起皮疹，数小时后消失 |
| 药物过敏 | 服药后全身出现瘙痒性红色皮疹 |
| 婴儿湿疹 | 出生后不久脸颊部、头部出现红色粒状物 |
| 新生儿痤疮 | 脸部出现痤疮状皮疹 |
| 婴儿脂溢性湿疹 | 头部、眉毛周围出现疮痂状湿疹 |
| 汗疹 | 头部、额头、颈部周围出现红色粒状物 |
| 接触性皮炎 | 特定部位的皮肤变红，发粒状物 |
| 疱疹 | 头部、颈部出现小水疱、脓疱 |
| 水疣 | 胸部、背部出现形状很小的疣 |
| 蚊虫叮咬 | 红肿，伴有瘙痒和疼痛 |

臀部周围出现湿疹

| 可能患的疾病 | 表现症状 |
|---|---|
| 尿布疹 | 垫尿布部位湿疹症状严重 |
| 皮肤白色念珠菌感染症 | 皮肤褶皱细纹中出现粒状物 |

## 痉挛

### 伴有发热的痉挛无需担心

手脚伸直呈僵硬的状态称为“痉挛”。宝宝突然痉挛常常会让妈妈不知所措，这时候不要担心，一般痉挛会在3～5分钟内停止。

痉挛大部分都是因为高热引起的热性痉挛，而且热性痉挛一般不会危及生命，而且不会留有后遗症。但是痉挛如果持续时间超过5分钟，宝宝有意识模糊的表现，必须立即送往医院急救。

### 护理要点

**解开宝宝的衣扣，让宝宝静躺**

让宝宝平躺在床上，松开衣服，解开扣子，同时别忘了把尿布也包松一点。

**给宝宝一个活动空间**

宝宝出现痉挛时，不要抱得太紧、猛烈摇晃，或者强行拉伸宝宝的手脚以及大声喊叫，这些都可能造成痉挛加剧。另外，也不要把手指伸入宝宝口内，这样很容易引起窒息。

**宝宝侧躺可以防止呕吐**

如果宝宝有要呕吐的迹象，可以让他侧卧，这样呕吐物就会堵塞呼吸道。同时要注意拿去宝宝颈部的赘物、装饰品并松开颈部衣扣。

**痉挛停止后需要测量宝宝的体温**

宝宝痉挛停止后，要立刻测一下体温，这对医生的诊断很有帮助。如果宝宝想要喝水，可以喂一些白开水。

## 就诊指南

**暂且观察**

剧烈哭泣引起的痉挛。

**应该就诊**

痉挛持续5～6分钟后停止；精神状态正常曾经有过热性痉挛发病史。

**及时就诊**

初次痉挛，反复出现痉挛。

**紧急救治**

痉挛持续时间超过5分钟并且没有停止的迹象，体温正常但是出现痉挛现象，痉挛发生时左右身体不对称，意识模糊、呆滞、手脚麻痹，头部受到剧烈打击后出现痉挛，伴有呕吐，发热超过48小时后出现痉挛。

## 痉挛症状时可能患的疾病

**有发热症状**

| 可能患的疾病 | 表现症状 |
| --- | --- |
| 热性痉挛 | 体温在不断升高的过程中发生的抽搐 |
| 脑膜炎急性脑炎、急性脑病 | 伴有呕吐、头痛，抽搐停止后神志不清等症状 |
| 中暑 | 在高温环境中，直接受阳光照射 |

**无发热症状**

| 可能患的疾病 | 表现症状 |
| --- | --- |
| 愤怒性痉挛 | 剧烈哭泣时发生抽搐 |
| 癫痫 | 正常情况下突然失去意识，发生抽搐 |
| 颅内出血 | 头部受到打击后抽搐，意识丧失 |

# 呕吐

## 婴幼儿比较容易呕吐

婴幼儿的胃不像成人的胃那样呈弯曲状，而是基本上呈直线型。并且，胃入口处的肌肉常比较松弛，因此受到一点点的刺激就容易呕吐。

宝宝在喝完牛奶或母乳后常常会发生吐奶的现象，只要量不大，宝宝的体重增加正常就无需担心。但是如果宝宝发生喷射状呕吐，并有发热、剧烈哭泣、反复呕吐的症状，则需要立即就医。呕吐后胃通常会比较虚弱，在给宝宝补充水分时要分多次少量进行。但是一旦宝宝出现不喝水、呕吐后极其疲倦，这很可能是脱水的表现，需要立即送往医院救治。

## 护理要点

### 少量多次给宝宝喝水，避免引起呕吐

宝宝吐过后会觉得口渴，但是一次如果喂太多水很容易引起再次呕吐，这时可以等宝宝呕吐停止后，每隔10～15分钟喂一匙量的水即可。

### 可以用吸管喂水或者口含碎冰块

呕吐后给宝宝补充水分的关键是“少量多次”。可以用吸管向宝宝口里每次滴2～3滴，或者给宝宝口含碎的冰块。

### 要选择宝宝专用饮料

柑橘类的果汁以及乳酸菌饮料，都可能诱发宝宝呕吐，因此宝宝在呕吐后应该喂一些白开水、宝宝专用饮料等。

### 要仔细观察宝宝的排尿次数、尿量

注意观察宝宝的排尿量、排尿次数是不是比平时少了，有无发热情况，粪便的硬度颜色如何，精神状态是否正常。如果发现有异常症状，应该及早就诊。

### 宝宝呕吐后要将口腔清理干净

宝宝呕吐后要立即清理干净口腔中和脸上的污物，防止污物再次引发呕吐。擦拭时最好用湿毛巾，这样更容易擦干净。

### 宝宝如果持续感到恶心，可以把宝宝竖起来抱

尽量给宝宝穿宽松的衣服，轻轻地拍背部可以让宝宝感觉到安心。这时候如果采取摇晃式抱法可能诱发宝宝再次呕吐，应采取竖立静止式抱法。

### 采取正确的躺卧姿势，防止呕吐物阻塞呼吸道

为了防止呕吐物堵塞呼吸道而引起窒息，应该将宝宝的脸朝向侧面。用圆而薄的靠垫垫在宝宝颈部与背部之间，可以使宝宝自然保持侧头的状态。

### 被污染的衣物要立即处理

宝宝呕吐后弄脏换下来的衣服应该立刻清洗，防止室内留下污物的味道。

### 就诊指南

**暂且观察**

宝宝在不呕吐时精神状态尚佳；轻度呕吐，除此之外没有其他异常症状。

**应该就诊**

伴有打喷嚏、流鼻涕、鼻塞、发热等症状；持续呕吐、腹泻；排尿、排便的次数和量均减少。

**及时就诊**

持续呕吐；精神疲倦；无力。

**紧急救治**

高热、疲倦，出现意识障碍；每隔10～30分钟出现激烈哭喊，有血便并呈草莓酱状；头部遭到猛烈打击后出现呕吐。

### 呕吐时可能患的疾病

**有发热症状**

| 可能患的疾病 | 表现症状 |
|---|---|
| 感冒综合征 | 打喷嚏、咳嗽，伴有感冒症状 |
| 脑膜炎 | 高热情绪不振，前囟门肿胀 |
| 急性脑炎、急性脑病 | 高热，情绪不振，并有抽搐现象 |
| 轮状病毒肠炎 | 呕吐后有严重腹泻，粪便偏白 |
| 食物中毒 | 剧烈呕吐并伴有腹泻、高热 |

**无发热症状**

| 可能患的疾病 | 表现症状 |
|---|---|
| 食物过敏 | 吃某种食物后会有呕吐现象 |
| 先天性肥厚性幽门狭窄 | 哺乳后呈喷射状呕吐 |
| 贲门失弛缓症 | 哺乳后所饮物大部分呕吐 |
| 先天性肠道闭锁、狭窄症 | 出生后即呕吐，腹部肿胀，无法排便，呕吐物中混有胆汁 |
| 肠套叠症 | 剧烈呕吐后哭叫且间歇性发作，灌肠后有血便排出 |
| 颅内出血 | 头部受到打击后没精神并且呕吐 |

# 第三节 异常情况的急救与处理

## 家庭基本急救措施

发热是宝宝患病的原因之一。但是发热并不等于危险。如果仅仅是高热，不要因此而慌张，而是应该根据情绪以及食欲等综合判断宝宝的身体状况。

### 如何确保宝宝的呼吸通畅

首先要确保宝宝呼吸通畅，这个时候宝宝没有意识，全身的肌肉都呈松弛的状态，而且没有办法让他做任何动作，宝宝的舌头最容易堵住喉咙而阻碍他呼吸，可以用一只手抬高宝宝的下巴，另一只手把宝宝的额头往后扳，让他的头部后仰，使空气能够进入他的肺部。

### 如何进行人工呼吸

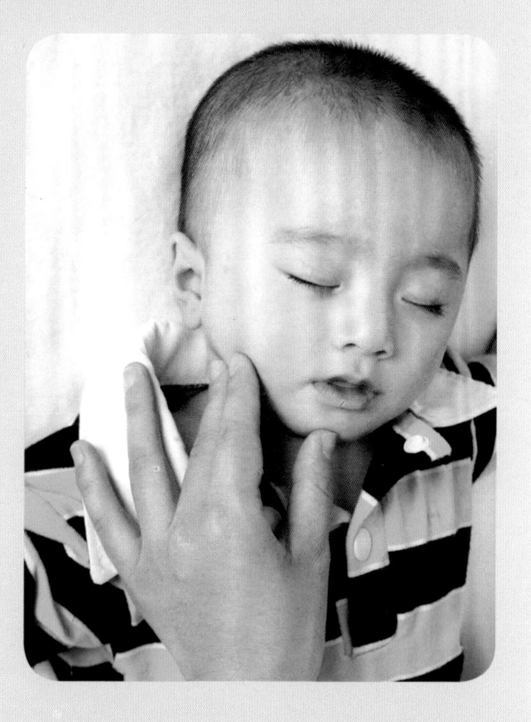

将脸靠近宝宝的嘴边，确认宝宝是否还有呼吸。

如果宝宝不到1岁：盖住宝宝的嘴和鼻子，注意吹气的频率，按照3秒1次，1分钟20次的频率口对口吹气。

如果宝宝1岁以上：捏着宝宝的鼻子，口对口以4秒1次，1分钟15次的频率吹气。

每次吹气的时候都要注意宝宝的胸部是否有膨胀，一直持续到宝宝能独立自然呼吸为止。

### 注意心跳

身体有轻微动作，突然咳嗽，有要自己呼吸的举动，对于1岁以上的宝宝还可以用示指和中指共同按在宝宝的脉搏上，对于1岁以下的宝宝可以放在他的静脉上感觉。

### 如何使用心脏起搏术

**❶对于1岁以上的宝宝**

用力按住他的胸骨下端往上两个手指宽度的地方，也就是他胸部下凹3厘米处。频率控制在1分钟100次左右。同时左手捏住宝宝的鼻子以1次人工呼吸，5次心脏起搏术的频率同时交替进行，直到宝宝恢复知觉，开始有心脏跳动为止。

**❷对于1岁以下的宝宝**

找准他左右乳头的中间点，这个点往下一个手指的宽度从正上方向下按，因为宝宝的新陈代谢比成人要快，所以脉搏跳动也比成人块，要以1分钟100次的频率进行抢救。压的深度为从正上方向下压2厘米。

### 如何止住大量流血

宝宝大量出血会陷入非常危险的状态，这时要求家长必须镇定地进行急救。

**大出血时**

如果伤口裂开并且大量流血，可以用纱布覆盖住整个伤口，从正上方用力压住伤口，同时尽量把宝宝的伤口抬到比心脏高的位置。

**一般方法无法止血时**

如果继续流血不止，把伤口提到比心脏高的位置，在距离出血处大概3厘米的地方开始绑绷带，绑完绷带后，打一个松结儿（如果没有绷带的话可以用围巾或者是丝袜代替，但是一些会伤害到宝宝皮下神经的绳子就不要用了），再在打结处插上一根一次性筷子或者是其他类似的棒状物体，然后再打一个松结儿，最后转动棒子，借助转动棒子的力来帮助宝宝止血。

## 擦伤

擦伤是宝宝最容易受到的伤害，首先要清洗伤口。处理的方法不同，治愈的情况也不同。

### 冲洗伤口

可以用自来水或者生理盐水清洗伤口上的泥沙，千万不能用力揉搓。

### 如果出血，先止血

止血的时候要用干净的纱布多叠几层，用力压住出血的伤口来为宝宝止血（不要过于用力）。

### 对伤口消毒

可以用消毒液或者是双氧水直接消毒伤口。在消毒伤口时会有沙子等脏东西随着泡沫一起浮出伤口，这个过程中可能会有些疼痛，要安慰宝宝的情绪，同时用纱布擦干净伤口，可以防止伤口感染。

### 涂预防化脓的药物

在伤口上为宝宝涂上防止化脓的药物，把纱布多叠几层敷在伤口上保护伤口，再缠上绷带固定纱布。如果一般的小伤口，只要贴上创可贴就可以了。

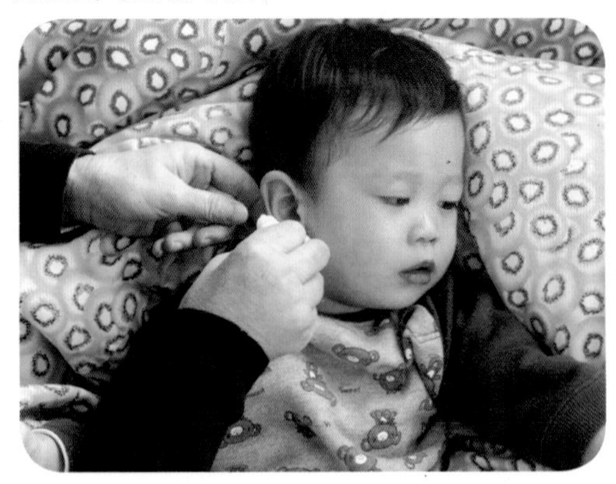

## 需送医院处理的情况

**❶脸上有严重擦伤**

脸上的皮肤比较细嫩，而且宝宝发生擦伤时常常会头部先着地，这时眼睛周围或脸上的伤口可能会留下瘢痕，为了小心起见，简单处理后应该带宝宝去小儿外科、眼科就诊。

**❷伤口会引起化脓**

如果伤口一直潮湿不干，特别是宝宝在水沟或者不干净的地方擦伤，细菌会侵入皮肤，所以要特别提防伤口的化脓，要带他去外科就诊。

**❸如果发生跌伤**

擦伤的同时经常伴随跌伤，宝宝幼小的身体被强烈撞击后，可以采取冰敷的办法消肿，如果宝宝感觉疼痛难忍的话，就要带他去看外科或骨科。

**❹宝宝一直疼**

有时候的情况是，当伤口好了宝宝却还是疼痛难忍的话，很可能是伤口中留有玻璃或者是石头等。所以千万不能大意，要到医院外科就诊。

**❺伤口有异物无法取出时**

当家长处理伤口时，伤口中如果留有泥沙、玻璃碎片等小东西，如果用水或者生理盐水冲洗还拿不出来的话，千万不要硬性拿出或者揉搓伤口，这样反而会十分危险，这时要迅速带宝宝去医院外科就诊。

## 预防常识

时常叮嘱宝宝，将预防意识灌输给宝宝。比如选择适合宝宝玩的玩具，叮嘱他玩完玩具要收拾好。要时常检查宝宝的游戏用具是不是有损伤或者有障碍物影响宝宝的玩耍。这要求家长从宝宝的角度去观察。在游戏过程中不要突然发出什么指令而吓到宝宝。

## 刺伤、割伤

刺伤和割伤常常伴有出血的状况，所以首先要稳定宝宝的情绪，避免因为惊慌给宝宝带来的心理上的伤害。

### 当伤口比较浅时

先用清水或者双氧水消毒，然后用纱布多叠几层，敷在伤口上帮助宝宝止血。消毒之后贴上创可贴就可以了。

### 如果出血，先止血

首先要拔刺。如果刺是露在外面的话，可以借助用具拔出来。如果刺是陷入肉中的，要用消毒过的针挑出来。做以上的处理时，一定要给宝宝一边拨弄伤口一边消毒，如果使用针挑出刺，要先压住伤口的周围，将血及脏东西挤出后再消毒。伤口处理后，用创可贴贴上伤口就可以了。

### 当伤口比较深时

用重叠几层的消毒纱布敷住整个伤口，并用力压住伤口（但是千万不能过于用力），同时将宝宝的伤口抬到比心脏更高的位置，这样可以把血止住。如果这些方法仍然不能把血止住的话，要立刻叫救护车或者带宝宝去医院。

### 需送医院处理的情况

**当宝宝的头部或眼睛周围被割伤时**

头部和眼睛是人体的重要部位，当发生意外时，需要第一时间带宝宝去医院就诊。

**伤口很疼时**

如果尖锐物或者是玻璃碎片遗留在伤口里，宝宝会觉得非常的疼痛，千万不要试图用力挤出，如果有残留物在伤口中会有破伤风的危险，所以要立即带宝宝去医院。

**伤口潮湿一直不干**

这种很有可能是化脓了，也需要立即送宝宝去外科就诊。

**伤口很大、很深，而且大量出血时**

当宝宝的伤口很深，出血量很大，无法止血时，要马上送往医院救治。

**被玻璃或钉子扎到时**

当宝宝被玻璃或者钉子扎到时，不要试图拔除钉子，要在伤口周围裹上干净的纱布，防止钉子、图钉等异物的移动，要立即带宝宝去外科就诊。

**伤口有异物无法取出时**

当家长无法自行将伤口中的异物取出时，不要强行进行，要立即带宝宝去医院外科就诊。

**头部或腹部刺伤、割伤的情况**

宝宝撞击了头部或腰部，出现明显的外伤，不能自行处理，要马上送往医院。

**预防常识**

宝宝调皮会引起一些磕碰是经常的事情，但是如果一旦出现伤口很深、很大的情况，就要求家长注意，为什么会出现这种伤害。比如彻底将剪刀、刀片等一些锋利危险物品放在宝宝够不到的地方，及时检查家里的设施（门、窗、柱子）是否有木头断裂、起皮的地方。尤其是保证一些钢铁设施没有危及宝宝的安全。

## 撞到头部

当宝宝撞到头部时要及时查明他的状况和症状。比如，他是在哪里撞到的，撞到了什么地方，用力撞到的还是轻轻碰到的。

### 把宝宝抱到安静的地方，让他平躺

如果宝宝的意识清醒，在受伤后立刻哭出来的话，就没有大问题。家长需要做的是首先稳定宝宝的情绪，以防他伤后受到惊吓，把他抱到安静的地方，让他平躺下来，用枕头把他的头部垫高。

### 伤口出血时

当宝宝伤口出血过多，要稳定宝宝的情绪，而且也要保持自己情绪的镇定，冷静地确认伤口，找些厚纱布或者是干净的毛巾用力压住伤口（但是不要过于用力）。如果宝宝一直流血，要立即叫救护车！

### 冰敷肿块

如果受伤后宝宝的身体出现红肿，先用湿毛巾冰敷伤处，但是如果肿块越来越大，而且肿得很明显的话，就要及时送往医院就诊。

### 当宝宝感觉想吐时

让宝宝平静下来后，观察他是不是有想吐的感觉，如果严重地呕吐，要立即带宝宝去医院。

| 立即叫救护车的情况 | |
|---|---|
| 头部凹陷 | 当宝宝被撞倒出现凹陷时，立刻叫救护车！ |
| 流血不止 | 当宝宝头部的伤口止不住血时，立刻叫救护车！ |
| 叫宝宝名字却没有反应 | 等待的过程中，为了防止失血过多，可以用厚厚的纱布用力压住宝宝的头部，如果宝宝昏过去，可以试着在他的耳边叫他的名字，轻轻拍打他的肩膀，如果他没有任何反应，要把他的脸侧转，防止呕吐食物堵住气管。 |
| 呕吐不止 | 当宝宝撞到头部后出现反复呕吐的情况，立即叫救护车，在等待救护车过程中，可以将宝宝的脸侧转，这样可以防止呕吐出来的东西堵住气管。 |
| 痉挛 | 当宝宝出现痉挛的情况，立即叫救护车！ |

**预防常识**

时刻提醒宝宝“文明走路，不跑不打闹”；还要从宝宝的身材角度考虑，为他们制作适合他们的游戏用具。在上下楼梯，容易出现事故的地方设置好围栏；另外，家长们要时刻敏锐地观察家中是否有尖锐的容易伤害宝宝的玩具、家具等。

## 跌伤

如果是轻微的跌伤，给宝宝冰敷伤处就可以了。如果宝宝的胸部、腹部、脖子或者背部受伤并且出血的话，要立即检查，依情况而定，决定是否去医院检查。

### 当手脚跌伤时

#### 清洗伤口并给伤口消毒

如果有伤口，先用清水或者双氧水冲洗伤口。然后消毒并覆盖上纱布，再绑上绷带，以保护伤口，最后可以再冰敷伤口以减轻宝宝的疼痛。

#### 冰敷跌伤处

如果有伤口的话，可以用冰袋敷着在伤口上，如果没有伤口，以冷水弄湿毛巾，直接冰敷患部就可以了。如果是用冷敷，皮肤较敏感的宝宝可能会发炎，所以可以使用冰毛巾或冰袋帮宝宝冰敷患部。

### 当撞到腹部时

首先让宝宝平躺，帮宝宝把紧裹身体的衣服脱下，然后让宝宝抱着膝盖侧躺，或是平躺并把脚抬高，躺着时尽量让宝宝舒服。如果这样能使宝宝疼痛逐渐地消失，而且过一会儿宝宝也能像平常一样行走的话，宝宝的身体应该没有什么事情了。

### 当撞到胸部时

可以让宝宝靠在墙壁上，避免压迫到胸部，并且能保持轻松呼吸的姿势。如果是左右有一边感到疼痛的话，可从疼痛的那一边朝下横躺，这样可以减缓他的疼痛。

### 需送医院处理的情况

#### 伤口肿大

当宝宝的伤口已经冰敷，但是却不见好转，而且越来越严重的话，要立即带着宝宝去医院外科就诊。

#### 两天后依然疼痛

当宝宝跌伤后两三天仍然不好，一直喊疼，或者伤口不见好转而且恶化，这可能是骨折了，所以要立即带着宝宝去医院就诊治疗。

#### 从高处跌落

撞击脖子或者背部的力量很大。

#### 宝宝腹部感到疼痛时

宝宝摔伤后感到腹部疼痛，出现冒冷汗、呕吐等症状。如果有强烈或者多次呕吐的症状时，要立即就医。

#### 胸部受伤时

如果胸部疼痛难忍，可能是肋骨骨折；如果宝宝剧烈地咳嗽，或者出现咯血、咳痰，这时可能是伤到了肺部，要立刻叫救护车。

#### 丧失意识

剧烈咳嗽，并有血丝。

## 脱臼及扭伤

脱臼和扭伤很难与骨折区分。如果没有办法确定具体状况，就需要去医院就诊。而且脱臼和扭伤如果处理不当，也很难痊愈。所以家长如果发现宝宝身体不对，就要仔细询问具体情况，千万不能大意。

### 对扭伤的处理

**冰敷**

首先用冰水将毛巾浸湿或用毛巾包住冰块进行冰敷。

然后用有弹性的绷带将伤处固定得紧一点（但不要过紧，只要让伤处无法移动即可），同时将冰敷于绷带上。

**固定患处**

抬高患处、稳定情绪：

冰敷过程中，将宝宝的患部抬高，尽量稳定他的情绪，让他安静地休息。

### 对脱臼的处理

**确认部位**

判断伤处的过程中动作一定要轻缓，不要用力弯曲宝宝的关节。

**夹板固定**

可以用夹板绷带轻轻地将患处固定，保护脱落的关节。

**冰敷**

在去医院的过程中，为了减缓宝宝的疼痛，可以继续为他冰敷患处。

### 需送医院处理的情况

**手脚异样**

如果宝宝的手脚抬不起来，即便抬起来也很费劲，或者双手、双脚不一样长的情况就需要及时到医院就诊。

**手脚无法移动时**

当宝宝突然疼痛，并且伴有手腕或脚痛得动不了，这极有可能是扭伤或脱臼，应及时到医院就诊。

**叫宝宝名字却没有反应**

如果宝宝受的伤十分严重或者肿的部位越来越厉害，请先用夹板对伤处进行固定，再前往儿童骨科或外科就诊。

**预防常识**

关节的一再脱臼会造成习惯性脱臼，家长要随时提醒宝宝千万不要让小朋友拉扯他已经受伤的部位，预防再次脱臼。

## 骨折

骨折很难与跌伤、扭伤区别，所以需要家长非常小心。

### 如果出血，先止血

先用清水冲洗并且对伤口进行消毒，然后用纱布轻按住伤口2～3分钟止血。

### 安抚情绪

想办法让宝宝安静下来，并送往医院。这个过程中不能移动患部，如果医院较远，可以先绑上夹板，或者直接拨打120。

### 需送医院处理的情况

**移动特定部位就觉得痛**

只要一动特定的部位宝宝就很痛，可能发生了骨折，要前往医院就诊。

**出现变形**

出现了明显的变形，或是时常发生不自然的弯曲，要立即到医院就诊。

**痛得动不了**

外表看起来虽然没有变化，但是宝宝痛得无法站立时，或者动不了，就可能是发生了骨折，要前往医院就诊。

**如果伤处骨头外露**

形成开放性骨折，要立即叫救护车。

**皮肤变肿**

当宝宝跌倒站不起来，一直喊疼，受伤部位由肉眼就能辨认出发生变形，或者移动某个部位时，宝宝十分的痛苦，受伤的部位肿得非常厉害，而且皮肤开始逐渐变黑，这些都是骨折的症状。

**大出血时**

大出血时要以不移动宝宝的患处为原则止血，并叫救护车。

## 流鼻血

宝宝经常会出现流鼻血的情况，如果是单纯由于上火引起则不需要过分的担心，多给他喝水、吃水果就可以了。

### 紧急救护措施

首先让宝宝坐下并将身体稍稍前倾，用手将宝宝的鼻子稍用力地捏住，这样可以初步止血，如果鼻腔中的血流到口腔中，要让他马上吐出来。将棉球或纱布卷起来塞入宝宝的鼻口（不能塞得过于往里，要留一段在外面）。以冷毛巾覆盖整个鼻子的部分。

### 正确做法及对策

稍稍止血后可以用冷毛巾覆盖额头到整个鼻子。让他平躺，以免造成他鼻腔中的血流入喉咙而被呛到。或使流鼻血的鼻孔朝下，这样鼻血就不容易流入他的喉咙或口腔里了。

### 需送医院处理的情况

**经常流鼻血**

如果宝宝没有原因经常性地流鼻血，要带他去耳鼻喉科做一次全面的检查。

**撞到头后流鼻血**

如果是因为撞到头流鼻血的话，要马上送医院。

**长时间不能止血**

宝宝流鼻血时，通常在处理后5分钟左右就基本可以控制，如果超过10分钟还不能止血，就要立即带着宝宝前往医院就诊。

**预防常识**

室内的温度过高容易导致宝宝流鼻血，所以家长应该注意室内通风，尤其是冬天的时候，要经常开窗换气，并注意保持室内湿度，使室内空气新鲜，气温适当。

## 眼睛进入异物

要小心宝宝的眼睛，不要让他们不停地揉眼睛，眼睛进了异物要马上进行处理。

### 沙子进入眼睛

可以用自来水或生理盐水为宝宝冲洗眼睛。家长帮助他轻轻压住眼角，使灰尘伴随着眼泪流出。如果灰尘还不出来，可以让宝宝在装满清水的脸盆中眨眼睛。如果以上方法都不可行的话，还可以帮助宝宝翻眼皮，用清水沾湿棉花棒或纱布取出沙粒。

### 生石灰进入眼睛

生石灰进入眼睛，既不能用手揉眼睛，也不能直接用水冲洗。此时应该用棉签或干净手绢将生石灰粉擦出，然后再用清水反复冲洗受伤的眼睛，至少要冲洗15分钟。同时叫救护车，到医院进行检查治疗。生石灰遇水会生成碱性的熟石灰，同时产生热量，处理不当反而会灼伤眼睛。

### 尖锐的东西刺到眼睛

如果宝宝的眼睛是被碎玻璃片或者尖锐物品刺到时，立刻叫救护车。千万不能让宝宝揉眼睛，也千万不能试图用其他办法帮他取出异物，这时一定要用毛巾覆盖住他的双眼，尽量使他的情绪平稳下来，而且不要让他转动眼球。

### 热水或热油进入眼睛

撑开眼皮，用清水冲洗5分钟，不要乱用化学解毒剂，同时立即叫救护车送往医院。

### 需送医院处理的情况

**眼睛出血**

如果发现眼睛红肿或有出血的情况发生，要马上送往眼科医院就诊。

**眼睛睁不开，疼痛伴有流泪**

宝宝的眼睛睁不开，他感觉有东西磨得十分的疼痛而且不停地流眼泪，或者眼睛有十分疼痛伴随流泪的感觉，这些都是有异物（化学药品、热汤、热油、碎玻璃片、眼睫毛等）进入了眼睛。可以先试着用水清洗，如果还不好可送往眼科医院就诊。而且在送往医院的途中千万叮嘱宝宝不要揉眼睛，可以先用毛巾覆盖双眼，不要让眼球转动。

**小贴士**

由于家长很难自行判断异物是否已经取出、或对眼睛有无伤害，因此建议无论异物取出与否，都要马上带宝宝到医院做进一步检查。

## 鼻子或耳朵进入异物

异物进入不同位置，处理的方法也不同。如果在取出异物的时候遇到困难，一定不要勉强，要及时到医院请医生帮忙。

### 耳朵进水

**单脚跳**

如果宝宝耳朵进水，可以将进水的耳朵朝下然后单脚跳，有异物的情况也一样。

**将水吸出**

用棉签、卫生纸轻轻深入耳中将水吸出来，深入的过程中一定要把握分寸，宝宝的耳道浅，非常细嫩，很容易受伤。

### 耳朵进入虫子

**用手电照**

让耳朵在暗处稍微朝上，用手电照射。

**用橄榄油杀虫**

可以将1～2滴橄榄油滴入耳朵里杀虫，然后去医院检查。

### 鼻子进入异物

**用力擤鼻子**

异物在鼻孔附近时，让 宝宝压住另一个鼻孔，闭上嘴用力擤。

**用卫生纸搔鼻**

如果擤不出，就用卫生纸搔鼻子，让宝宝打喷嚏。如果异物还不出来，就要到医院处理。

**小贴士**

家长千万不能擅自拿着夹子为宝宝把异物夹出，因为不小心可能会把异物塞进鼻腔里，给宝宝造成伤害。

### 需送医院处理的情况

❶玻璃或者尖锐的东西刺到眼睛

❷化学药剂进入眼睛

❸热水或者热油进入眼睛

❹进入异物

## 误食

宝宝误食东西非常让人着急，也是经常发生的意外。首先要确认吃了什么？是进入了气管还是食管。

### 异物进入气管或者喉咙

**小的固体异物**

如果宝宝年龄很小，让他的头朝下，由背部的中间朝上，就是肩胛骨中间，用手掌拍打。

如果是年龄稍大的宝宝，可以由后方抱住他，压迫心窝附近，让他把东西吐出来。

如果宝宝吞食了少量的、危险性小的异物，先拿出宝宝嘴里剩余的东西，然后观察宝宝的状态，如果很有精神，或者把吞咽的东西都吐出来了，就不需要担心了。

**气球或者塑料**

不透气的材料堵在气管或者喉咙是非常危险的，必须马上拿出来，如果拿不出来，要立刻呼叫救护车。

**鱼刺卡到嗓子**

可用手电筒照亮口咽部，用小匙将舌背压低。仔细检查咽喉部，主要是喉咽的入口两边，因为这是鱼刺最容易卡住的地方，如果发现刺不大，扎得不深，就可用长镊子夹出。

**清洁剂**

让宝宝喝少量的牛奶或水后，再把手指伸到宝宝的舌根处，促使宝宝把东西吐出来。

**一些特殊的化学药剂**

如果宝宝误食了强酸、强碱性清洁剂，灯油和汽油，不能让宝宝吐，直接叫救护车。

### 需送医院处理的情况

**呼吸异常**

异物进入气管，宝宝一直咳嗽，或者呼吸异样，需要及时送往医院。

**进食异常**

如果他一直不愿进食或者一直流口水，甚至出现呼吸困难的情况，这是吞食的异物进入了食管，这时要立即送到医院救治。

## 被叮

为了减轻小宝宝的症状，要在他抓痒伤处之前先确认是被什么叮到的，迅速处理伤口。

### 被蜜蜂叮

**先把蜜蜂螫针拔出**

蜜蜂的螫针不能留到体内，所以要先把它拔出（可以使用消过毒的针），然后再帮宝宝把毒液吮吸或者是挤压出来，千万不能留有毒液，防止事后肿胀。

**清洗伤口**

用清水仔细地清洗伤口，再涂上治疗蚊虫叮咬的软膏或者是切瓣大蒜敷在伤口上，或涂上肥皂水等。

**冰敷**

如果宝宝的患处肿胀起来而且一直觉得很痒的话，可以用冰毛巾敷一下来帮助消肿。

### 被毛毛虫叮咬

千万不能揉搓患处，可以先用胶带纸把毒毛粘出来。再用清水仔细地清洗伤口，然后帮宝宝涂上防治蚊虫叮咬的软膏。

### 被蚊子叮咬

**洗伤口**

先帮助宝宝把患处用清水清洗，然后再涂上被蚊虫叮咬的专用软膏。

**用纱布或创可贴贴住患部**

为了防止宝宝忍不住痒痛而去抓挠患部，可以用纱布或者创可贴贴在患部上，但是要注意宝宝是否对以上两样东西产生过敏。

### 需送医院处理的情况

**❶被蚊子、毛毛虫叮咬**

如果是被毒蚊子、毛毛虫咬到的话，这时候伤口可能会肿得很严重，或者很痒、很痛。要带他去儿童医院皮肤科就诊。

**❷被蜈蚣叮咬**

如果宝宝是被蜈蚣咬到了，首先要给伤口消毒，然后立即带他去儿童医院皮肤科就诊。

**❸被大黄蜂、毒蜂蜇伤**

如果宝宝是被大黄蜂、毒蜂蜇伤，很可能会发生呼吸急促、痉挛、呕吐或者发热的症状，从而会陷入极度危险的状态，要马上叫救护车去医院就诊。

**预防常识**

带宝宝去户外活动时，要检查树上或者屋檐底下是不是有蜜蜂的巢穴、毛毛虫、蚁穴等，如果活动周围蚊子很多的话，可以用杀虫喷剂，但是在喷的时候，注意不要让宝宝吸到（可以让宝宝用手绢捂住嘴巴）。

## 被咬

要根据宝宝是被什么动物咬的而采取不同的处理办法。

### 被小朋友咬伤

先用冰袋敷在伤处，然后观察情况。出血时先消毒被咬的地方。出血的话，先消毒，然后再用纱布包扎。

### 被狗咬伤

清洗伤口并消毒，可以用肥皂水清洗，然后涂上杀菌药水。如果伤口很深，要到外科就诊，先清洗伤口，用纱布包扎后去医院就诊。

### 需送医院处理的情况

**伤口很深，大量出血**

如果伤口很深，大量出血时，要用干净的手帕或纱布压住伤口，并马上送往医院就诊。

**伤到眼睛**

眼睛如果有伤口就很难处理了，要马上送到眼科处理。

**被蛇咬伤**

当宝宝被蛇咬伤时，一律按蛇有毒处理，马上叫救护车。

**呼吸困难**

当宝宝呼吸困难时，应立即送往医院。

**预防常识**

要注意陌生的猫、狗，告诫宝宝不要去摸，以防被咬伤。教会宝宝如何正确地与小动物相处。

## 烫伤

不论是哪一种烫伤，都要先用冰敷。

### 紧急救护措施

**用自来水冲洗伤处**

宝宝一旦被烫伤后，一定不能直接触摸伤口，可以先不脱去他的衣服，先用水冲洗伤口处，如果宝宝只是身体的小部分被烫伤，给宝宝多穿些衣服，再往烫伤处浇水。

**给伤口降温**

可以给宝宝的伤口敷上凉毛巾，也可以用淋浴头冲洗伤口，如果天气不冷的话，也可以在浴缸内放满水，直接浸泡全身。

**脱去衣物**

当给宝宝用冷水冲到一定程度时，可以脱掉伤处的衣物，如果衣服黏住了伤口，可以把伤口周围的衣服剪掉，保留伤口处的衣物。

**伤口处理包扎**

最后用消毒的纱布覆盖住伤口，这时一定要注意，千万不能刺激到患部，然后用绷带帮宝宝包扎，包扎的过程中纱布一定不能过于紧绷。做完以上简单处理后，一定要带着宝宝去医院，特别严重时，一定要立刻叫救护车。

**小贴士**

一些民间的做法会对宝宝造成伤害，比如，用芦荟、软膏、牙膏、酱油、大酱等涂在患部上，以减轻疼痛，这是绝对不可取的，因为这样很可能会引起细菌的感染，使宝宝的症状进一步恶化，而延缓复原的时间。

## 需送医院处理的情况

### 脸部或者下体烫伤

当脸部或下体烫伤时，即使看起来烫伤不严重，也要极为小心地处理。当水疱比1元硬币的面积大时，就要带着宝宝去医院就诊。

### 大范围烧伤

如果宝宝年龄较小，10%的烧伤即可危及生命，需要马上叫救护车。身体1%的面积，大概相当于单手伸开手掌的大小。

### 比较严重的烫伤

宝宝容易受到细菌的感染，如果烧伤的程度比较严重，需要及时带宝宝去医院就诊。

### 衣物黏在烧伤处取不下来

当烫伤的部位黏有衣服时，千万不能强行把衣服从伤口上撕下来，可以先剪掉烫伤周围的衣服，留下黏住烫伤部分的衣物，然后在烫伤的部分覆盖上干净的布，立即带宝宝去医院就诊。

### 预防常识

饮水机要摆放在合适的位置，时常叮嘱宝宝在接饮用水的时候一定要小心，不要被热水烫伤。

宝宝在吃饭的时候要及时提醒他们不要嬉闹，吃饭时给宝宝安排固定的座位，有些热的东西不要急于进食，如粥、汤等。

宝宝的皮肤很稚嫩，非常容易受到细菌的感染，即使是我们触摸觉得是正常的温度也会不小心给宝宝造成烫伤，所以家长一定要特别的注意。

## 新生儿健康记录

| 姓名 | | 性别 | | 出生日期 | 年　月　日 |
|---|---|---|---|---|---|
| 身份证号 | | | | | |
| 出生单位 | | 出生孕周 | | 出生打分 | |
| 生产情况 | 顺产□　剖宫□　侧切□　臀位□　头吸□　产钳□　其他： | | | | |
| 孕期疾病 | 无□　糖尿病□　高血压□　缺钙□　其他： | | | | |
| 转诊 | 无□　有□　转诊原因： | | 转诊单位及科室： | | |
| 新生儿一般状态： | | | 新生儿畸形：无□　有□ | | |
| 新生儿窒息：无□　轻□　中□　重□ | | | 新生儿疾病筛查：未见异常□　异常□ | | |
| 听力筛查：通过□　未通过□　未查□ | | | 喂养方式：纯母乳□　混合□　人工□ | | |
| 出生体重：　千克 | | 出生身长：　厘米 | | 头围：　厘米 | |
| 面部颜色 | 红润□　黄染□　其他： | | | 过敏：无□　有□ | |
| 脐带 | 脱发□　未脱□　有渗出物□　其他： | | | | |
| 前囟 | ×　厘米　正常□　膨出□　凹陷□　其他： | | | | |
| 佝偻病征 | 出汗□　易惊□　睡眠不安□　易烦躁□　其他： | | | | |
| 呼吸频率 | 次/分钟 | 体温：　℃ | | 脉率　次/分钟 | |
| 心肺听诊 | | 脊柱 | | | |
| 腹部 | | 四肢活动 | | | |
| 空腔 | | 颈部 | | | |
| 眼 | | 皮肤 | | | |
| 耳 | | 肛门 | | | |
| 鼻 | | 外生殖器 | | | |
| 喂养指导： | | | | | |
| 保健指导： | | | | | |
| 早教与抚触指导： | | | | | |
| 小结： | | | | | |

## 婴幼儿体重、身长曲线表

以下数值为平均参考值，宝宝只要精神饱满，各项指标都有增长，每个月的增长曲线幅度正常，就说明宝宝是在健康的成长。

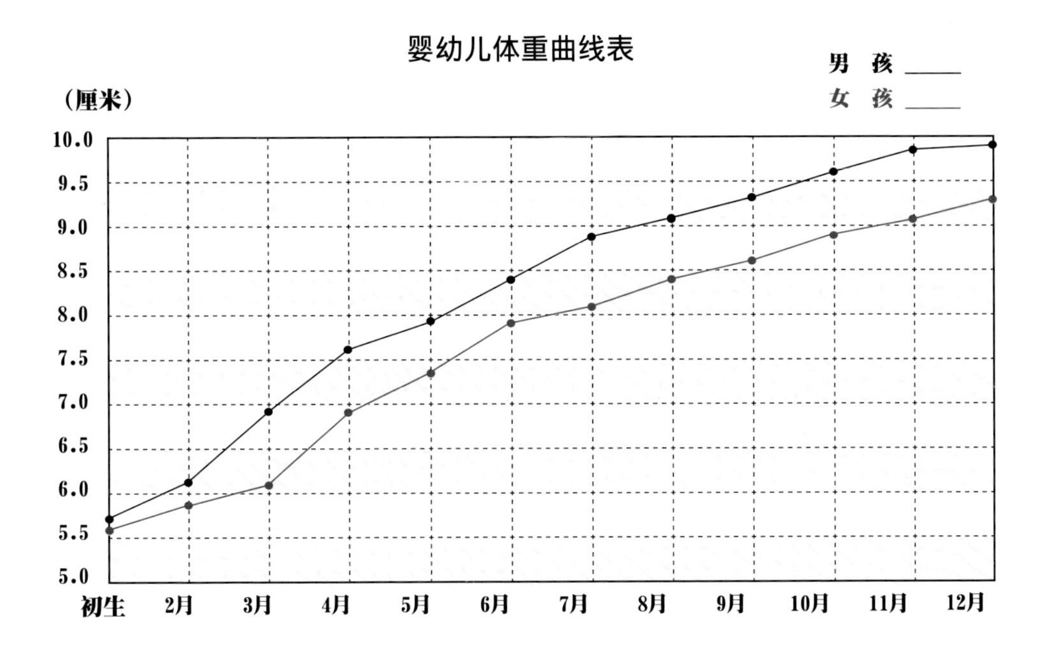


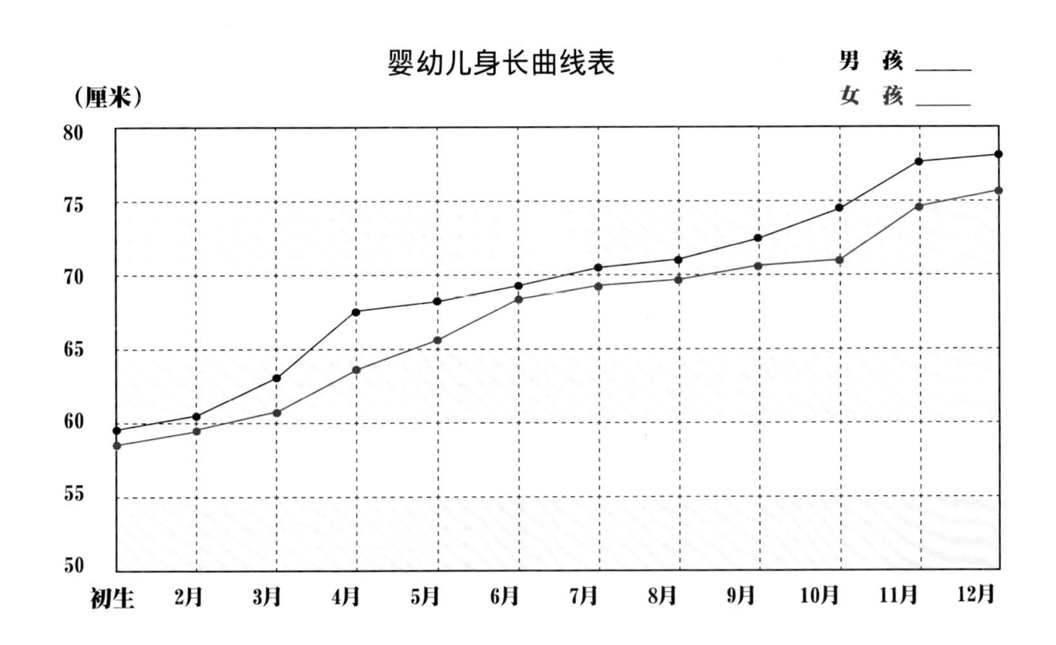

## 婴幼儿智力发育表

| | |
|---|---|
| 具有较高语言智能的宝宝，有以下表现 | 相比其他同龄孩子，较早会说话 |
| | 善于模仿成人的声音和语言 |
| | 喜欢猜谜、念儿歌、讲故事等语言活动 |
| | 理解能力较强，善于把握别人说话的大意 |
| | 对词语或事物很感兴趣，喜欢提问，例如，这是什么意思 |
| | 喜欢阅读，即使不认识字，也能自己翻阅图画书 |
| | 能完整地复述别人说的话或讲过的故事 |
| | 能完整、清晰地表达自己的想法 |
| | 对语言比较敏感，喜欢与人交谈 |

| | |
|---|---|
| 具有较高空间智能的宝宝，有以下表现 | 喜欢看美丽的图片、图书 |
| | 喜欢玩拼图、搭积木、走迷宫等益智动脑游戏 |
| | 喜欢涂鸦，能尝试不同色彩的搭配，利用图画表达内心想法 |
| | 喜欢泥塑、制作空间感较强的物品 |
| | 有较强的色彩敏感度 |
| | 很有方向感 |
| | 阅读时，能从图画中获取更多信息 |
| | 喜欢天马行空地想象 |
| | 对艺术、美的事物有较高的感受力 |

| | |
|---|---|
| 具有较高数学逻辑智能的宝宝，有以下表现 | 喜欢数字和玩数字游戏 |
| | 喜欢数字和玩数字游戏 |
| | 喜欢玩有策略的游戏，如下棋 |
| | 喜欢逻辑思考或做问题解答，思维很有条理 |
| | 对新事物很有兴趣，常会发出很多问题 |
| | 喜欢将事物分类或分等分 |
| | 思考方式比同龄孩子更抽象化和概念化 |
| | 擅长推理 |
| | 喜欢有序地排列收集物 |
| | 喜欢发现他人言谈举止的逻辑性缺陷 |

| | |
|---|---|
| 具有较高肢体运动智能的宝宝，有以下表现 | 活泼好动，在很小的时候就很能动、爬和走 |
| | 长时间坐在一个地方会敲打物体、扭动身体、精神烦躁不安 |
| | 喜欢各种冒险活动：跳跃、攀登、爬高等，置身于挑战性的环境中 |
| | 善于模仿他人的语言、动作，学习动作既快又准确 |
| | 喜欢拆装物品，以及进行堆砌和建造 |
| | 对陌生的物体，喜欢用手触摸 |
| | 对球能够进行抚摸、滚动和玩耍 |
| | 喜欢绘画或是手工制作 |
| | 动作灵活，身体协调能力、平衡能力很强 |

| | |
|---|---|
| 具有较高人际智能的宝宝，有以下表现 | 不认生，看到陌生人不会害怕、惊慌、哭闹，反而充满好奇 |
| | 不容易害羞，喜欢观察成人的一举一动，也喜欢和他人一起玩 |
| | 爱笑，喜欢看到成人的面部表情发生变化，与人互动时会很开心 |
| | 乐于帮助别人，愿意和同伴分享，并注重合作 |
| | 自信心高，能很快理解他人的表情和肢体语言 |
| | 能和很多个性不同的人在一起共同完成任务 |
| | 出现矛盾时，能通过协商来解决矛盾 |
| | 在与其他孩子游戏时，能够有序地安排彼此的互动模式，往往居于领导地位 |
| | 适应能力强，能倾听他人的想法和建议，从不同的角度看待问题 |

| | |
|---|---|
| 具有较高自然观察智能的宝宝，有以下表现 | 喜欢亲近大自然，尤其喜欢听虫鸣或者风呼啸的声音 |
| | 喜欢户外活动 |
| | 对动植物有着浓厚的兴趣，并且关注自然事物的变化 |
| | 从衣物颜色可联想到自然景色 |
| | 可从生活中的家具联想到自然物 |
| | 希望认识更多的自然景物，看到不认识的动植物，会好奇地询问 |
| | 对自然界有敏锐的观察力，对天气转变、云朵的变化很敏感 |
| | 对食材具有高度的感受力，例如，对食物的味道很敏感，能快速区分不同食材的差异 |